熱帯の家畜と人

飼育と流通を地理学から探る

国立民族学博物館名誉教授 池谷和信 編

海青社

私たちは、家畜なしでは生きられない

世界の熱帯からの展望

　現在、地球上には多数の家畜が飼育されている。最も飼育数が多いのはニワトリ。その数は、約1400億羽で世界人口の約170倍を示す。
　家畜は、人の手が加わってつくられた文化。家畜と人の関係をみてみると地域の暮らしがみえてくる。
　私たちは、どのように家畜と共存したらよいのだろうか？ 野生から家畜までをみわたす視野、多様な環境に対応する飼い方とその利用方法、さらには人口が増加する都市と家畜とのかかわり方、これらのなかに地球の持続的資源利用の未来を考えるヒントがある。（池谷和信）

＊地図はケッペンの気候区分における熱帯を示す（Peel, M. C. *et al.* (2007): "Updated world map of the Köppen-Geiger climate classification", *HESSD* 4: 473 をもとに作成）

III

運搬に使われるアジアゾウ（2014年12月、インド、池谷撮影）

熱帯には、個性豊かな家畜がいる

川を渡るブタの群れ（2024年12月、バングラデシュ、池谷撮影）

野生と家畜はつながっている

熱帯には、現在でも野生種と家畜が共存する。家畜スイギュウの群れにはオスがいない。繁殖には野生のオスが利用される。

野生

野生スイギュウの群れ（2015年3月、インド、池谷撮影）

熱帯の家畜・スイギュウ

家畜

家畜スイギュウの群れ（2015年3月、インド、池谷撮影）

野生

野生のニワトリ（2015年3月、インド、池谷撮影）

熱帯の家禽・ニワトリ

家畜

ニワトリ（2014年2月、インド、池谷撮影）

湿地でのアヒルの放牧（2008年7月、バングラデシュ、池谷撮影）

密集した住居の隙間 ブタと綱
（2013年12月、バングラデシュ、池谷撮影）

さまざまな環境に対応した飼い方がある

VII

都市の路地で飼育されるヤギ
（2012年5月、ナイジェリア・イバダン、池谷撮影）

都市でも飼える家畜

ゴミ捨て場のブタ（2008年10月、バングラデシュ、池谷撮影）

家畜や家禽の利用の仕方はさまざま

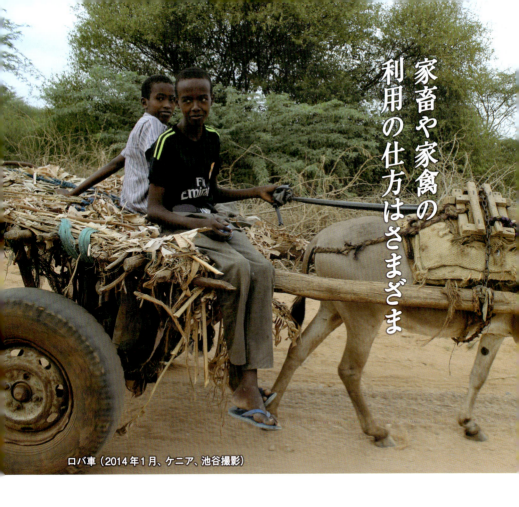

ロバ車（2014年1月、ケニア、池谷撮影）

ラクダの毛刈り
（2010年、インド、上羽撮影）

ウシを利用するシコクビエの脱穀
（2007年2月、エチオピア、佐藤撮影）

IX

ウズラのメス

孵化装置のなかのウズラの卵

家禽の卵

市場で売られるウズラの卵
（2023年7月、フィリピン、辻撮影）

都市の市場に集まる家畜、家禽、ミルク

定期市のウシ売り場（2011年8月、タイ、高井撮影）

ブタの市場
（2011年12月、バングラデシュ、池谷撮影）

市場で売られるニワトリ
（2014年1月、インドネシア・スマトラ、池谷撮影）

家畜と暮らし

舎飼いのウシ（日本）

東アジア・日本列島　温帯から亜熱帯の島々まで

狩猟用の犬
（2021年9月、熊本県、池谷撮影）

東南アジア 山地と平地と島嶼部

合法的な闘鶏と人びと
（2015年7月、タイ、池谷撮影）

バンブー製の囲いのなかのブタ
（2014年2月、ラオス、池谷撮影）

ブタ肉料理と宴会（2004年11月、タイ、池谷撮影）

南アジア
ヒマラヤの熱帯高地からベンガルデルタへ

XIII

標高 650m から 4700m まで移動するヒツジの群れと牧夫
（2011 年 8 月、ネパール・ソルクンブー郡、渡辺撮影）

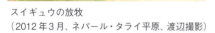

スイギュウの放牧
（2012 年 3 月、ネパール・タライ平原、渡辺撮影）

分配される家畜の肉
（2012 年 1 月、バングラデシュ、池谷撮影）

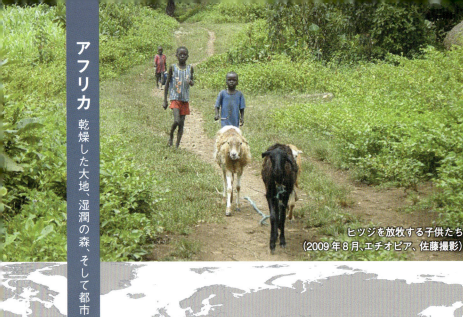

ヒツジを放牧する子供たち
(2009年8月、エチオピア、佐藤撮影)

アフリカ
乾燥した大地、湿潤の森、そして都市

水場に集まった家畜の群れ
(2014年1月、ケニア、池谷撮影)

ブタの舎飼い(2010年3月、ケニア、上田撮影)

ラテンアメリカ　森の世界アマゾンと熱帯高地アンデス

アマゾンでブタにキャッサバを与える
（2012年1月、ペルー、池谷撮影）

標高4000mでのアルパカの放牧
毛が利用される（2013年10月、ペルー、池谷撮影）

家畜と人とのかかわりの歴史と現在

熱帯の家畜からみえるその過程　現在の家畜は、二つの「革命」を経験している。

革命その1「家畜化」

野生（イノシシ）から家畜（ブタ）

イノシシの母子

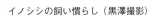

イノシシの飼い慣らし（黒澤撮影）

革命その2「品種化」（産業化）

原始的な形のブタ（池谷撮影）

そして未来へ……

産業動物としてのブタ

はじめに

　インドの東に位置するバングラデシュのベンガルデルタは、見渡す限り平坦な土地である。6月から9月の雨季には川が氾濫して周囲の一帯は水面に変わる。そして乾季には、水田稲作の収穫後の土地で刈跡放牧が行われる。そこでは、在来のウシを放し飼いにする光景が広くみられ、ブタやアヒルの群れとともに放牧する人々に出会うこともある。また、国の南側の海岸部には、スイギュウの群れを連れて島から島へと移動して、年中、放牧し続ける人々がいる。これらは、いずれも熱帯地域に特徴的な牧畜といえる。
　さて、本書では、家畜をものとしてとらえ品種改良を進める先進国の動きがますます広まるなかで、熱帯の家畜資源を持続的に利用できるか否かの分岐点を見つけ出し、21世紀の地球空間の利用の仕方を考えることがねらいである。具体的には、先進国では家畜生産の効率化が徹底的に進められている一方で、アジア・アフリカ・中南米の熱帯の現場で家畜がいかに社会・経済・文化的な存在意義を持つのかを論じる。このことを通して、とくに人口増加に伴い肉やミルクの重要性が増しているなかで、小規模生産者や流通業者による家畜資源利用のあり方について考える。
　地球全体を見てみると極北でのトナカイ、高山地帯でのヤク、リャマ、アルパカ、乾燥帯でのラクダやヤギの飼育のように、農耕の不適地において昔から家畜は飼育されてきた。そして、南米アマゾンの森におけるウシやブタ、アフリカのコンゴ盆地におけるヤギの飼育の拡散など、ますます家畜生産は湿潤熱帯地域まで拡大しつつある。その結果、地球の自然と人との共生関係を考える際には、地球全体に広がりつつある人間活動である家畜飼育がふさわしいものとなっている。
　これまで人文社会科学の分野では、畜産学における先進国の畜産研究、民族学や地理学における遊牧や移牧の研究など、家畜と人との関係は注目されてきたものの、熱帯における主として農村や都市での家畜と人との関係は軽視されてきた。東南アジアや南アジアやアフリカの熱帯の諸国では、舎飼いを中心と

する近代的な畜産業が十分に発達していない。しかしながら、舎飼いのほかに放牧や放し飼いなど、各種の飼育の形が見いだされる。同時に、仲買人を経て都市に家畜が集まっていく流通のなかにも家畜を媒介とした独特の地域システムが存在する。

　本書は、世界のなかで熱帯の家畜飼育と流通に注目するものであるが、とくに生産面では小規模畜産に焦点を当てている。ここでは、在来家畜であろうが外来家畜であろうが、農民や都市民の飼育や流通の方法への知恵を見出すことができるであろう。しかしながら、養鶏場や養豚場などの大規模畜産を軽視しているわけではない。日本では鳥インフルエンザの感染によって数万から数十万羽のニワトリを殺傷するなどの報道はあるが、多数の人々の肉や卵の供給には大規模畜産は欠かせない。

　最後に読者には、熱帯での家畜の飼育方法や流通過程のイメージがつかみにくいかもしれないが、まず口絵写真からみてほしい。本書では、アルプスのハイジの世界のような山地でのヤギの移牧、モンゴルの草原での馬や羊の季節的な遊牧とは異なる世界を見いだすことができる。現在、地球規模での食と農の問題が議論されているなか、熱帯諸地域での家畜生産と流通の方法は、地球全体の持続的な資源利用を考えるためのヒントを提供することになるであろう。

2025年2月1日
池谷和信

熱帯の家畜と人

―― 飼育と流通を地理学から探る ――

目　次

口　絵

私たちは、家畜なしでは生きられない..........Ⅱ
野生と家畜はつながっている................Ⅳ
さまざまな環境に対応した飼い方がある........Ⅵ
家畜や家禽の利用の仕方はさまざま...........Ⅷ
都市の市場に集まる家畜、家禽、ミルク........Ⅹ
家畜と暮らし..............................ⅩⅠ
家畜と人とのかかわりの歴史と現在...........ⅩⅥ

はじめに *1*

序　論　熱帯の小規模畜産からのまなざし
池谷和信

1. どうして、今、熱帯の家畜なのか *9*
2. 人と家畜の関係学の枠組み ── 歴史、文化、経済 ── *10*
3. 熱帯の畜産の特徴 ── 多様な家畜と小規模生産 ── *14*
4. 本書の構成 *18*

第Ⅰ部　家畜化・品種化のパースペクティブ

第1章　飼育イノシシと人
　　　　── 沖縄の事例から家畜化を考える ──
黒澤弥悦

1. はじめに *27*
2. 沖縄のイノシシ *31*
3. なぜ、飼育は起こるのか *33*
4. 飼育の形態と管理技術 *36*
5. 飼育下で生じた生物学的変化 *39*
6. 考　察 *43*
7. おわりに *48*

第2章　「森の民」が家畜を飼うとき
　　　　── エチオピア南西部・マジャンギルの家畜飼養 ──
佐藤廉也

1. はじめに *53*
2. マジャンギルの伝統的な生業と家畜飼養 *57*
3. 定住化後の社会経済変化 ── 家畜飼養開始の背景 ── *60*
4. 家畜飼養の開始 *68*
5. 家畜を飼う／飼わない条件 *73*

第3章　家畜飼育からみたタイ農村の生業変化　　　　　　　　　　中井信介
   1.　はじめに *77*
   2.　タイ農村における生業 *78*
   3.　タイ北部の山地農村における家畜飼育 *87*
   4.　考　　察 *97*

第4章　家畜の毛の加工技法と利用　　　　　　　　　　　　　　　上羽陽子
   1.　はじめに *105*
   2.　紡織を必要としない圧縮フェルト *105*
   3.　毛を糸にする *108*
   4.　縮毛の王様メリノ種 *109*
   5.　寒冷地で生まれる下毛 *110*
   6.　ラクダ科動物の毛利用 *111*
   7.　剛毛の特徴と機能 *112*
   8.　コシと張りを活かして *113*
   9.　おわりに —— 持続可能な家畜の毛利用にむけて —— *114*

コラム1　在来から外来種へ —— ネパール・ルンビニのブタをたずねて ——
                                            渡辺和之・黒澤弥悦
    .... *116*

第Ⅱ部　文化に根ざした家畜・家禽飼育

第5章　家禽卵文化としてのフィリピンのウズラ飼育と卵利用
                                                    辻　貴志
   1.　はじめに *125*
   2.　調査地および調査の概要 *128*
   3.　ウズラの飼育技術と卵の利用 —— メインインフォーマントの事例から —— *130*
   4.　考察と結論 —— 「家禽卵文化」研究の今後に向けて —— *135*

第6章　タイ北部の農村開発における山地民の対応
　　　── ウシやバリケンの導入の試み ──　　　　　　　増野高司
1. はじめに *141*
2. タイにおける山地民と国家政策 *142*
3. ミエンの暮らしと家畜飼育 *143*
4. 住民による森林保護区へのウシ導入の試み *147*
5. バリケン導入の試み *153*
6. 家畜を利用した農村開発にむけて *156*

第7章　出稼ぎと手のかからない家畜飼養
　　　── ネパール山地村落における舎飼いと日帰り放牧 ──　　渡辺和之
1. はじめに *161*
2. 村におけるウシとスイギュウの飼養 ── 家畜とカースト ── *165*
3. 家畜の経済 ── ウシとスイギュウの比較 ── *172*
4. 世帯別にみる飼養目的の違い *173*
5. 低カーストが飼うウシが増えるのはなぜか *176*
6. まとめと考察 ── 家畜と社会とのかかわり方 ── *177*

第8章　農村を移ろうブタ、農村を追われたブタ
　　　── ケニア・養豚フロンティアにおける経営変化と地域分業システム ──
　　　　　　　　　　　　　　　　　　　　　　　　　　　　上田　元
1. はじめに *191*
2. ケニアにおける養豚の略史とフロンティア *192*
3. 農村での中小舎飼い養豚 ── ニェリの事例 ── *203*
4. 都市養豚 ── ニェリとホマベイの事例 ── *209*
5. まとめ *217*

コラム2　タイ・チョンブリー県の水牛レース　　チョムナード・シティサン
.... *222*

第Ⅲ部　都市の市場と家畜の流通

第9章　大都市のなかの養豚と肉の流通
──コンゴ民主共和国のキンシャサの事例── 池谷和信
1. はじめに *231*
2. キンシャサのブタの生産 *234*
3. ブタ肉の流通 *239*
4. まとめと考察 *240*

第10章　タイのウシ・スイギュウ定期市
──地域をめぐり、国境を越える流通の諸相── 高井康弘
1. はじめに *247*
2. ウシとスイギュウの飼育状況 *247*
3. ウシ・スイギュウ定期市の形態・分布・利用者 *250*
4. 地域的多様性とウシ・スイギュウ・人の移動 *257*
5. 国境を越えるウシ・スイギュウの移動とタイ国内の検疫体制 ... *268*
6. おわりに *273*

第11章　大都市に集まるスイギュウ
──パキスタン・カラーチの都市搾乳業── 中里亜夫
1. はじめに *277*
2. カラーチ大都市圏のコロニー型搾乳業 *279*
3. コロニーおよびバーラーの飼育状況 *290*
4. おわりに *302*

結　論　熱帯の畜産の近代化と持続可能な利用 池谷和信
.... *307*

おわりに *311*
索　引 *313*

===== 序　論 =====

熱帯の小規模畜産からのまなざし

池谷和信

1. どうして、今、熱帯の家畜なのか

　私たちの日々の食を振り返ってみよう。朝食での卵焼きと牛乳、昼食でのフライドチキンやヨーグルト、夕食での焼肉など、ニワトリやウシやブタからの産物に依存する日を送っている人は多い。その一方で、私たちが家畜をじかにみたり、それに対する知識を得る機会はほとんどないだろう。どのようにウシやブタやニワトリが育てられているのか、どのように屠畜されて肉になっているのかなど、意外に知られていない。これは、動物園で見学できる野生動物や家庭のなかのペットのかかわり方とは大きく異なっている。

　一方で、世界の熱帯地域を示しておこう。熱帯とは、地球上で緯度が低くて温暖な地域として定義される。ケッペンの気候区分によると、ヤシが生育できる最寒月の平均気温が18℃以上であると同時に、年平均降水量が乾燥限界を越えていることを示す。口絵Ⅱ～Ⅲの図からは、世界の熱帯地域は東南アジアから南アジアの地域、アフリカ地域、そして中南米地域の3か所に広がっていることがわかる。これらの地域の農村では、放牧される家畜のエサとなる植物資源が豊かであり、未利用の土地や豊富な労働力が存在する。同時に、国内の都市人口、とくに中間層の増大とともに肉類の消費量が増大している。

　それでは、どうして熱帯の家畜を知る必要があるのだろうか。それには、三つの点を挙げることができる。まず、21世紀に入り、世界の家畜をめぐる環境が大きく変化しているという点である。とくに地球の人口増加や都市化がますます進む現在、食糧供給源としてタンパク質を獲得する方法において、肉や卵やミルクなどの家畜資源の重要性が増加している（池谷 2010）。そして、これら家畜産物の増大や流通の拡大が、とりわけ進行しているのが発展途上国の

多い「熱帯地域」である。

　また、鳥やブタのインフルエンザ、ウシやブタの口蹄疫（こうていえき）など家畜の介在する感染症も、世界中を自由に行き来できるグローバル化の影響を受けて目立つようになってきた。例えば、数年前にメキシコ北部の豚舎で生まれたとされ日本でも広まった豚インフルエンザは、家畜と人をウイルスが結ぶ人獣感染症として知られている。熱帯地域では、人と動物との距離が短く、今後、新たな感染症が生まれる可能性が高い。

　さらに、熱帯地域では、絶滅の危機に瀕している「在来家畜」が現在でも利用されている所が多い。世界の家畜は、これまでいかに生産効率を上げるのかに焦点が当てられてきた。1回で10頭以上の子ブタを産めるランドレース、1頭から1日で10リットル以上のミルクをしぼれるホルスタイン種などである。その結果、経済効率の悪いとされる在来種は、消えていく場合も少なくない。しかしながら熱帯では、イノシシに容貌の似たブタ、牧夫なしで放牧されるガヤル（ミタン）、野生のニワトリと交配する在来ニワトリが現在でも存在している。そして、人々の暮らしのなかで儀礼の際に家畜が屠畜されるなど、文化としての家畜が維持されている所も数多くみられる。

　以上のように熱帯での家畜飼育は、地球の一部で展開している活動ではあるが、人口増大する地球での食と農の問題、変動する新たな環境への適応の問題、地球の未来にも関与してくるだろう感染症の問題を考えるための材料になることであろう。

2．人と家畜の関係学の枠組み ── 歴史、文化、経済 ──

　家畜と人とのかかわり方は、これまで畜産学（animal science）を中心にして複数の分野から研究が蓄積されてきた（Payne 1990；Payne and Wilson 1999；唐澤ほか 2012；小林編 2021；Piestun ed. 2016）。畜産学では、育種、繁殖、生産、飼料、栄養、管理、衛生、畜産物利用など家畜の生産に焦点を当てたテーマが多く、比較的小規模な家畜飼育の研究は軽視されてきた。とりわけ、ウシの研究は、牧草の造成や人工授精などを通して、いかに人が効率的にウシを管理できるのかについての研究が進められてきた。また、近年における感染症の広が

りや食の安全への関心の高まりとともに、人による効率的な管理のみならず動物福祉のあり方が論議されるようになっている(平山・須田 2022)。

2.1. 歴史的視点

これに対して、地理学や民族学(文化人類学)からの家畜を対象にした研究では、畜産学ではあまり重視されていない三つの視点から研究されてきた。一つ目は、家畜と人のかかわりに関する歴史地理的視点である(サウアー 1960；藤沢 1973；中里 2005；高井ほか 2009；池谷 2017；辻 2021 ほか多数)。ここでは、人類の歴史のなかでの家畜が誕生した時期や場所、およびその要因が注目された。具体的には、約1万年以上前の農業革命といわれる栽培化とかかわりの深い「家畜化」と、約500年前の産業革命とのかかわりを持つ「商品化」「産業化」のベースとなる「品種化」である。

まず、近年の考古学研究によると、西アジアにおいて定住した狩猟採集民が、約1万2000年前にヤギやヒツジを最初に家畜化したといわれる(三宅 2017)。その後、同じ地域においてウシやブタが家畜化されていく。一方で、およそ5000年前には、ニワトリやブタが、東南アジアの大陸部から中国南部にかけての地域で家畜化されたとされる(秋篠宮編 2000)。それと前後して、ユーラシア大陸のなかでは、ウマやラクダ(ヒトコブおよびフタコブ)、そしてスイギュウ、ヤク、トナカイなどもまた家畜化されている。これらの家畜化センターから、どのように家畜が広まったのかはまだまだ不明な点が多いが、ユーラシア大陸に西アジアと中国という2大センターがあったものと推察される(池谷 2021a)。また、日本の環境史研究のなかで、火入れや採草とともに放牧が、半自然草地を維持してきたことが明らかにされている(波多野・森編 2024 ほか)。

もう一つの産業化や品種化は、前近代の王国や封建社会にも生じたといわれるが、18世紀の産業革命以降に世界のなかの一部の地域において本格的に展開していく。例えば、英国において毛織物の産業が発達するには質のよい毛を持つヒツジが欠かせなかった。また、19世紀における冷凍船の発達によって、南米のアルゼンチンのウシがヨーロッパに運搬できるようになった。これは、20世紀初頭以降のアフリカ南部のボツワナのウシも同様である。これらの畜

写真 0-1　野生のスイギュウと家畜のスイギュウ
現在でも野生種(左)と家畜種(右)が共存している状態。インドのアッサム州(筆者撮影)

産品の商品化に伴い、より生産性の高い家畜の品種化が急速に進行することにもなった。さらに戦後には、日本の高度成長期以外でも各国で経済成長が進行して養豚業や養鶏業や酪農などの家畜産業が発達してきた。

2.2. 文化的視点

二つ目は、家畜と人のかかわりに対する文化地理的視点である(池谷 2005；比嘉 2015；辻 2019 ほか多数)。ここでは、乾燥地や高地での遊牧や移牧のように人や家畜の移動を伴う伝統的な飼育様式が注目されてきた。水平と垂直の移動ルート、移動集団の構成、移動集団と多集団との関係が注目された【第2章　佐藤論考】。対象とする主な家畜は、ウシ、ヒツジ、ラクダ、ヤクなどである。モンゴル、アラビア半島、インド北西部のような乾燥帯アジアや乾燥帯アフリカでの「草原や砂漠での家畜と人とのかかわり」についての知識は蓄積されてきた(福井・谷編 1987；池谷 2006；太田・曽我編 2019；シンジルト・池田編 2021)。

しかしながら、バングラデシュやタイやコンゴ民主共和国(DRC)などの「湿潤熱帯の家畜と人とのかかわり」についてあまり知られていない(池谷 2012；Masuno 2012；中井 2013)。これは、牧畜民の家畜への関心が高いが農民の家畜研究への関心が低いことを示している。湿潤気候のモンスーンアジアの地域では、農耕というと共通して水田稲作に焦点がおかれることが多く、家畜飼育が行われていないかのような誤解を与えることもある。

また、農民による家畜利用では、冠婚葬祭の際の供儀や各種の儀礼の際に家畜が使用されている（増野 2015；中井 2025）【第3章　中井論考】。結婚の際に婚資として利用される家畜も見いだせる。さらには、農耕の際に犂を引くウシ、車を引くウシやロバなど、家畜が労力としてみられている所もある。そして、興味深いのは、家畜を使用したゲームの類である。家畜の戦う性質を利用した闘牛や闘鶏や闘犬、タイやバリ島でみられる水牛レースなどが挙げられる【コラム2　チョムナード】。

2.3. 経済的視点

　三つ目は、家畜と人のかかわりに対する経済地理的視点である（齋藤 1989；後藤 2001, 2006, 2021；淡野 2007 ほか多数）。ここでは、世界経済、国の経済、地域経済など、三つの空間スケールを設定することで整理できる。世界経済では、家畜の肉、毛、乳（とくにバターやチーズの加工品）は、国境を越えて生産地から消費地に移動している。現代の世界では、このような貿易なくしては、人々が生存できないという国も多い。しかしながら、ものの世界的な移動に伴い、食品の安全保障の問題も深刻になってきた。例えば、中国産の鶏肉の場合には肉の品質にかかわる問題が起きている。

　国の経済の事例では、日本国内における生乳、ブランド牛肉やブタ肉の生産・流通の状況を挙げることができる（大呂 2014, 2021）。生乳の場合には、大都市の近郊から遠方に至るまで集乳圏がつくられ国内の特定の地域に完結している場合が多い。しかし、国内では黒ブタ（バークシャー）をはじめ、黒ウシ（黒毛和種）、黒鶏のようにブランド化することで付加価値を高めている。その結果、安価な肉は、国外から輸入されることになる。

　地域の経済では、主として熱帯のような途上国において農民の副業として家畜の生産が活発になっている。タイやラオスの山地民は、伝統的にブタやニワトリを飼育してきたが、販売用のウシの飼育が開始された（増野 2005；中辻 2023）。バングラデシュの農民は、生活に余裕が生まれたことが関与するのか、豚舎をつくって販売用のブタを飼育する。いずれも小規模な経営が特徴的である。さらにインドでは、緑の革命につづく白い革命が生じたことで、ミルク生産と流通の基盤整備が大幅に進行した（中里 1999）。またグジャラート州では、

写真 0-2　フェンスで囲まれた牧場でのウシの飼育
森林が伐採されて牧場がつくられるニカラグア
（筆者撮影）

ウシ飼育を対象した歴史・経済分析がなされている（篠田 2015, 2021）。

　このように、家畜と人とのかかわりについての研究動向をまとめたが、先進国の畜産経済の研究や途上国の家畜文化研究では、個々の事例研究が蓄積してきたことがわかる。しかしながら、家畜の経済と文化が融合することの多い途上国に暮らす農民や都市民を対象にした研究があまり多くない。従来の畜産学の研究で軽視されてきた途上国での家畜飼育の現場とその背景を示すことは、地球という視野のもとでの新たな研究枠組みを構築することにつながるであろう。

3. 熱帯の畜産の特徴——多様な家畜と小規模生産——

3.1. 家畜の多様性および野生動物との関係性

　熱帯の家畜は、温帯の家畜と比べてどこがどのように違うのであろうか。まず、熱帯地域は世界的にみて在来家畜の種類が多い点が特徴である（池谷 2011）。イヌ、ヒツジ、ヤギ、ウシ、スイギュウ、ガヤル（ガウルの家畜種）、ウマ、ロバ、ラクダ、ブタ、ニワトリ、アヒル、ウズラ、バリケン、ミツバチそれにゾウもいる。しかし、ここで家畜とは何かと問うてみると、その定義の

難しさに気がつく。飼育されるイノシシやニホンミツバチを含めるアジアミツバチは家畜といってよいだろうか(池谷 2021b)。アジアゾウはどうであろうか。一般に、人が生殖を容易に管理することができ、自由に増殖可能な動物を家畜と呼んでいる。アジアゾウは飼育下での繁殖が難しいとされる動物である。アジアのなかでも熱帯の乾燥地域と湿潤地域、そして熱帯や温帯のモンスーン地域など、人と家畜とのかかわり方は自然資源の影響を受けて地域によっても多様な側面がみられる(渡辺 2009)。

次に、野生と家畜との関係が密接である点である。日本の沖縄やタイやフィリピンなどのアジア各地で野生のイノシシを飼育している人に出会うことも多い【第1章 黒澤論考】。場所によってイノシシの大きさは異なるが、体重100キログラムを超えるイノシシをみると、家畜化は難しいと思ってしまうが、イノシシの幼児であるウリボウを生け捕りにして、それを育てる人がいる。あるいは、果実園で捨てられた果実がエサになり、そこをエサ場のようにして集まってくる複数のイノシシがいる。

しかし、それが常にうまく成功しているとは限らない。人々は、試行錯誤を繰り返しながら、野生を管理しようと試みている。なかにはイノシシ肉を供給するための生産に従事している人もいるが、さまざまな理由によって安定した経営が維持されているわけではない。また、野鶏との関係も同様である。それを飼いならすことで狩猟の際におとりにする個体がつくられる(池谷 2015)。それは、鳴き声によってなわばりを守るために野生の雄が近づいてくる行動を利用したものである。

3.2. 熱帯農民の小規模畜産と近代化

まず、小規模畜産について紹介する。ここでは、「経営が世帯レベルであり、大きな家畜舎を持たない農業のこと」を小規模畜産と定義する。日本では、かつては稲作農家が役畜としてウシ、副業としてのブタを飼育していたことがあった。これは、多様な生業のなかに家畜飼育を組み合わせることで、災害などへのリスクへの対応にもなっていた。その一方で、現在の日本は、ウシの肥育や搾乳をする専業化が進み近代的な牛舎や豚舎がつくられ、かつてのような小規模畜産はほとんどみられない。

図 0-1　熱帯の畜産からみた家畜飼育の近代化（筆者作成）

　筆者は、これまで熱帯各地の家畜飼育や家畜市をみる機会があったが、熱帯の畜産の現在をみると畜産の近代化には、「放牧・遊牧型」と「舎飼い型」という二つのコースがあることがわかる。それをまとめたのが、図 0-1 である。この図から、家畜が群れとして放牧されていたものが、さらに群れの規模を拡大するコースが見いだせる。また、家畜が舎飼いされていて、飼養頭数の増大に応じてその豚舎が大きくなっていくコースがみられる。二つのタイプの違いは、どこからどのような要因で生まれたものかは、本書の課題になっている。

　このようにこれらの飼育の形の是非はともかくとして、熱帯アジアやアフリカの家畜と人とのかかわりあいには、家畜の種類の豊かさ、多様な家畜の飼い方、とくにエサの入手方法、そして人々との暮らしとのかかわり方など、アジアやアフリカ内で地域的多様性が存在することは確かである。同時に、近代国家という枠のなかで、日本の畜産業の事例が代表するように、ますます家畜経営の合理化・近代化が進むという共通性も無視することはできないであろう。

3.3.　見直される在来家畜の評価

　アジアには、在来種といわれる地域住民の手によって品種改良の進められ

てきた家畜も少なくない。ブータンやバングラデシュでみられるガヤル（ミタン）と呼ばれる半野生のウシは、一年中、山の中に放されている（Faruque et al. 2015）。そして、住民が塩を持っていくと集まってくるという。チッタゴン丘陵の少数民族のなかでは、この家畜は儀礼用に屠畜されるものであるという。しかし、放牧地となる森の縮小などによって、その頭数は国内で千頭を切っており絶滅の危機に瀕している家畜である。

　バングラデシュのベンガルデルタで放牧されているブタもまた、在来家畜といってよいであろう。これは、遺伝学の専門家によって「イノシシ型」と呼ばれており、アジアで最も原始的なブタの一つであるといわれる（池谷 2012）。このブタの場合にも、近年では、インドとの国境から西洋種が導入されるようになっており、遺伝的な独自性を維持することが難しくなってくるかもしれない。

　タイやラオスの山地にみられる在来ブタやニワトリは、さまざまな儀礼のときに屠畜する動物として欠かせない（中井 2011；中辻 2013；増野 2015）。これら家畜は、各地域において長い間にわたり人々とのかかわりのなかで生まれた文化財のようなものである。在来ブタやニワトリは、ブタの外貌特徴から中国南部から人の移動に伴い連れてこられた可能性が高い。その一方で、ベトナムではハノイ近郊の村で「ドンタク」といわれる、足の太いユニークな形のニワトリが飼育されているが、現在、その担い手が少なくなっている。ある集落の数軒が飼育するのみであり、それぞれが後継者の心配を抱えている。

　日本の在来家畜もまた、在来と外来のかかわり方の問題を考える好都合な対象である（高田・池谷 2017）。木曽馬、対馬の対州馬、トカラ馬、トカラヤギ、与那国馬など山地や離島に残されていることが多く、近年、人々の暮らしが変わってきており、絶滅の危機に瀕しているものも少なくない。その一方で、沖縄本島のアグーやアヨーなどの島ブタのように、在来の特徴を残す家畜としての稀少性や肉質が高く評価されて肉の商品化が進んでいるものもある。現在でも沖縄では、正月の行事にブタ肉は欠かせないが、在来の特徴を残す黒ブタを食べることは多くはない。現在、地方自治体が中心になって種の保存活動を行っている所もあれば、上野や富山の動物園のなかで飼育することで家畜の種を保存しようとする所もみられる。

以上のように、在来家畜の数が少なくなり外来家畜のそれが多くなるという外来家畜のグローバル化は、アジアだけのことではない。世界的にみても、ブタの場合には背骨の数がアグーが19個であるのに対して20〜23個もあるランドレースのような改良された欧米品種を飼育することでより多くの肉を獲得できる。これらの生産効率の高い欧米で生まれた家畜が支配的になり、病気への抵抗が強いとか粗食にも耐えるなどの点で在来種が優れていても生産性の低い家畜が消えていく傾向にある。これらは、経済性を第一にする現代文明の特徴をよく示す。しかし、2009年の新型インフルエンザの際にも、大規模な多頭飼育によってブタのウイルスへの抵抗力が低下したことが関与しているともいわれる。ここでは、アジア各地において、地域住民の暮らしのなかから多様な在来家畜を創り上げてきたこと、消えつつある在来家畜の視点から現代の家畜と人とのかかわり方を再考することが必要である。

4. 本書の構成

本書は、熱帯地域を対象にして3部の内容から構成される(**図0-2参照**)。まず第Ⅰ部では、「**家畜化・品種化のパースペクティブ**」を示す。第1章(黒澤論考)では、畜産学の視点からイノシシ猟の盛んな沖縄を対象にしてイノシシ飼育の過程やその動機、飼育の状況が紹介される。人類は、先史時代にイノシシを家畜化してブタをつくったといわれているが、本章を読むと現代においても人による家畜化の試みがつづいているのが理解できる。同時に、本章は亜熱帯の沖縄を中心とした事例にすぎないが、熱帯の在来ブタの持続的な資源利用を考える際に有効なヒントを与えてくれる。

第2章(佐藤論考)は、エチオピアの焼畑の民、森の民により近年に開始された家畜飼養の実際を紹介した貴重な報告である。その飼養の主な目的が、万一の時の貯蓄であり保険の役割を持つという。人々は定期市で家畜を購入して子ウシを成獣に育ててから子ウシを産ませてからそれを定期市で売るという方法をとる。ヒツジの場合には、村内で売ることも多いという。いずれも放牧地は、住居から1キロメートル内の焼畑の休閑林である点も焼畑が中心の村であり家畜飼養の歴史の浅い状況の飼養の実際がわかり、興味深い。

第3章(中井論考)では、北部タイの山地に暮らす焼畑の民モンの社会を対象にして人々の暮らしのなかでの家畜を伴う儀礼(祖先祭祀や葬送)や現金収入源など、地域社会のなかの家畜の役割とその近年における変化が把握される。上述した佐藤論考の焼畑の民とは異なり、本章では生業複合がすでに古くから形成されてきた点、および品種の異なる家畜と多様な儀礼との結合の仕方が興味深い。

　第4章(上羽論考)では、いかにして人類が多様な特徴を持つ家畜の毛を利用してきたのか、ラクダ科動物やヒツジの事例(メリノ種)を中心にして地球的視点から展望する。同時に、毛から糸にする過程や社会のなかでの毛利用の位置付けに言及することから、動物を殺さない毛利用の持続可能性について論じる。

　つぎに第Ⅱ部では、「**文化に根ざした家畜・家禽飼育**」を示す。第5章(辻論考)では、フィリピンの一農村のある世帯を対象にしてウズラ飼育の動機、卵の孵化を含めた飼育の技術を記述することから「家禽卵文化」のあり方を論じている。この飼育には、ウズラを飼育して排卵するまでの辛抱強さと同時に、卵の販売の際には人間関係の構築が必要であることを示唆している。

　第6章(増野論考)では、タイ北部の山村への新たな家畜であるウシやバリケンの導入による社会経済状況が記述される。同時に、両者の場合とも飼育が長期間にわたって持続的に継続されなかった点を分析することをとおして、家畜

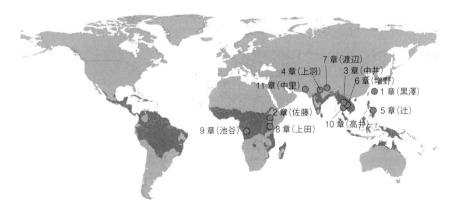

図0-2　世界の熱帯地域と本書の対象地

を利用した今後の農村開発において、現地の文化的側面を考慮することの重要性を論議している。

第7章（渡辺論考）では、ネパールのヒマラヤ山麓の村で羊飼いへの参与観察を中心とした優れた民族誌を渡辺はすでに提示しているが、ここでは、中心集落に暮らす人々と複数の家畜種との関係が詳細に示される。紙面の関係でブタやニワトリと人とのかかわり方には言及していないが、ウシ・スイギュウと人との多面的な関係を理解できる。

第8章（上田論考）では、ケニアの首都ナイロビの近郊の農村を対象にして小規模養豚家の動向が紹介される。近年のケニアでは、肉需要の増大とともに集約的な舎飼い、放し飼い、企業的な舎飼いも増えてきている。ここでは、肥育、繁殖、一貫の経営であるのか、農村と都市の事例が詳細に紹介される。

最後にⅢ部では、「**都市の市場と家畜の流通**」を示す。対象は、ブタ、ウシ、スイギュウである。第9章（池谷論考）は、コンゴ民主共和国の首都キンシャサを対象にしている。人口1千万人を越えるキンシャサでは、タンパク質の供給のために動物の肉が欠かせない。なかでもブタ肉は、庶民のあいだで利用されるものである。ここでは、市内のビール工場で廃棄されたカスをブタ飼育に利用されている状況が紹介される。

第10章（高井論考）では、タイ国内の複数の定期地での調査をもとに取引が活発な家畜市の状況と、国境を越えるウシ・スイギュウの移動とタイ国内の検疫体制が紹介される。今後、定期市が衰退していくかで農民、転売人、食肉販売業者などの関わり方を知ることのできる貴重な情報を提供している。

第11章（中里論考）では、パキスタンの大都市カラーチを対象にして、都市搾乳業の発展の歴史から始まり市内の搾乳コロニーの実態やウシやスイギュウの取引の様子を飼料の供給や飼育状況を含めて経営を維持する視点から広くまとめている。

以上のように本書では、これまでの研究では軽視されてきた熱帯の畜産を対象にして、熱帯環境のもとで豊かな餌資源の存在や森林伐採にともなう家畜飼育をする地域の拡大、在来家畜と外来家畜とのせめぎあいなど、グローバル化時代の家畜生産と畜産物利用の展望がなされる。

● 文　　献

秋篠宮文仁(編)(2000)：『鶏と人――民族生物学の視点から――』、小学館。
池谷和信(2006)：『現代の牧畜民――乾燥地域の暮らし――』、古今書院。
池谷和信(2010)：「肉食を求める人類――動物の脂と人とのかかわり方――」、ビオストーリー (15)：38-43。
池谷和信(2011)：「家畜に対する視座転換――モンスーンアジアからの展望――」、季刊民族学 **136**：8-14。
池谷和信(2012)：「バングラデシュのベンガルデルタにおけるブタの遊牧」、国立民族学博物館研究報告 **36**(4)：493-529。
池谷和信(2015)：「野鶏から家鶏への道を求めて――熱帯アジアの森から世界の台所へ――」、在来家畜研究会報告 **27**：93-104。
池谷和信(2017)：「牧畜の起源と伝播」、科学 **87**(10)：958-962。
池谷和信(2021a)：「地図で見る「地球の食」」、池谷和信(編)『食の文明論――ホモ・サピエンス史から探る――』農山漁村文化協会、425-432頁。
池谷和信(2021b)：「博物館の展示場で生き物文化を考える――ミツバチと人の関係から――」、卯田宗平(編)『野生性と人類の論理――ポスト・ドメスティケーションを捉える4つの思考――』、東京大学出版会、65-82頁。
池谷和信(2022)：『トナカイの大地、クジラの海の民族誌――ツンドラに生きるロシアの先住民チュクチ――』、明石書店。
池谷和信(編)(2013)：『生き物文化の地理学(ネイチャー・アンド・ソサエティ研究 第2巻)』、海青社。
稲村哲也(2014)：『遊牧・移牧・定牧――モンゴル・チベット・ヒマラヤ・アンデスのフィールドから――』、ナカニシヤ出版。
入江正和(2022)：『畜産学』、養賢堂。
太田 至・曽我 亨(編)(2019)：『遊牧の思想――人類学がみる激動のアフリカ――』、昭和堂。
大呂興平(2014)：『日本の肉用牛繁殖経営――国土周辺部における成長メカニズム――』、農林統計協会。
大呂興平(2021)：「沖縄・多良間島における肉用牛繁殖経営群の動態――2000年と2017年の農家経営の追跡調査から――」、地理学評論 **94**(4)：211-233。
唐澤 豊・大谷 元・菅原邦生(2012)：『畜産学入門』、文永堂出版。
後藤拓也(2001)：「輸入鶏肉急増下における南九州ブロイラー養鶏地域の再編成」、地理学評論 **74**(7)：369-393。
後藤拓也(2006)：「インドにおけるブロイラー養鶏地域 の形成――アグリビジネスの役

割に着目して ── 」、地誌研年報 **15**：171-187。
後藤拓也（2013）：『アグリビジネスの地理学』、古今書院。
後藤拓也（2021）：「インド北部における大手養鶏企業の進出とブロイラー養鶏の受容 ── ハリヤーナー州を事例に ── 」、人文地理 **73**(2)：137-157。
小林泰夫（編）（2021）：『畜産学概論』、朝倉書店。
齋藤 功（1989）：『東京集乳圏 その拡大・空間構造・諸相』、古今書院。
在来家畜研究会（編）（2009）：『アジアの在来家畜 ── 家畜の起源と系統史 ── 』、名古屋大学出版会。
サウアー，カール／竹内常行・斎藤晃吉（訳）（1960）：『農業の起源』、古今書院。
篠田 隆（2015）：『インド農村の家畜経済長期変動分析 ── グジャラート州調査村の家畜飼養と農業経営 ── 』、日本評論社。
篠田 隆（2021）：『インドにおける牛経済と牧畜カースト ── グジャラート州牧畜カーストの新たな挑戦 ── 』、日本評論社。
シンジルト・地田徹朗（編）（2021）：『牧畜を人文学する』、名古屋外国語大学出版会。
高井康弘（2002）：「牛・水牛と儀礼慣行 ── タイ北部・東北部およびラオスの肉食文化に関するノート ── 」、大谷大学真宗総合研究所研究紀要 **19**：77-101。
高井康弘（2008）：「消えゆく水牛」、横山智・落合雪野（編）『ラオス農山村地域研究』、めこん、47-82 頁。
高井康弘・増野高司・中井信介ら（2009）：「家畜利用の生態史」、河野泰之（責任編集）『生業の生態史』、弘文堂、145-162 頁。
高田 勝・池谷和信（2017）：「アジアの中の琉球列島の在来家畜と人」、ビオストーリー **27**：8-15。
畜産大事典編集委員会（1996）：『新編畜産大辞典』、養賢堂。
淡野寧彦（2007）：「茨城県旭村における養豚業の展開と銘柄豚事業」、地理学評論 **80**(6)：382-394。
辻 貴志（2019）：「フィリピンにおけるスイギュウ乳利用文化に関する覚書」、在来家畜研究会報告 **29**：128-138。
辻 貴志（2021）：「ミルクから見る適応と進化 ── フィリピンにおける水牛ミルク摂取と乳糖不耐症 ── 」、稲岡 司（編）『生態人類学は挑む Session 3 病む・癒す』、京都大学学術出版会、197-222 頁。
中井信介（2011）：「タイ北部におけるモンの豚飼養の特性とその変化に関する覚え書」、文化人類学 **76**(3)：330-342。
中井信介（2013）：「タイ北部の山村における豚の小規模飼育の継続要因」、地理学評論 **86**(1)：38-50。

中井信介 (2025)：『豚を飼う農耕民の民族誌 —— タイにおけるモンの生業文化とその動態 —— 』、明石書店。

中里亜夫 (1999)：「インドの協同組合酪農(Cooperative Dairying)の展開過程、OFプロジェクトの目標・実績・評価を中心にして —— 」、福岡教育大学紀要、第47号第2分冊：100-116。

中里亜夫 (2005)：「イギリス植民地インドの主要都市における搾乳業 —— 1920-30年代の英領インドを中心にして —— 」、福岡教育大学紀要、第54号第2分冊、71-87。

中辻 享 (2013)：「ラオス山村における出作り集落と家畜飼養」、横山 智(編)『資源と生業の地理学』、海青社、217-241頁。

中辻 享 (2015)：「ラオス焼畑山村における家畜飼養拠点としての出作り集落の形成 —— ルアンパバーン県ウィエンカム郡サムトン村を事例として —— 」、甲南大学紀要文学編 **165**：255-265。

中辻 享 (2023)：「放牧と焼畑 —— ラオス山村でのウシ・スイギュウ飼養をめぐる土地利用 —— 」、甲南大学紀要文学編 **173**：171-188。

野林厚志 (2009)：「ブタ飼育における個体管理 —— 台湾ヤミが行なうブタの舎飼いと放し飼いの比較 —— 」、山本紀夫(編)『ドメスティケーション —— その民族生物学的研究 —— 』、国立民族学博物館調査報告(84)：289-305頁。

波多野隆介・森 昭憲(編著) (2024)：『草地と気候変動』、海青社。

平山琢二・須田義人 (2022)：『新 家畜生産学入門』、サンライズ出版。

比嘉理麻 (2015)：『沖縄の人とブタ —— 産業社会における人と動物の民族誌 —— 』、京都大学学術出版会。

福井勝義・谷 泰(編) (1987)：『牧畜文化の原像 —— 生態・社会・歴史 —— 』、日本放送出版協会。

藤沢紘一 (1973)：「北上山地北部における山地酪農地域の形成」、地理学評論 **46**(6)：379-396。

増野高司 (2005)：「焼畑から常畑へ —— タイ北部の山地民 —— 」、池谷和信(編)『熱帯アジアの森の民 —— 資源利用の環境人類学 —— 』、人文書院、149-178頁。

増野高司 (2015)：「ニワトリとブタの供犠：タイ北部に暮らすミエン族の事例」、ビオストーリー **23**：24-27。

三宅 裕 (2017)：「西アジア先史時代における定住狩猟採集民社会」、池谷和信(編)『狩猟採集民からみた地球環境史』、東京大学出版会。

宮崎日日新聞社 (2011)：『ドキュメント口蹄疫 —— 感染爆発・全頭殺処分から復興・新生へ』、農山漁村文化協会。

渡辺和之 (2009)：『羊飼いの民族誌』、明石書店。

Faruque, M. O., Rahaman, M. F., Hoque, M. A., Ikeya, K. et al. (2015): "Present status of gayal (*Bos frontalis*) in the home tract of Bangladesh", *Bangladesh Journal of Animal Science* **44**(1): 75-84.

Masuno, T. (2012): "Peasant Transitions and Changes in Livestock Husbandry: A Comparison of Three Mien Villages in Northern Thailand", *The Journal of Thai Studies* **12**: 43-63.

Nakai, S. (2009): "Analysis of pig consumption by smallholders in a hillside swidden agriculture society of northern Thailand", *Human Ecology* **37**(4): 501-511.

Nakai, S. (2012): "Pig domestication processes: An analysis of varieties of household pig reproduction control in a hillside village in northern Thailand", *Human Ecology* **40**(1): 145-152.

Payne, W. J. A. (1990): *An Introduction to Animal Husbandry in the Tropics*, Longman Scientific & Technical. 日本語訳『熱帯の畜産』上 (1997)・下 (1998) 社団法人畜産技術協会。

Payne, W. J. A. and Wilson, R. T. (1999): *An Introduction to Animal Husbandry in the Tropics*, Wiley.

Piestun, D. (ed.) (2016): *Animal Husbanfry in the Tropics*, Delve Publishing.

Takai, Y. and Thanongsone, S. (2010): "Conflict between Water Buffalo and Market-Oriented Agriculture: A Case Study from Northern Laos", *Southeast Asian Studies* **47**(4): 451-477.

Takai, Y. (2010): "The Diversity and Dynamics of Chicken Categories and Distribution Routes in Chiang Rai, Northern Thailand", Princess Maha Chakri Sirindhorn and Prince Akishinonomiya Fumihito (eds.), *Chickens and Humans in Thailand: Their Multiple Relationships and Domestication*, The Siam Society, 313-326.

Tsuji, T. (2021): "The Conventional and Modern Uses of Water Buffalo Milk in the Philippines", *The Southeastern Philippines Journal of Research and Development* **26**(2): 1-21.

Xie, R. et al. (2023): "The episodic resurgence of highly pathogenic avian influenza H5 virus", *Nature* **622**: 810-817.

第Ⅰ部 家畜化・品種化のパースペクティブ

豚舎での飼育(沖縄、第1章参照)

第1章

飼育イノシシと人
―― 沖縄の事例から家畜化を考える ――

黒澤弥悦

1. はじめに

1.1. イノシシとの出会い

　イノシシ(*Sus scrofa*)が家畜化され、ブタになったことは広く知られている。家畜化とは、野生動物を生け捕りや餌づけ等の人間の行為によって野生状態から切り離し人為的環境下に置くことで、その生殖をはじめさまざまな行動に対し恣意的介入が可能になることである。家畜化は英語ではドメスティケーション(domestication)と訳され、人間と動物の関わりを扱う研究のなかでは、最も多くの議論がなされてきたテーマでもあろう。

　イノシシとブタの近縁関係について血液型をもとに明らかにする目的で、1973年2月、本土復帰間もない沖縄から2頭のイノシシが東京農業大学に運ばれてきた。このとき学生だった筆者に恩師の田中一榮先生は、その飼育の手伝いを勧めてくださった。当時、イノシシの生息がほとんど確認されてない東北の岩手で育った筆者は、初めてみるその動物の飼育に不安を覚えたが、意外にも運ばれてきた2頭はそれぞれ20kg程度の若齢の個体で、余りにも小柄だったので、これが本当にイノシシかと思ったほどだった。その産地が琉球列島南端に位置する「西表島」だと、後で田中先生から伺い、当時、ほとんど知られていなかったその島名を"いりおもて"とは読めず、沖縄の地図を広げ、しばらく見入っていた記憶がある。

　さて、西表島産イノシシの血液型の分析ではランドレースやデュロックなどの西洋のブタ品種より、アジア各地に現存する在来ブタに近縁であるという興味深い結果となった。一般に野生動物の血液サンプルの収集が難しいこともあって、当時としてはイノシシの家畜化の起源やアジアの在来ブタの系譜を知

るうえで、貴重な遺伝情報となった(Kurosawa *et al.* 1979, 1984)。

その頃、我が国では高度経済成長によりレジャーブームや観光産業化が進み、イノシシ肉がブタ肉より商品価値を持つことで注目され、イノシシ飼育が西日本を中心に盛んに行われていた(高橋 1995)。筆者が西表島産イノシシの飼育が縁で、1974年12月に初めて訪れた西表島では民宿やレストランなどからの需要への対応は、イノシシ肉の確保を狩猟だけでなく、飼育にも頼っていた。それから40数年が過ぎた現在、イノシシ飼育は西表島のみならず、沖縄島や石垣島でもみられるのである。またイノシシ飼育は、単に食料資源としての目的だけで行われているわけではない。イノシシの幼獣は、一般に「ウリ坊」の愛称で呼ばれているように、毛色が暗褐色で瓜のような縦縞模様を有し、人間を引きつける容姿をしていることもあって、偶然の生け捕りではペットとして飼われることがある(**写真1-1**)。

すなわち、イノシシは古来、農作物を荒らす害獣であり、美味な肉資源として狩猟の対象とされてきた一方で、飼育動物としての側面も備えていた。イノシシ飼育は我が国だけではなく、その生息地となっている諸外国においても散見される(黒澤ら 2009)。筆者が国内で行ってきた調査のなかで、現在の沖縄はイノシシ飼育の盛んな地域の一つとして挙げることができるだろう。これまで我が国ではイノシシ肉や、イノシシとブタを交配したイノブタの肉生産を目的にイノシシ飼育が盛んに行われてきたにもかかわらず、その実態はほとんど知られていない。人間とイノシシとの関わりのなかで、どのようにしてその飼育が始まり管理され、資源として利用されてきたか、という畜産学的な観点から調査した詳細な報告はない。

このようなことから、沖縄ではその狩猟から一時的な飼育、そして畜産的な取り組みへと展開する種々の段階について、巨視的な観察を可能にしているのである。そこで、沖縄におけるイノシシの飼育について、その生物学的特徴をはじめ地域環境や人間との関わり

写真1-1　幼獣イノシシの飼育
ウリ坊模様の毛色は消えていた(筆者撮影)

をとおして紹介するのが本章の目的である。

　西表島産イノシシの飼育に関わって以来筆者は、イノシシが生息する沖縄の島々を訪ね、猟師やイノシシを飼う島の人たちとの交流をとおして、その飼育について調査を行ってきた。また一方で、アジア地域の国々に現存する在来家畜の調査に参加し、イノシシ飼育の現場を観察する機会にも恵まれてきた。

　本章では、沖縄におけるイノシシ飼育のさまざまな事例を紹介しながら、アジア地域でのその観察事例や、また現存する在来ブタの飼育とも比較することでイノシシの飼育の意味を探り、その家畜化についても考察を展開させてみたい。

1.2. イノシシを飼うということ

　イノシシを飼うということは、どういうことだろうか。もし、この動物が鋭い牙で猪突猛進の字の如く突進してきたら、誰もがそれを獰猛な獣だと思うだろう。実際に街中に侵入したイノシシが人を襲ったニュースが報じられるのをみると、イノシシを単に家畜やペットを飼うような感覚で捉えることはできない。

　しかし、現代のブタには獰猛というイメージはない。これはイノシシが家畜化され野生とは異なる人為的環境下でブタになったことで、彼らの気質が変化したためであろう。このことから、イノシシは獰猛である反面、むしろ飼いやすいという側面も持つ動物であったからこそ、家畜化されたということになる。実際にイノシシを飼い馴らしている人たちが国内外をとおして散見できることは、その家畜化が容易だったことを物語っているようでもある。「飼う」ということは、食べ物を与え動物を養い育てることであり、結果としてその行為は彼らが人間に「馴れる」ということである。

　イノシシを飼うことは、現代における家畜化の再現ともなろうか。あるいはアジア地域でもそれがみられるということは、イノシシの家畜化が現在でも継続しているということもできるだろう。イノシシの飼育をめぐって、動物考古学ではその家畜化の問題を包含した議論として活発であり、国内外での研究報告も圧倒的に多い。これらの成果からは、人類の生業のなかで如何にイノシシとの関わりが注目されてきたかを垣間みることができるし、そこには人間と動

1.3. どのようにして調査を進めたか

　イノシシを飼育する前提として、イノシシとのさまざまな出会いがなければ、飼育のための個体を得ることはできない。そのきっかけが生じる場面として最も考えられるのは、猟師の狩猟活動であろう。そこで、まず筆者は可能な限り現地の猟師と行動を共にし、イノシシ飼育に繋がる彼らの初動とも思える行動の観察を試みてきた。

　動物の飼育、さらには家畜化ということは環境や人間と動物の相互関係によって生じるとされる。したがって、それらの要因の存在をふまえ、イノシシ飼育が如何にして開始されるかは、猟師の狩猟活動をはじめ島民が暮らす生活現場で得られたさまざまなフィールド的知見を提示し、その飼育に繋がる要因について考察する必要がある。

　調査は1974年に、筆者が最初に訪れた西表島をはじめ沖縄島や石垣島でも、今日まで定期的に実施してきた。こうした長期的な調査では、飼育者の取り組みのなかで生じる飼育や繁殖への人為的介入の程度に従った変化について、継続した観察が可能である。

　実際の調査内容はイノシシの捕獲や解体などの現場をはじめ、その飼育に関する動機や形態、飼育歴および管理技術などについてつぶさに観察と聞き取りを行ってきた。調査対象者は、沖縄島25名、石垣島10名および西表島15名の計50名であり、これらは狩猟活動を主とする猟師35名と非猟師15名とに分けられる。飼育者は個人のほか建設業やホテルなどの企業団体であり、10代の頃に遊びで幼獣イノシシを生け捕りして飼い始めた青年が、現在では40代と50代の猟師となっている例もある。調査頭数ではイノシシか、イノブタかの判別において、両者の頭数を明確にできない場合もあったので、これらの違いを明記せずに、仮にイノシシとして扱った飼育集団もある。

2. 沖縄のイノシシ

　動物が如何に飼育されるかは、彼らが持つ生体の特徴とも関係しているだろうから、その生物学的特徴について述べる必要があるが、まず沖縄のイノシシの分類と分布について紹介してみたい。和名はリュウキュウイノシシであり、学名は*Sus scrofa riukiuanus*と記され、大陸イノシシ（*Sus scrofa*）の1亜種に分類されている。

　生息域は沖縄島、石垣島、西表島だけではなく、同じ琉球列島に属する徳之島、加計呂麻島および奄美大島にもみられる（図1-1）が、最近ではこれまで自然分布していなかった島嶼域に泳いで渡り、また人為的に持ち込まれて野生化し、生息域を広げているとの情報もある。リュウキュウイノシシの起源については、かつては貝塚人が持ち込んだブタが再野生化したことに由来するとされていたが、宮古島から地質時代のイノシシの化石が発見された（林 1985）ことから大陸イノシシの遺存種であるとの考え方が強い。

　現存するイノシシの外部形態をはじめ頭骨に見られる特徴、また血液型やタンパク型の研究では奄美群島と沖縄島の集団に対し、石垣島と西表島の集団は形質が大きく異なり、一つの亜種としてまとめられているにしては、島間でみられる形態・遺伝的な変異があまりにも大きいのである（黒澤ら 2009）。事実、最近のDNA研究では、イノシシが生息する島間で明確な遺伝的な違いもみられる（Hamada *et al.* 2014；竹内ら 2016）など、興味深い報告がある。

　さて、このイノシシの生物学的特徴をまず挙げるとすれば、現存する世界の*Sus scrofa*系イノシシの仲間では小型なグループに属することだろう。本州、九州、四国、淡路島に分布するニホンイノシシ（*Sus scrofa leucomystax*）で

図1-1　リュウキュウイノシシの分布地

は 100 kg を超す個体や、さらには大陸イノシシでは 300 kg にも達するという個体もいるなかで、リュウキュウイノシシは 40～60 kg 程で極めて小型であるということになる。この理由としては、大陸から隔離された小島で生じた進化（島嶼化現象）も考えられている。また戦後、農害獣としてのイノシシ駆除で広まった捕獲率の高いハネ罠猟による集団への影響、いわゆる狩猟圧との指摘もあるだろう。ことに西表島産イノシシは、近年続いてきた島での活発な狩猟活動による集団サイズの縮小で近親交配が進み、さらに小型化している疑いもある（黒澤 2011）。

　リュウキュウイノシシが単に小型なだけではなく、イノシシの武器ともなる鋭い犬歯も他種に比べて小さいのである。こうした特徴は猟師にとって生け捕りしたときのリスクが低く、扱い易い狩猟獣といえるだろう。事実、石垣島や西表島の調査では 2～3 頭の幼獣や亜成獣イノシシを同時に、また 40 kg 程の成獣を一人の猟師が軽々と担ぎ運び出す猟場（**写真 1-2**）を観察してきた。筆者も猟師の手伝いで、罠にかかった成獣をたびたび猟場から運び出した経験があり、その扱いやすさを実感している。

　また、一般に知られていることは、初めにも紹介した「ウリ坊」の愛称で呼ばれる幼獣の毛色に見られるユニークな特徴や、雑食性の野生獣であることだろう。この動物は農作物に被害を与え、残飯や排泄物を漁るなど、人間社会に侵入し、ことにウリ坊は畑や住居周辺に迷い込み、生け捕りされやすいのである。すなわち、イノシシは片利共生的に人間が改変した環境下でも十分適応できる能力を備えた、人間との親和性を有する野生獣である。調査中の筆者には、イノシシが集落内を徘徊する目撃例や農地における多くの足跡の発見例が島民から寄せられており、これらの情報は、イノシシが人間に

写真 1-2　ハネ罠で生け捕りしたイノシシを軽々と猟場から運びだす
（筆者撮影）

よって作られた環境に適応しやすい動物であることを如実に示しているといえよう。

　次に沖縄の環境について地理、自然の点から述べてみる。まずイノシシの生息地である沖縄島、石垣島および西表島の3島は、亜熱帯性気候に属し、世界的な希少生物が生息するなど、「東洋のガラパゴス」とも呼ばれる、琉球列島のなかでは大きく代表的な島々である。そして島内最大の野生哺乳類として、イノシシが繁殖集団を維持できる島嶼環境にもなっている。

　しかし、自然分布していなかった西表島の小島である内離島（うちばなりじま）と外離島（そとばなりじま）、さらには宮古島に人が持ち込んだイノシシやイノブタが最近、人間の管理下から逃れ野生化している。また加計呂麻島には戦後、隣接の奄美大島の開発に伴い、イノシシが大島海峡を泳いで渡り定着し、最近では請島（うけじま）でも確認されている。これについては、人間によって持ち込まれたのか、隣の加計呂麻島から泳いで渡ったのかの情報が現地から寄せられている。このように琉球列島は、イノシシの生息する島々が非生息地の島と隣接しており、そこへの生息拡大や人間によって持ち込まれ、適応しやすい地理的環境にあるともいえよう。

　各島内におけるイノシシの生息地のジャングルは、海岸線に沿って点在する集落にまで接近しているため、イノシシが人間の生活圏内に侵入しやすい環境にある。このことが人との接触の機会を増加させる要因にもなっている。

3. なぜ、飼育は起こるのか

　沖縄では猟師や飼育者が暮らす集落が各島内に点在しており、そこでの長期的な調査がイノシシの狩猟活動の現場や飼育段階の過程を直接観察するうえで、好適なフィールドを提供してくれている。まず、沖縄でみられる猟法から探っていくことにする。

　現在の猟法は、罠猟と銃猟および鉄製の生け捕り檻によるもので、これらの活用の程度は島によって多少異なっているが、特に知られているのは西表島の罠猟だろう。この猟法は昭和15(1940)年頃に台湾の人によって伝えられた、ワイヤーを用いたハネ罠猟であり（花井 1976；今井 1980）、石垣島にも広まっている。本土復帰直後の西表島東部地区ではベテラン猟師一人で100を超える

罠を仕掛け、1日の捕獲量は通常1～2頭であるが、一度に5～6頭を捕獲した猟師もいた。このように多くの獲物がとれた場合、生体のイノシシを丸ごと島内で販売することがあり、一方で、簡素な飼育舎を設けて飼育するか、若い個体であれば紐でくくり一時飼育する猟師もいた。この理由としては、一度に解体しきれないこと、それが可能だとしても、一人の猟師がその肉量を保存するだけの大型の冷凍庫（1975年当時）を確保できないことにあった。つまり、イノシシの飼育は、一時的な生体での肉の保存という意味がある。銃猟は各島でみられるが、特別の有害駆除や娯楽を目的としたものであり、イノシシを射殺してしまうので、飼育に繋がることはない。鉄製の生け捕り檻は沖縄島北部で普及しており、イノシシが無傷で捕獲されるので、直接それを飼育用として代用すれば、容易に飼育が開始されやすいのである。

　狩猟活動において最も注目した事例は、幼獣イノシシの生け捕りである。特にメスのウリ坊であれば、猟師は野生での繁殖を期して積極的に放すこともあるが、集落に持ち帰り、数年の飼育を経験した後に繁殖を試みている。そうした経験は猟師だけではない。一般の島民が弱っていたウリ坊を道路で発見、保護し、飼育を行っている。幼獣イノシシを捕獲し飼育に至った事例は、ほかにも筆者が1980年から調査を進めてきた奄美群島をはじめ、本州や九州、四国の各地で、また海外においてはスリランカ（**写真1-3**）やネパール、ミャンマーでも確認している。最近、ニホンイノシシの事例において詳細に記録された興味深い報告（新津 2011）もあり、幼獣イノシシの飼育は決して珍しいことではなく、イノシシの生息地となっている地域社会では日常的に起こりうるものと推察されるのである。

　なぜ、イノシシの飼育は起こるのかについて、参考までにその動機について調査結果を**表1-1**にまとめてみると、幼獣イノシシの生け捕りで飼育を始めたとするのが全体の50％以上を占めているのがわかる。また畑に侵入してきた

写真1-3　スリランカの地方集落で観察した飼育イノシシ。飼い主には大変なついていた（筆者撮影）

表1-1 飼育の動機

内　容	件数	%	
幼獣を生け捕り	26	52	+++ *
知人から貰った	13	26	++
知人の影響で	4	8	++ *
養豚を行っていた	1	2	+ *
食料確保	2	4	+
大猟であった	1	2	
猟師の妻に解体を止められて	1	2	
弱っていた幼獣を拾った	1	2	+++
野生種に餌づけ	1	2	+++ *

＋飼育開始後の人的関与の程度　＊累代繁殖

ウリ坊への餌づけで人為下に定着させた沖縄島の東村の事例や、30代の猟師が集落に持ち込んだ亜成獣を解体しようとしたところ、妊娠中の妻がそれを止めさせ、一時飼育に至った西表島での極めて珍しい事例もある。とりわけ後者においては、飼育の動機が単に猟師自身ではなく、彼らを取り巻く人間関係にも左右されることを示している。

またイノシシの生け捕りや飼育の情報が島内に広まることで、それに関心を寄せる島民もいた。名護市三原集落に居住する現在81歳の猟師Ｉ氏が、本土復帰前まで集落内で誰も試みたことがないイノシシ飼育を成功させたところ、それが話題となり、数名の住民が一時的ではあったがＩ氏に習ってその飼育を始めている。さらに1976年12月、イノシシの非生息地である小浜島の島民がその飼育に興味を持ち、ハネ罠で生け捕りされた40kg程の個体を買い求めて、ボートで西表島に来島した現場を観察した（**写真1-4**）。

写真1-4　海上でのイノシシの引き渡し
干潮時で、猟師は100m沖合で接岸できずに待つ海上の小舟までイノシシを生かし、担ぎ運び引き渡した。向こうに見えるのが小浜島（筆者撮影）

このような生体でのイノシシの持ち運びは、島間が隣接する島嶼環境にあり、そのうえ西表島のイノシシが小柄であったために可能だったのである。

島袋(2009)は、イノシシが生息しない近隣の竹富島や与那国島の先史遺跡からその骨の出土に注目し、八重山諸島に暮らす人々にとって重要な食料であったとしている。現在イノシシの非生息地となっているそれらの島々に、先史時代、実際にイノシシが生息していたのか、あるいは島外から持ち込まれたのかは明らかではない。いずれにしてもイノシシの飼育は、単に猟師の行動だけではなく、飼育情報の広がりや非生息地への持ち込みなど、動物を飼うという思想や、その技術が如何にしてほかの地域へ伝播し、そこで受け入れられていったという、人との交流をとおして生じるものと考えられる。

4. 飼育の形態と管理技術

まず、イノシシ飼育の開始にあたり、飼育の形態や管理技術がどのようにして生じるのであろうか。それは、現代での家畜やペットを飼った経験、またほかから得た知識を参考にしていることが多いだろう。かつて使っていた豚舎をイノシシ用に改修して使い、また残飯や配合飼料などを与えていることも考えれば、基本的には現代の養豚技術に従っている。**写真1-5**は観察した主な飼育形態である。

イノシシ飼育は飼育者がある程度の農地や住居周辺に空地を有していることが前提にあり、その土地空間を利用している。飼育規模は1頭から90頭程とかなり差があり、全体的には数頭から10頭程度の飼育者が最も多く、全体の40％程を占めており、とりわけ沖縄島北部の名護市をはじめ国頭村や東村などが盛んであった。これは、イノシシ生息地が隣接している都市部、なおかつ周辺の観光地に近いことでイノシシ肉の消費拡大に繋がりやすいことや、この地域で普及している、生け捕り檻での捕獲も関係していると考えられる。

飼育の動機として最も多かった幼獣イノシシの生け捕り、保護であったことは、既に述べたとおりである。捕獲者はそれを積極的に家の中に連れ込むことで、人工授乳や放し飼いが生ずる。ウリ坊への積極的な関与は、ペットとしてみる飼育者の態度に起因すると考えられ、家族が意識しないうちに自然に人

写真1-5 沖縄で観察された主なイノシシの飼育形態(筆者撮影)
a)豚舎形式の飼育舎　b)簡素な囲い　c)飼育檻　d)放し飼い

馴れという刷り込み(imprinting)が生じるのである。1日中放し飼いにしても、夕刻には戻って来るまでに順応させた飼育者もいた。一旦、飼育下に定着したイノシシは、台風到来で飼育舎が倒壊しても逃亡せず、島民の住居周辺にとどまっていたという興味深い事例も沖縄島の国頭村集落にはある。

飼育での人為的介入の程度について、観察と聞き取りによる筆者の大ざっぱな評価ではあるが前述の**表1-1**に併せて示してみると、幼獣イノシシを生け捕りして飼育に至った事例は比較的に飼育歴が長く、その介入の程度も高い傾向にある。これについては、さらに詳細な分析を必要とするが、幼獣の生け捕りをきっかけに飼育を始めた青少年らは現在、40代と50代のベテラン猟師であり、飼育者でもある。

イノシシの飼育歴と飼育戸数および累代交配経験者数との関係を**図1-2**に示してみると、飼育年数は1年から40年以上と幅があり、10年を過ぎる頃にはイノシシの累代飼育を試みる飼育者が現れる傾向にあった。特にイノブタに対

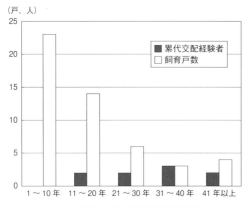

図1-2 飼育年数と累代交配経験者数

する興味から、リュウキュウイノシシに対し、在来の特徴を残す、いわゆる「アグー」と呼ばれる琉球ブタや欧米品種のブタを用い交配させている。さらに小型なリュウキュウイノシシの改良と称して、沖縄島北部や石垣島ではニホンイノシシ雄との交配が積極的に進められていた。リュウキュウイノシシとしては考えられない大型で、タテガミや体毛が密に発達しており、ニホンイノシシの特徴が現れているような個体の飼育が各集落で散見される。これは島内の飼育イノシシやイノブタに対し、ニホンイノシシの遺伝子が入り込んでいる可能性を示している。

沖縄島では馴れた成獣雄の貸し借りも行われており、この指導的な立場にある飼育者や、累代飼育を3世代から4世代重ねた繁殖雌個体の飼育を可能にしたベテラン飼育者もいた。こうしたイノシシ飼育に対する意欲から、イノブタ生産を含め90頭ほどの大規模な畜産として発展させたケースもあった。管理が小規模であれば身近な残飯や野菜を、また規模が大きくなることで市販の飼料を与えるなど、ブタとほとんど変わらない扱いであった。このような畜産的技術がみられることは、飼育者が実際にウシやブタ、ヤギを飼っているか、かつてはそれらの家畜を飼っていた経験があり、これがイノシシ飼育の技術向上に繋がっているのである。経営的にはイノシシの肉や燻製品としての販売があり（**写真1-6**）、また沖縄島の都市部ではウリ坊をペットとして飼ってみたいという人気から、繁殖し、販売する飼育者もいた。ウリ坊は成長するに伴いほかの飼育者にゆずるか、屠畜されるかである。経営的には、飼料費や設備費を考えると、利益はないという。飼育者のほとんどは趣味として行っており、経済的に余裕があることが前提で飼育を継続させている。

イノシシの飼育で最も懸念されることは、その逃亡による農作物への被害で

ある。全国的にイノシシによる農作物への被害があるなかで、沖縄島でも非生息地とみなされている本部半島の本部町と今帰仁村の農民は、その侵入に極めて神経質となっている。かつて今帰仁村において、村外から導入したイノシシが逃亡したときには、飼育者に苦情が殺到したという。また沖縄島の名護市や中部地域の都市部周辺ではイノシシの逃亡や事故を警戒し、飼育管理は強化されている。一方、沖縄島北部および石垣島や西表島の地方集落ではイノシシの飼育が普通に受容され、それが柵を越え、自由に出入りできるような粗放な管理下にあり、万が一、逃亡しても苦情があったということは聞かれないのである。この違いは、イノシシとの出会いや、これに関する話題に普段から接している地方住民と、そうでない非生息地や都市部に居住する住民のイノシシに対する意識や態度の違いが関係しているものと考えられる。

写真1-6　イノシシ燻製肉の看板(筆者撮影)

5. 飼育下で生じた生物学的変化

　飼育形態やイノシシへの介入の程度の違いで、どのような生物学的な変化がイノシシに現れるのだろうか。例えば飼育され易い幼獣イノシシ以外の個体も、捕獲または他人からの譲渡で飼育が始められているが、この場合、イノシシは例外なく頑丈な囲いや檻のなかで飼われ、急に人為的管理下に置かれるため、ストレスなどによって死亡することがある。また生存できたとしても、人間に馴れるまで時間がかかり、個体によっては馴れないこともあった。ところが幼獣の頃から人目に付きやすい観光目的などで飼われていたイノシシは、触れることも可能なほどに馴れていた(**写真1-7**)。筆者が大学で経験した西表島産イノシシ2頭のうち1頭は、沖縄とは異なる冬の寒い時期でもあり、運ばれてき

写真 1-7　見知らぬ人にも近寄ってくる飼育イノシシ
（筆者撮影）

て 1 週間ほどで死亡し、ほかの 1 頭は半年ほどで、筆者とは多少触れるまでに馴れたが、2 度目の冬を迎えた 12 月に肺炎で死亡している。

また 1992 年には、新たに東京農大富士農場に成獣のメス・オス各 2 頭の西表島産イノシシを動物資源の研究目的で導入した。これを担当した畜産学科教授の池田周平氏によると、「5 年間程の飼育を試みたものの、野生とは異なる飼育環境下に急に置かれ、ブタと同様の濃厚飼料を与えたことで体が太り、生理的な影響もあり繁殖には至らなかったのではないか」という。すなわち、飼育されることへの定着や馴化の速さと程度は、イノシシの年齢やそれまで置かれていた環境、毎日の給餌や飼育舎の掃除など、人間とイノシシとの触れ合う頻度によって決まるものと推察されるのである。

　前述の人馴れが飼育形態の違いで生じたと考えられるが、偶然に従順性の高い個体が選抜され飼育された可能性もあるだろう。これについては今後、多くの飼育現場のイノシシについて観察する追跡調査が必要である。

　とりわけ飼育形態の違いで顕著に現れたのが外貌上の変化であることが明らかである（黒澤・田中 2017）。すなわち、狭い飼育舎や檻でのイノシシは、飼育が長期にわたることで体型がブタのようにやや丸みを帯び、体表面にシワが現れる個体もあった。一方、適度な運動が可能な広い放し飼いでのイノシシには、長期間の飼育でも特徴は現われず、野生種とほとんど変わらない姿態であった。この違いは、前者の飼育形態では、極度のストレスを飼育イノシシに与えていることになり、その生理や行動に影響を及ぼしていることが、そうした外貌の変化から推察できる。

　これまでイノシシを強制的に人間の管理下に置いて、達成した飼育について紹介した。ここでは野生イノシシがブタやイノブタの飼育集団に接近し、また餌づけによってイノシシをゆるやかに人間の管理下に移行させ、その繁殖では

自然に委ねながら飼育を達成させた極めて珍しい事例であり、改めて詳細に述べてみたい。

まず1974年頃、西表島東部の集落の猟師T氏が農地の一部をイノブタの飼育地にした現場である。T氏はサトウキビ農家であるが、島の観光産業化が進むなか、民宿やレストランへの提供を目的としてイノブタ肉の生産を試みていた。初めは既に島内でイノブタを生産していた知り合いから数頭の個体を譲り受け、農地の一部を電柵で囲った飼育場で、数頭の欧米品種のブタと一緒に飼っていた。

1981年3月の調査では80頭程の頭数に増え、興味あることにヤギと一緒の比較的大きな放し飼いとなっていた。1975年の観察では飼育個体には**写真1-8**のように、毛色や体型にブタの特徴が現れていたが、6年後にはそれらの形質を有する個体はほとんどみられなかった。顔面頬には僅かな白髭と、背中にはタテガミと、毛色には黒から褐色の連続的な変異が生じ、さらに乳頭数5対やその配列状態において、イノシシとイノブタの区別が出来ない個体も存在しているなどの変化が見られた。つまり、この集団に野生イノシシが混入し定着していた可能性もある。これと似たようなことを林田(1960)は、かつて同島の船浮集落の古老から聞いた話として「雌豚の発情期には雄猪が近くをさまよい、雌豚は山に逃げて交配を済ませて帰ることもある。産まれた雑種の中には山に逃げ、猪になる」ということを報告している。西表島東部の集落のイノブタ集

写真1-8　放し飼いによるイノブタの飼育(筆者撮影)
a)ブタの特徴を持つ個体がいる(1975年)　b)ブタの形質がなくなり、イノシシのような個体が多くみられる。手前3頭はヤギ(1981年)。

写真1-9　飼い主と触れ合う放し飼いイノシシ
（筆者撮影）

団でもイノシシとの関係が続いた結果、6年間でイノシシと見分けがつかない集団となったと考えられる。こうした粗放的な飼育では野生イノシシがイノブタ集団に入り込んでいる一方で、イノブタが野生化していた可能性もある。

次は沖縄島東村の農家M氏が2002年、タンカン畑で昼食をとっていたところ数頭のウリ坊が周辺の森から現れ、これらに昼食の余りを与えたことで始まった飼育である。すなわち、それがきっかけで畑に近寄って来たイノシシにタンカンによる餌づけを繰り返し、畑に徐々に定着させながら周りにゆるやかに囲いを作り、このなかで飼育と繁殖を達成させていた。

M氏は掛け声でも管理できるまでにイノシシとの関係を成立させた（**写真1-9**）が、2009年に他界し、現在は長男がその飼育を受け継いでいる。タンカン畑を利用した飼育場はイノシシ牧場として1000 m^2 ほどに拡大され、可能な限り自然に近い環境に整備され、タンカンの直売と併せて観光用としても活用している。規模は最高70頭程まで増やしたが、現在では50頭程（2013年現在）の集団となっている。繁殖期には野生の雄イノシシが飼育地の囲いの外側に接近するので、メスの集団に侵入させ自然交配を試みていた。

ニホンイノシシの飼育ではウリ坊の病死率も高く、その難しさも指摘されている（林 1988）が、ここでは広い囲いのなかで放し飼いを可能にする草むらや雑木林の自然に近い生態環境が整えられ、イノシシの繁殖とウリ坊の飼育を可能にしている。このように野生の雄を飼育場に意図的に侵入させることで、飼育イノシシメスとの交配が生じるため、累代飼育はメスに限って行っている。またM氏は妊娠個体を野生に放したところ、それが出産し子供を連れて飼育場に戻ってきたという。ここでは人為的介入による半野生的な飼育集団として維持されているのである。

6. 考　察

　まずイノシシが生息する沖縄島、石垣島、西表島の3島では、その生息域が人間の生活域と重なっており人との接触の機会が多い。そのうえ体格的には小柄で扱いやすく、狩猟活動では生け捕られ、その飼育につながる機会を頻繁に提供しているのである。しかしながら、食料確保が日々の生活であった狩猟採集時代における野生動物の一時的な飼育では、家畜化は簡単には生じなかったと考えられている。とりわけ定着農耕社会と強い関連性を持つブタの飼育としては、イノシシの家畜化は人類が農耕を開始した頃とする考えが定説化している。

　これらの点をふまえ、筆者の調査では、まず各集落において戦前から本土復帰までの当時を知る3島の住民からイノシシの飼育について聞き取りを行った。その結果、各家々ではブタやヤギを飼っており、イノシシの飼育は珍しいくらいだったという。イノシシが生け捕りされたとしても、ブタやヤギを飼っており、イノシシを飼う余裕などはなく、したがって、捕獲があったときは解体し、ご馳走として集落内で肉を分けあったともいう。

　筆者が西表島を訪れた1974年から1981年にかけて、民宿やレストラン、関西の業者からイノシシ肉の需要が高まったことを受け、イノブタ生産にも関心を示す島民が現れ、イノシシの飼育が次第に見られるようになった。これらのことから、沖縄においてイノシシの飼育が本格化したのは本土復帰以降、とりわけ1975年の沖縄国際海洋博覧会開催に伴い、急激に観光産業が進んだ頃といえるだろう。しかし、これは、わずか数十年間の沖縄に限った事例であり、狩猟採集時代における琉球列島にイノシシ飼育があったかどうかについては明らかではない。これについては動物考古学での研究に期待したいところである。

　沖縄でのイノシシ飼育の開始には、幼獣イノシシの生け捕りをはじめ猟師からの勧めや飼育に対する興味、また餌づけなどのさまざまな動機があることを明らかにしたが、最近では古くから沖縄で飼われてきた琉球ブタ「アグー」の飼育ブームが県内に広がり、これもイノシシ飼育には少なからず影響を及ぼしていると考えられる。現在、沖縄ではかつてのようなアグーによる伝統的な養豚は見られなくなったが、イノシシ飼育をとおしてアグーに想いを寄せる人

たちの精神性が文化として、地域社会に深く根付いていることを窺い知ることができる。とりわけ沖縄島北部ではイノシシ飼育を始めたことで、アグーやそれとの交配に興味を示すなどの猟師は多かった。そうしたアグーへの思いは猟師だけではなく、一般住民も調査をとおして散見されるのである。

　沖縄の人たちには古くから各家々で自家消費用としてブタだけではなく、ヤギをも飼う習慣があり、それが本土復帰後に観光産業が盛んになることで、イノシシを飼うことも何ら抵抗なく、自然に受け容れられていったものと考えられる。すなわち、沖縄でのイノシシ飼育の意味には、仏教の殺生禁断の思想による影響を受けてきた本土とは異なり、肉食の風習を今日まで伝えてきた、沖縄のそうした家畜飼養文化の歴史も背景として存在しているのである。

　狩猟採集時代から農耕が始まる過程で、当時の社会変化がイノシシ飼育、その家畜化を進行させたとする考え方がある。これと、本土復帰に伴う観光地化やアグーの飼育ブームで生じた社会変化など事情や程度に違いはあるものの、いずれも大きな変化がきっかけでイノシシ飼育が生じている点は、家畜化を考えるうえで共通した認識として捉えることができるだろう。

　では、イノシシの家畜化とは実際どういうことなのだろうか。これまで羅列的に述べてきた現場の事例から、その家畜化について検証してみたい。その前に、ここで野澤(1975)による家畜化の定義について紹介してみる。すなわち、「家畜化とは動物が受ける自然淘汰の圧力が人為淘汰の圧力によって徐々に置き換えられていく過程である」としている。つまり家畜にするという人間の行為や、その結果として生じる動物の体の変化や、動物集団の変化は、連続的な過程として理解しなければならないとされている。現在の主要家畜種のなかで、ブタの野生祖先種として現存するイノシシは唯一、飼育が可能であり、狩猟から飼育への種々の段階を連続的な過程として捉えるという、家畜化の定義について検証することも可能な野生獣なのである。

　そこで、筆者の調査で明らかとなったイノシシの狩猟から飼育段階に至る過程を図1-3に示し、家畜化について議論を展開させてみたい。まず、①は成獣や幼獣の生け捕りによる人為的管理下に至った過程である。ここでは飼育やペット化の段階で解体されるか、またニホンイノシシとの交配やイノブタ生産が試みられるなど、繁殖での人為的介入が強化していく。管理の程度によって

は飼育下から離脱し、野生化する個体もある。また②は人間の生活圏に侵入した幼獣を餌づけし、畑に緩やかに定着させた後に囲いを作ることで野生からの隔離を可能にした。そして繁殖期には野生の雄を飼育下の雌集団に誘い入れ、人為的管理下に至った過程である。

つまり、両者の飼育に至る過程には人為的介入の程度に違いはあるが、幼獣を対象として飼育を達成させ、また再野生化や野生雄の侵入により、野生と飼育下の両集団間で連続性がみられることは、両者に共通している点である。

特に①におけるウリ坊を生け捕りした捕獲者は、意図的にそれを捕まえたのではなく、突然現れた偶発的なその捕獲から飼育へ至っており、それをペットとしてみる態度をとることが多い。したがってウリ坊は放し飼いにされ、人間の生活環境に定着が進み、結果としてその成長に伴い、簡単な囲いや舎飼い、中井(2007)がいうようないわゆる「ゆるやかな舎飼い(semi-confined)」が作られ、野生集団からの隔離が強まるのである。すなわち、こうした飼育過程で明確な飼育という意識が飼育者には現れ、イノシシへの管理が一層強化されていくのである。

また②で示した畑に侵入したウリ坊への餌づけにより始まった飼育は、意図的なものではなく、偶発的な餌づけから定着が生じ飼育の意識が飼育者に現れてきた結果である。同様の事例を奄美大島の大和村でも観察しており、現在、

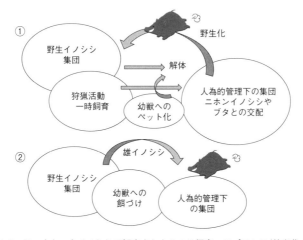

図1-3　リュウキュウイノシシで観察された2つの飼育へのプロセス(筆者作成)

雌3世代までの飼育繁殖の人為的介入の経過を追跡している。今西(1968)は餌づけが家畜化に進む第一歩であるとしているが、本調査で示されたように飼育動機は50％以上が幼獣の生け捕りにより生じている点を考えると、むしろ幼獣との出会い、すなわち、その生け捕りであるともいえよう。

世界で最も活発な野生動物のペット化がみられるアマゾン先住民では、狩猟の際に幼獣と出会い、それを持ち帰ることに起因する(池谷 2012)という。またアジアにおける辺境の地域には「イノシシ型」と称され、野生的な特徴を有する原始的な在来ブタの放し飼いや、ゆるやかな舎飼いがみられる(黒澤ら 2009)。筆者は1985年のフィリピンの調査において、ミンドロ島山岳地で暮らす少数民族の高床式住居でイノシシとの区別が難しい子ブタを飼う女性(**写真1-10**)や、2003年のカンボジアの山岳地でブタを住居内に自由に出入りさせている少数民族を確認している(Kurosawa *et al.* 2006)。

これら民族の住居は、熱帯モンスーン気候での開放的な構造になっており、ブタを自由に住居内に受け容れやすくし、ゆるやかな舎飼いとしての一面もある。ここでのブタ飼育は一見、沖縄で観察した幼獣イノシシの生け捕りにおいて、最初に生じる住居内への持ち込みや放し飼いと類似するところもある。幼獣が夕刻には戻って来るという放し飼いは、東南アジア地域のブタ飼育でも同様に存在する。妊娠したイノシシが飼育場から野生に解き放され後に、出産し子供を連れ戻った東村の事例は、イノシシを自然に委ねながら人為的環境下に緩やかに定着させ、その家畜化を可能にさせる人間側の行為として注目できる。実際に東南・南アジアの辺境で暮らす少数民族の人たちのブタ飼育は、粗放的な放し飼いである(**写真1-11**)ことが多い。これは、イノシシを自然に委ねながら家畜化を進行させた名残を現

写真 1-10　高床式住居の囲炉裏の近くで子ブタ(中央奥)を飼う女性
一見、イノシシのようでもある。右手前にはイヌもいる。フィリピンミンドロ島(筆者撮影)

代に留めるブタ飼育のようにも思えてくる。

また家畜化は過去の出来事ではなく、現代においてもいまだ継続している（野澤1982）ともいう。イノシシの家畜化がユーラシア各地で多元的に起こった（Larson et al. 2007）といわれているように、スリランカやネパール、ミャンマーにおいて観察したイノシシ飼育は、現代に至る過去からの連続した事象として捉えることができるかも知れない。実際、前述のイノシシとの区別が極めて難しいイノシシ型のブタは粗放な管理下に置かれ、周辺の野生や飼育イノシシとも定期的に交雑が起きなければ存在しえないだろう。そこでは、野生種か、家畜種かの違いを明確にすることはできない、いわゆるグレーゾーンのブタと称され（黒澤2014）、イノシシの家畜化は未だ進行中ということもできるだろう。

沖縄での幼獣イノシシへの餌づけや放し飼い、また定期的に野生雄を飼育下の雌集団に誘い込んでいる半野生集団とも思われる飼育は、トナカイの飼育現場でも見られることが紹介されており、そうした野生種と飼育下集団との関係は、セミ・ドメスティケーション（semi-domestication）の状態にあるという提唱もなされている（松井1989）。つまり、沖縄で観察したイノシシの半飼育集団は、前述のグレーゾーンのブタと何ら変わらない野生種と飼育下を繋ぐ連続的な過程を現代においてみせていることにもなる。そしてイノブタ生産においても、ブタとの交配をとおしてみられるイノシシへの種々の人為的介入は、その家畜化の一端を現代において再現しているともいえよう。亜熱帯性気候の島嶼地域における地方集落が可能にしているゆるやかなイノシシ飼育における種々の様相からは、イノシシという生き物を何ら抵抗なく自然に受け入れている、沖縄の人たちの寛容な地域社会がみてくるのである。

写真1-11　ラオスの地方集落内で観察される放し飼いブタ
夕刻には我が家のブタが飼い主の女性の「アー、アー」の呼び声に誘われ、飼育舎に戻される（筆者撮影）

このような管理下での繁殖で増えたイノシシの幼獣は、飼育希望者に提供され、またその肉は、自家消費や集落内で販売することが多く、何らブタと変わらない畜産的な扱いである。事実、「我が家にとってイノシシは家畜である」と語る程に、野生イノシシとは異なる認識を飼育イノシシに対して持つ飼育者もいた。この飼育イノシシは姿形が全く野生的であっても、畜産学的には「生殖が人間の管理下にあり、財を人間に提供する動物」という家畜の定義（野澤 1975）に当てはまるだろう。しかし実際、どのように定義されるべきなのだろうか。このことは野生であるか、家畜であるかの認識について、イノシシの累代飼育を可能にし、肉としての畜産物を得ている実践的な飼育者と、学術的データに基づき、そのいずれかを明らかにしようとする研究者との見解の相違であり、これについては今後の課題としたい。

本章では現代におけるイノシシ飼育について沖縄でのさまざまな事例を紹介し、その家畜化まで話を展開させてきたが、これを家畜化の起こった時代に照らし合わせて考えるのは無理もあるだろう。だが、当時の方が自然豊かで、また古代人は十分その自然を熟知していたとすれば、狩猟活動ではイノシシの生け捕りや飼育は容易に可能だったと考えられる。野生の幼獣との出会いが頻繁なアマゾン先住民での池谷（2012）の報告は、イノシシの家畜化のきっかけを考えさせてくれる。沖縄における狩猟活動や島民の日常生活のなかでもイノシシの幼獣が生け捕りされ、飼育されやすい点を考え合せると、狩猟採集時代はその家畜化の萌芽状態にあったと推察される。その時代、安定的な集落さえ営まれていたならば、単発的なイノシシの家畜化が開始されていたことも考えられるだろう。我が国の縄文社会などのようにその可能性を示唆するデータは多い（藤井 2001）という。また家畜化のプロセスを過去1万年ほどの間に限定して考察することは誤りであるとの指摘もある（Higgs and Jarman 1972；野澤 1975）。

7. おわりに

野生動物の飼育やその家畜化に関する議論は、これまで動物考古学をはじめ、ヤギやヒツジなどの遊牧家畜を対象とした文化人類学的な研究が主流で進めら

れてきた。これに対し、筆者は畜産学を学んできた立場で議論を進めてきたが、当然、家畜化や家畜の定義に対する見解では、それぞれの分野間での対立は生じるであろう。しかし、今日では家畜の野生祖先種が絶滅、もしくは現存していたとしても、その棲息地が限られ飼育される機会も少ないことを考えれば、動物考古学や文化人類学では捉えられない事象について、実際に狩猟から飼育まで長期的な観察が可能であるイノシシから見出すことができるだろう。

　例えば、沖縄島東村の飼育者は現在、父親から飼育技術を受け継ぎ、3世代目の繁殖雌イノシシを飼育している。また青少年時代にイノシシを飼い始め、現在まで継続してきた飼育者も、長期的な飼育では稚拙な経験的技術から徐々に向上した知的技術となり、イノシシの生殖に対する人為的介入過程を観察することが可能である。こうした飼育技術が進むなか、観光目的での飼育イノシシで生じている人馴れをはじめ、飼育形態の違いで現れた外貌の変化は、これまで出土遺骨を対象とした動物考古学的研究において、野生種か、家畜種かの議論に対し、新たな示唆を与えてくれるかもしれない。だが、そうした変化は、どこまでがイノシシで、どこからがブタなのかという家畜化の根本的な解明に迫れるというものでもないだろう。両者が連続的であるならば、その違いを明らかにすることがはたして家畜化の解明に、どれ程の意味を持つかということにもなる。

　それは、単にイノシシ飼育だけの観点で捉えるのではなく、本章でも紹介しているように、アジア地域に現存する原始的な在来ブタ飼育の現場とも比較することで、さらにイノシシの飼育や家畜化の全体像を焙り出せるものと考える。いずれにしても、イノシシ飼育の現場をとおしての長期間にわたる畜産学的な観点での調査に基づく議論は始まったばかりである。今後、いろいろな動物での同様の調査を期待したい。

　家畜化の一端を現代において再現しているようにも思える沖縄でのイノシシ飼育は、イノシシと人間の関わりをとおして、その両方の側に、どんな変化が起こってきたかということを社会学的あるいは動物学的に探究するためのモデルとして、極めて興味深い事象を提供しているのである。

● 文　　献

池谷和信(2012)：「アマゾンの動物と人 ── 肉・皮・ペット ── 」、生き物文化誌学会鶴岡例会、アマゾンの生き物文化と現代社会 ── 世界的に希少なアマゾン資料を保存する鶴岡からの発信 ── プログラム・要旨集 12-13。

今井一郎(1980)：「八重山群島西表島におけるイノシシ猟の生態人類学的研究」、民族学研究 **40**(1)：1-31。

今西錦司(1968)：『人類の誕生』、河出書房新社。

黒澤弥悦(2007)：「リュウキュウイノシシは一つのグループとしてまとまるのか？」、「第2回カマイサミットin西表」、実行委員会(編)『第2回カマイサミットin 西表 ── 資料報告書 ── 』、5-7。

黒澤弥悦(2011)：「定着するイノシシ飼育」、季刊民族学 **136**：71-73。

黒澤弥悦(2014)：「アジアの辺境に現存する豚」、All about SWINE **44**：29-39。

黒澤弥悦・田中一榮(2017)：「飼育下におけるイノシシ(*Sus scrofa*)の外貌特徴 ── その家畜化としての考察」、在来家畜研究会報告 **28**：267-275。

黒澤弥悦・田中和明・田中一榮(2009)：「II-4 ブタ ── 多源的家畜化と系統・地域分化 ── 」、在来家畜研究会(編)『アジアの在来家畜＜家畜の起源と系統史＞』、名古屋大学出版会、215-251。

島袋綾野(2009)：「八重山諸島の先史遺跡から出土するイノシシ」、「第2回カマイサミットin西表」実行委員会(編)『第2回カマイサミットin 西表 ── 資料報告書 ── 』、12-13。

高橋春成(1995)：『野生動物と野生化家畜』、大明堂。

竹内佳子・濱田秀一・荒谷友美ら(2016)：「リュウキュウイノシシにおける上顎骨の形態にみとめられる地理的差異および分子系統解析」、日本哺乳類学会2016年度大会プログラム・講演要旨集 93。

中井信介(2007)：「タイ北部におけるモン族の豚飼養に関する環境人類学的研究」、博士(学術)論文、総合研究大学院大学先導科学研究科。

新津 健(2011)：『猪の文化史　考古編　発掘資料などからみた猪の姿』、雄山閣。

野澤 謙(1975)：「家畜化と集団遺伝学」、日畜会報 **46**：549-557。

野澤 謙(1982)：「動物家畜の遺伝学」、『Domesticationの生態学と遺伝学』、京都大学霊長類研究所、1-12頁。

花井正光(1976)：「リュウキュウイノシシ＜西表島＞」、四手井綱英・川村俊蔵(編)『森林と保護・獣害の問題　追われる「けもの」たち』、築地書館、114-129頁。

林 良博(1985)：「宮古島ピンザアブ洞穴産イノシシ化石」、沖縄県文化財調査報告書、**68**：75-78。

林 良博(1988):「イノシシ」、加藤晋平・小林達雄・藤本 強(編)『縄文文化の研究2. 生業』、雄山閣、136-147。

林田重幸(1960):「奄美大島群島貝塚出土の猪と犬について」、人類学雑誌 68:96-115。

藤井純夫(2001):「ムギとヒツジの考古学」、藤本 強・菊地徹夫(監修)『世界の考古学16』、同成社。

松井 健(1989):『セミ・ドメスティケイション 農耕と遊牧の起源再考』、海鳴社。

Hamada, S., Kurosawa, Y., Takada, M. *et al.*(2014): "Genetic structure and diversity of the Ryukyu wild boar populations analyzed using SNPs". *The 16th AAAP Animal Science Congress.* November, Yogyakarta: 10-14, Indonesia.

Higgs, E. S. and Jarman, M. R. (1972): "The origin of animal and plant husbandry". In *Economic Prehistory.* Higgs, E. S. (ed.), Cambridge Univ. Press, pp. 3-13.

Kurosawa, Y., Oishi, T., Tanaka, K. *et al.* (1979): "Immunogenetic studies on wild pigs in Japan". *Anim. Blood Grps Biochem. Genet.* **10**: 227-233.

Kurosawa, Y., Tanaka, K., Okabayashi, H. *et al.* (2006): "Field survey on local pigs in Cambodia, Focusing on the external characteristics and raising conditions of the Short-eared pig. Rep". *Soc. Res. Native Livestock* **23**: 85-92.

Kurosawa, Y., Tanaka, K., Suzuki, S. *et al.* (1984): "Variations of blood groups observed in wild pig populations in Japan". *Jpn. J. Zootech. Sci.* **55**: 209-212.

Larson, G., Albarella, U., Dobney, K. *et al.*(2007): "Current views on Sus phylogeography and pig domestication as seen through modern mtDNA studies". In: *Pigs and Humans.* U., Dobney, K., Ervynck, A. *et al.* (eds.) 30-41, *Oxford University Press.* Albarella.

第2章

「森の民」が家畜を飼うとき
―― エチオピア南西部・マジャンギルの家畜飼養 ――

佐藤廉也

1. はじめに

　ウシ、ヒツジ、ヤギ、ラクダなどの家畜飼養はいずれもユーラシアで起源したことが知られているが、アフリカにおいてもこれらの家畜の歴史は古く、人々の重要な生業の一つであり続けてきた。アフリカにおける現在の家畜分布を知るために、図2-1にウシ、ヒツジ、ラクダ、ブタの国ごとの保有頭数を示した。北半球に広くイスラーム圏が広がるアフリカでは、ブタの分布はそれほど目立たないが、ウシやヒツジは家畜感染症であるトリパノソーマ症を媒介するツエツエバエの分布中心であるコンゴ盆地周辺を除いて大陸全体にわたって分布し、とりわけ東アフリカでの分布密度が高いことが図から読み取れる。

　東アフリカは、ウシにきわめて強固な文化的執着を示す人々が多いことで知られ、「東アフリカ牛牧文化複合」と呼ばれてきた(Herskovits 1926)。南スーダンやエチオピア南西部の低地サバンナに住む牧畜民ヌエルがよく知られているように、それらの社会においてはさまざまな儀礼においてウシが供儀動物として重要な意味を持ち、独特の宗教的世界を形成している。エチオピアの低地サバンナに住むボディの人々は、ウシの色・模様を数百種にわたって独自の語彙によって区別しているばかりでなく、それらの色・模様を持つウシをかけあわせて生じる子ウシの色・模様についてもメンデル遺伝学に匹敵するような正確な認識を有しているという(福井1991)。

　一方で、エチオピア高地には低地とは言語・文化的系統の大きく異なる人々(セム語系のアムハラ、ティグレ、グラゲや、クシ語系のオロモなど)が居住するが、彼らはいずれも農耕や牧畜を通じてウシ、ヒツジ、ロバ、ウマなどを飼養してきた。とりわけ彼らエチオピア高地人が犂農耕にウシを用いることはサ

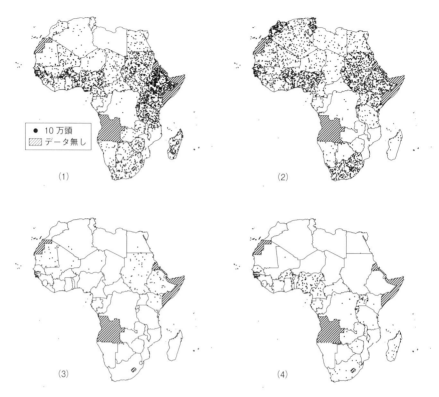

図2-1 アフリカにおける家畜分布
1：ウシ；2：ヒツジ；3：ラクダ；4：ブタ。国ごとの頭数をランダムなドット密度で示したもので、国内の分布を正確に表すものではないことに注意(UN Economic Commission for Africa (2007)のデータをもとに筆者作成)

ハラ以南アフリカの農耕文化のなかでは特徴的であり、それによって低地とは大きく異なる集約的な農耕が発達してきた(McCann 1995)。

しかしながら、東アフリカにおいても人々は一様にウシをはじめとする家畜に強い執着を持っているわけではなく、実際にはその居住環境に応じて、民族ごとにバラエティに富んだ生業の組合せを持っている。図2-2は東アフリカのなかでもとりわけ自然環境と民族の多様性が大きいエチオピア南西部の民族分布を示している。民族の多様性はその人口規模(数千人〜数千万人)や言語の系統から生業(犂農耕、焼畑農耕、氾濫原農耕、牧畜、狩猟、採集など)まで顕著

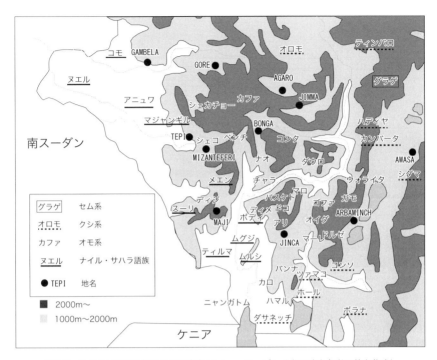

図2-2 エチオピア南西部の民族分布（アシャー・モーズレイ(2000)を参考に筆者作成）

である。ヌエルやボディなど、ウシに強い文化的執着を示すナイル系の人々の多くはサバンナに住むが、アニュワのように、同じサバンナに住むナイル系の集団でも牧畜よりも農耕や漁撈に生業の重心をおく人々もいる。一方、低地の川辺林で漁撈、狩猟、採集、焼畑を行うムグジや、サバンナと高地の境界に広がる森で焼畑、採集、狩猟を行うマジャンギルなど、森林に住む人々の多くの伝統的生業は牧畜を欠いていた（松田 2005; 佐藤 2005）。

なぜ、集団によってこのような生業の違いが生じるのだろうか。確実に関連を持つと思われる要因は、自然環境の違いである。上記のように、森に住む人々はウシを持たないケースが多い。これに関してよく指摘されるのは、ツェツェバエの分布と低地森林域との関係である。ツェツェバエの存在が歴史的に赤道アフリカへの家畜の拡散を遅らせてきたことは指摘されている（ダイアモンド 2000）が、エチオピア南西部においても、森林域とツェツェバエの分布は

重なっており、これが森に住む人々が放牧家畜を持たない重要な要因の一つである可能性は高い。エチオピアやスーダンの低地では、乾季になると耕作地以外の場所でも火入れをしてブッシュを草原化しようとする人々の営みがみられるが、こうした行為もツエツエバエの生息環境を改変し農耕や牧畜に好適な環境を維持しようとするものであると考えられている (Giblin 1990)。

　しかし、環境要因のみが家畜の有無を決める理由であろうか。例えば本稿で報告するマジャンギルのケースでは、そのすべての居住域にツエツエバエが生息しているわけではないが、彼らはウシ・ヒツジ・ヤギなどの放牧家畜を近年まで飼養してこなかった。次節以下に述べるように、彼らはツエツエバエの存在を知っているわけでもなかったし、単にそれらの家畜飼養に関心を持たなかったのである。また、マジャンギルの周辺にはツエツエバエの生息する類似の環境に暮らす人々もいるが、そうした人々はそれぞれの文化伝統に従って家畜飼養を指向する場合がみられる。家畜飼養の知識・技術は主として民族集団のなかで世代から世代へと蓄積され伝えられる文化伝統であったことを考えると、ある集団における生業の有無を説明するには環境要因に加えて文化伝統が必要であると考えられる。この文化伝統の存在は、たとえ環境が変わったとしても生活習慣が容易に変わらない慣性を発揮することになるであろう。

　環境要因と文化伝統のほかに、筆者は生業の有無を説明するもう一つの背景要因があると考える。それは、国家や周辺民族との関係である。近隣集団との平和的または敵対的な関係が、生業にかかわる知識や技術の交流を促進したり妨げたりするだけでなく、集団のアイデンティティを強めたり、ひいてはある集団と特定の生業との結びつきを強めることが予想される。また、国家によるコントロールの有無は、集団間の平和的あるいは敵対的な関係にきわめて大きな影響を与える。

　本稿で扱うマジャンギルは、以上の三つの要因が家畜飼養という生業の有無にどのように関わっているのかを考察するための好事例である。マジャンギルはエチオピア南西部の低地森林に住み、自ら森に生きる人々であるという強いアイデンティティを持つ。彼らは伝統的に森に小規模な集落を形成し、焼畑、採集、狩猟を主な生業としてきたが、1990年代末になって一部の人々がこれまで経験のなかったウシ、ヒツジ、ヤギなどの飼養を開始した。その背景には、

1980年代以降の国家政策による定住化、さらには1990年代末から急速に進行した高地人との混住化や現金経済の浸透があった。本稿ではこのプロセスを記述することによって、環境要因、文化伝統、そして集団間関係がどのようにマジャンギルの伝統的生業を維持し、そしてそれらの変化がいかにマジャンギルの家畜飼養の開始を後押ししたのかを考察したい。

2. マジャンギルの伝統的な生業と家畜飼養

　マジャンギルの最も重要な生業は焼畑である。彼らの伝統的な集落は多くは10世帯に満たないきわめて小規模なもので、各世帯は住居の周りに焼畑を伐採するため、住居は互いに離れた散居形態であった。集落・焼畑の周りには焼畑休閑地である二次林や成熟林が広がり、この森で蜂蜜採集や狩猟を行ってきた。マジャンギルの食事は栄養摂取割合でいえば焼畑作物（モロコシ、トウモロコシ、タロ、ヤム、サツマイモ、キャッサバなど）が最も重要であるが、生業活動時間でみると女性が焼畑（加工・調理を含む）中心であるのに対して、男性は蜂蜜採集や狩猟、すなわち森での活動時間の方が焼畑に関わる活動時間よりも長い。

　マジャンギルが伝統的に飼養してきた動物はイヌとニワトリのみである。ニワトリは肉と卵が利用され、平均的な世帯の所有数は数羽程度であった (Stauder 1971: 14)。ニワトリのほか、狩猟動物であるブッシュバック、ダイカー、カワイノシシ、モリイノシシ、バッファローなどがマジャンギルの日常摂取する主な動物性タンパク質であった。ニワトリは山刀、斧、包丁などの鋭器類とともに、頻繁に集落を放棄し森を移動するマジャンギルが携帯する主要な財産であった（**写真2-1**）。イヌはイノシシ類の狩猟に使

写真2-1　敵の攻撃から森の奥へと逃げるマジャンギル女性たち（筆者撮影）

われた。狩猟は雨季の間は主に集落周辺でイヌ猟や罠猟が、乾季になるとサバンナでのキャンプによる狩猟や漁撈（ぎょろう）が盛んに行われる。

マジャンギルはヤギ、ヒツジ、ウシなどの放牧家畜を飼養しないが、その肉は狩猟動物の肉同様に好む。かつてのマジャンギルは、供儀動物としてニワトリを食べたが、ヤギやヒツジを近隣の集団から手に入れ、供儀に用いることも珍しくなかった。しかし、それらの動物を殺さずに飼ったり繁殖を試みたりという行動はまったくみられなかったという(Stauder 1971: 13)。

マジャンギルは自らが放牧家畜を持たないことをどのように説明するのだろうか。筆者が質問すると、「それがマジャンギルの習慣なのさ "ege se dambi majangirongk"」「（マジャンギルは）ウシやヒツジの飼い方を知らないのさ "ku degr ar ek agut togi le junkuyak b'ore"」「森の木々や動物、蜂蜜を求めてきたのが私たちマジャンギルなんだ "etink majangir kusi b'a duka se agut keen gen a taarak dukongk a eted b'ore"」というような答えが返ってくる。また、1960年代にマジャンギルの社会人類学的調査を行ったスタウダーは、「家畜を飼ったところで、畑や作物を荒らすし、高地人に略奪されたり政府から徴税されたりするのが関の山だ、どうしてそんなわずらわしいものを持たないといけないんだい？」「俺たちのウシはバッファローなのさ」と答える人々の様子を記述している(Stauder 1971: 13-14)。後者の答えからは、家畜を持たないことを卑下するよりはむしろ森の生活を誇らしげに語るマジャンギルの姿を思い浮かべることができる。

一方、スタウダーの質問に対するマジャンギルの前者の回答（略奪や徴税に対する反応）は、森住みのマジャンギルがおかれていた状況を端的に示すものである。20世紀前半期までのマジャンギルは、高地人による頻繁な奴隷狩りや略奪、またアニュワなどのサバンナ側からの攻撃を受け、それが頻繁な集落放棄と移住を引き起こしていた。小規模な集落を形成して散在し、有事に際しては集落を捨てて森の奥へと逃げ込むというマジャンギルの従来の生活様式は、不安定な社会状況と集団間関係、国家によるコントロールの不在という状況に対する適応だったと言える（佐藤 2005）。エチオピアの政権交代から間もない1993年、マジャンギルのある村が暫定政府軍の侵攻を受けた際、広域調査のためにそこから数十キロ離れた森の踏み跡を移動中だった筆者は、村から逃げ

てきたマジャンギルの女性たちに遭遇したことがある(**写真 2-1**)。彼女らは政府軍の侵入の知らせを聞くや、身の回りの小さな道具を背負い籠に入れ、あるいは幼い子供を背や脇に抱えて政府軍の入ってこられない森の踏み跡をたどって逃げてきたのである。社会状況に適応した彼らの戦術は、敵の攻撃目標になり得る家畜群のような余計なものを持たないライフスタイルに合致している。

　ある集団のライフスタイルや生業形態が形成されるプロセスがどうあれ、形成されたスタイルを説明する起源神話的な伝承がしばしば存在する。マジャンギルにおいても、火の起源や作物の起源などを説明する神話がさまざまなバリエーションによって語られてきた。マジャンギルがウシを持たない理由については、あるマジャンギルの男がスタウダーに語った以下のような話に垣間みることができる。

　　「……あんたはレル(*Ler*)を知っているかい？ レルは全ての男たちの父親だ。バコ川の岸にある石の蜂蜜巣箱を作ったのもレルだ。あんたはレルに会ったことがあるかい？ レルは大昔ここに住んでいて、ハチの巣箱の作り方や狩りのやり方をマジャンギルに教えてくれた。トウモロコシやモロコシをくれて栽培の仕方を教えてくれた。彼の息子はマジャンギルで、全てのマジャンギルの祖先だ。ところがその息子は行いが悪く、レルを怒らせた。レルは杖をとって彼を叩き、森へ行ってしまえ、そしてイボイノシシを食べ、蜂蜜をとりトウモロコシを作って食べるが良いと言った。レルはずっと昔にここを去り、ウシを持って北方へ行ってしまった。彼はあんたの国へ去ってしまったんだろう、あんたはレルに会ったことがないのかい？ 彼はあんたのような肌の白い男だった。」(Stauder 1971: 14)

　レルはマジャンギルの起源神話にしばしば登場する文化英雄である。スタウダーによると上記のバージョンのほか、レルが家畜をオロモに与えてしまったのが、マジャンギルが家畜を持たない理由であるというバージョンもあるという。マジャンギルが森に住み、焼畑でトウモロコシやモロコシを栽培し、森の動物を狩り、蜂蜜採集をする人々であり、ウシ、ヒツジ、ヤギを飼うことはないという自己アイデンティティは、このような神話によって説明されてきた。

3. 定住化後の社会経済変化――家畜飼養開始の背景――

マジャンギルの家畜飼養開始について考察するためには、家畜飼養を始める背景となった社会経済変化について述べなければならない。マジャンギルの生活様式と世界観は20世紀後半、とりわけ1980年代以降現在までに大きく変容し、森のなかに点在する小さな集落に散居していたマジャンギルのライフスタイルはもはや過去のものと言わねばならなくなっている。図2-3に、マジャンギル集落の変貌を示す資料として1967年の空中写真と2007年の衛星画像を示した。図中の村（クミ村）は、1960年代にはわずか十数世帯の集落に過ぎなかったが、2000年代には人口千人を超える大定住集落になった。1990年代末から始まったマジャンギルによる家畜飼養は、こうした変化のなかで起こった出来事である。以下に、これらの変化を大きく二つの局面（1970年代末からの定住化と1990年代末からの移民との混住化）に分けて記述する。

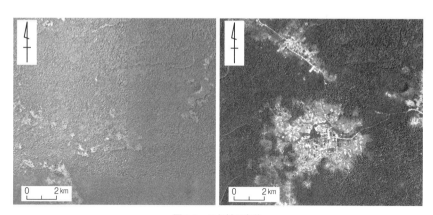

図 2-3　クミ村の変貌
左の空中写真は1967年、右の衛星画像は2016年。1967年の時点では村はなく、数か所の小さな伐開地がみえるのみである（左下の白くみえる部分は狩猟採集のためのサバンナ植生の山で、人は住んでいない）。2016年には、左右に広がる道に沿った列状村と四角く区分された畑、伐採範囲の広がりが確認できる（空中写真はエチオピア地図局所蔵、衛星画像はSPOT7による）

3.1. 定住化の開始

　1973年にエチオピア北部で大規模な干ばつと不作が発生し、オイルショックによる物価高騰も引き金となって、1974年にエチオピアで社会主義革命が起こり、ハイレセラシエによる帝政は終焉した。社会主義政権（通称「デルグ」）は土地利用を有効化するとともに、それまで半ば放置されていたエチオピア南西部の辺境にまで実質的な統治を広げることをもくろみ、森やサバンナで暮らす人々の間に行政的な村落をつくり定住を促す政策（villagization）を実施した。

　定住化政策は全体としてさまざまな問題点を含み、各地で抵抗にあい国際的な批判も高まったが、マジャンギルはこの政策を積極的に受容し、80年代以降いくつかの定住村が建設されると、多くの人々が小規模な集落を放棄して定住村に移住した。政府は定住化政策の実施に際して、それまで樹皮布をまとっていたマジャンギルの人々に洋服を配り、定住村において耕地を伐開させるために新品の伐採具を格安の価格で配布した。かつての散居形態は、定住村では道に沿った列状の形態に変わった。各村で村長が選ばれ、政府と村を結ぶ行政的な役割を担った。

　マジャンギルが定住化を積極的に受容した背景として、1960年代半ばから12年間続いた福音主義キリスト教（長老教会）ミッションによる活動が重要な役割を果たした。スーダン南部でミッション活動を行っていたアメリカ人牧師ハーヴェイ・ホエクストラは、1965年に活動拠点をマジャンギルに移し、マジャンギルの森の一部を伐採して飛行機の離着陸場をつくるとともに、学校や診療所を建設した（Hoekstra 1995）。ホエクストラはマジャンギルの伝統的宗教の担い手の反発を受けながらも、医療活動を通じてマジャンギルの人々に存在感を示した。彼の活動中にはマジャンギルの子供たちがミッションに雇われさまざまな仕事を与えられていたが、主にこれらの子供たちが1970年代後半に始まる定住村建設においてリーダーシップを発揮した。ホエクストラは社会主義革命の後まもなく国外退去となりエチオピアから去ったが、ミッション活動の影響を受けた若いマジャンギルたちは自らの判断で定住村の中心部に教会を建設し、定住化とキリスト教化を同時に進めた。1950年代後半以降今日までに生まれたマジャンギルたちのほぼ全員がキリスト教徒となっている。

1980年代半ばには村に小学校も開校されたが、1980年代末に内戦が激化すると閉校となり、1991年の新政権樹立から数年の間は辺境部において反政府勢力の活動も活発化し、マジャンギルの森でも政府軍との戦闘が行われるなど不安定な状況が続いた。その後1990年代後半になると政情が安定し、村には再び小学校と診療所が開設され、農業省のプロジェクトにより村内でのコーヒー栽培も始まった。

3.2. 移民の流入と定期市の開設

　マジャンギルは1960年代以前から蜂蜜や森に自生するコーヒーの豆を現金獲得のために採集しており、それによって得た現金で塩や斧などを購入していたが、それらは町の定期市などでの消費に限られていた。マジャンギルの市場経済への関与は、定住化後も1990年代までは限定的なものであった。1990年代に入ると、蜂蜜採集やコーヒー栽培で現金を得て、町の定期市で洋服や靴、時計、ラジカセなどの工業製品を購入することが当たり前になったが、それでも村内でマジャンギルどうしの現金のやりとりをみることは、結婚の際の婚資のやりとりや、不時の出費の際の貸し借りなどに限られていた。そうした状況は2000年以降になると一変した。そのきっかけとなったのは、エチオピア高地人の移民が村に流入し混住化が始まったことと、村に定期市が開設されたことで、いずれも1999年にワラダ（エチオピアの地区行政単位で、行政村の上位にあるもの）政府の勧告によって開始された。

　マジャンギルの村に入ってきた移民は、アムハラやティグレなどエチオピア高原北部民族の出身で、1980年代に社会主義政権のリセトルメント政策で南西部に移住し、マジャンギル居住域に隣接する町や開拓村で暮らしていた人々だった。筆者が調査するクミ村では、ワラダの仲介により、一世帯あたり0.1ヘクタールの土地を20ブル（1エチオピア・ブルETB＝約5円）で購入させ、70世帯が村での生活を始めた。移民のうち数世帯は村の中心部に小さな雑貨屋を開き、それまでマジャンギルが徒歩で1日かけて町に出かけ調達していた石けんや塩、電池などの生活必需品のほか、マジャンギルがもともと日常的に使用していなかった食用油や豆類などの食品も店に並べた。

　定期市は毎週金曜日に開設され、最初はロバなどに荷を積んだ高地人の商

人が服や雑貨などを売り、マジャンギルからキダチトウガラシや蜂蜜などを買っていくに過ぎなかったが、徐々にマジャンギルの女性たちも市に農作物や土器などさまざまなモノを並べて売るようになった(**写真2-2、2-3**)。開設されて間もない頃は高地人との交渉に際して強く警戒し、村の長老役が「現在の市場価格は、トウガラシ一山が○○円、卵が○○円」などと、拡声器を使って周知するなどしていた。年が経つにつれてマジャンギルたちも交渉に慣れ、2000年代後半になると市の日に食堂を開き、村外からの来訪者に食事を提供するマジャンギル女性も登場した。ジュース売りや靴磨きなどをしてお金を稼ぐ子供も出てきた。

写真2-2　クミ村の定期市(筆者撮影)

写真2-3　定期市で土器やキダチトウガラシを売るマジャンギル女性(筆者撮影)

こうして現金のやりとりに慣れていくと、必然的に日常的な必需品のやりとりも村内で現金を介して行われるようになっていった。**表2-1**に、2009年の時点で妻と3人の子を持つ47歳のA氏が現金で購入する物品と支出の頻度を示した。1990年代前半までは、日常的に購入されていたものは塩や石けんに限られていたが、2000年以降になると食料品に限っても、食用油や調味料、タマネギ、ニンニク、ソラマメなどが毎週必ず購入されるようになった。1990年代のマジャンギルの食事は、タロ、ヤムを単にゆでたものやトウモロコシ製の練り粥やインジェラなどを主食に、野草やカボチャの葉、野生動物の肉などの塩ゆでしたものをおかずとして食べるなど、塩以外は自給によって得られた食材が使われていたが、2000年以降にはおかずにはシュロ(豆の粉)にタマネギ、ニンニク、その他のスパイスを油で炒めたソースでマカロニやカボチャなどを煮込んだものがよく見られる

表2-1 クミ村の世帯における支出項目と支出頻度(A氏世帯の例)

支出項目	マジャン語名称	金　額(ETB)	平均的支出頻度
塩*	mooy	1(100cc)	隔日程度
食用油	zeiti	1(30ml)	ほぼ毎日
タマネギ	sunkurti dengong	1(4～5個)	ほぼ毎日
ニンニク	sunkurti	1(3～4個)	隔日程度
ウコン	urdi	1(大さじ1)	週3回程度
ソラマメ	kiki	10(1kg)	週2～3回程度
レンズマメ	musuri	14(1kg)	月1～2回程度
マカロニ	mokoroni	13(1kg)	月1～2回程度
シロ	siro	1(100cc)	週3～4回程度
石けん*	samune	3.5	週4回程度
洗濯用石けん*	samune	5	週2回程度
化粧水	kepati	6	月1回程度
単1電池	dingay	7.5(2個)	2か月に1回程度
単3電池*	dingay	5(2個)	月2回程度
懐中電灯*	bateri	18～20	数か月～1年
インジェラプレート	d'ein	20	年1回程度
たらい	poopoo	5	1～2か月毎
鍋	kebet	60(5点セット)	耐久消費財
ズボン*	bontare	90～120	数か月～1年程度
シャツ*	abi	20～60	数か月毎
スカート*	guddil	30	1年～数年
羽織布	serb	50	2～3年毎
下着*	panti	10～20	数か月毎
靴下	sokusi	15	年に2～3足
靴	saame	15～200	数か月～2・3年
タオルケット	bederesi	100	数年毎
むしろ	andagi	15～90	1～数年毎
チガヤ(屋根材)*	elt	80～100(1軒相当分)	数年毎
茶用ストレイナー	taji	5	数か月～1年毎
風撰具	pad'e	25	10年程度
かご(背負い用)*	kante	30	1～2年毎
かご(蜂蜜採集用)*	konge	50	10～20年毎
ヤスリ	murade	40	数か月～2・3年
斧*	kabi	60～90	10～十数年毎
山刀*	jame	60～80	年2回程度
ノミ	gasoy	15～20	耐久消費財
南京錠	korpi	10	1～2年毎
時計*	saiti	6～130	数か月～数年
焼畑の伐採委託		200～300(1筆分)	年1～2回

*は1990年代から購入必需品であったもの
出所:2009年の現地調査による。佐藤(2010)より転載

備　考
副食に使われる調味料
エンドウマメの粉にスパイスを混ぜた調味料
2〜3年前から中国製LEDが普及
女性用は相対的に高価
数枚所有している
2枚程度所有している
女性が普段履くものは安く、長持ちしない
樹木の繊維で編んだものと工業製品の2タイ
自ら栽培していれば購入不要
マジャンが製作したものを購入
マジャンが製作したものを購入
マジャンが製作したものを購入
マジャンが製作したものを購入
シーズン毎の労働力に応じて委託される

ようになった。村内で外部から運ばれる食材にアクセスできるようになったことで、食生活が短期間のうちに大きく変化しているのである。

　日常化した現金による消費をまかなうために、現金を得る目的の生業も多様化した。現金獲得活動は男女で異なり、男性については先述のA氏の事例を**表2-2**に示した。クミ村のマジャンギル全般において男性の主な現金獲得活動は蜂蜜とコーヒー豆の売却で、トウモロコシやニワトリの売却は男女ともに必要に応じて補助的に行われる。一部の男性は次節に示すようにこれに肥育したウシ・ヒツジ・ヤギの売却を加えている。蜂蜜採集はマジャンギル男性の伝統的な現金獲得手段で、A氏は2009年時点で47の巣箱を森やサバンナに所有し、季節に応じて採集を行っている。活発に採集活動を行うマジャンギルには80を超える巣箱を持つ者もおり、所有数には個人差がある。

　一方、コーヒー栽培は、1990年代後半から村内において広まった。定住化前のマジャンギルは森に自生するコーヒーノキの葉を摘んでお茶として消費するとともに、豆を採集して町の定期市で売るなどの活動をしていたが、定住化したことによって自ら栽培することが可能になった。A氏の場合には2009年までに約3000本のコーヒー苗を村周辺の二次

表2-2　男性の主な収入（A氏の例）

収入項目	期　間	収入額(ETB)
蜂蜜採集	2009年雨季	640
	2009年乾季	3000
	2008年雨季	500
コーヒー	2008年	1500
	2007年	1000
トウモロコシ	2008年	130
ニワトリ	2008年7月～2009年8月	40
	2007年7月～2008年8月	200

出所：2009年の現地調査による。佐藤(2010)より転載

表2-3　女性の主要な現金獲得手段

収入項目		収入額(ETB)	単　位	
収穫・運搬手伝い			20～30	10往復あたり
商品販売	蒸留酒	1	1杯(100cc)	
	塩	1	1カップ(100cc)	
	食用油	1	1カップ(30cc)	
農畜産物販売	雑穀種	2	1杯(約800cc)	
	カボチャ	2～4	1個	
	サツマイモ	2～3	1山	
	ヤウティア	2～3	1山	
	ヤムイモ	2～6	1個	
	ダイジョ	2～5	1個	
	タロイモ	2～4	1山	
	カボチャの葉	1～2	1束	
	アビシニアキャベツ	1～2	1束	
	ニンニク	1	1山	
	タマネギ	1	1山	
	バナナ	0.2～0.25	1本	
	ミカン	0.25	1個	
	マンゴー	0.25	1個	
	アボカド	0.5	1個	
	サトウキビ	0.5～1	1本	
	パイナップル	1.5～2.5	1個	
	ニワトリ	25～60	1羽	
土器製作販売		0.5～40	1個	
キダチトウガラシ採集販売		5～10	1カップ(500cc)	

出所：2009年の現地調査による。佐藤(2010)より転載

林や成熟林内に植え、毎月9月〜12月に豆を収穫して高地人のトレーダーに売却している。以上のような、主に蜂蜜採集とコーヒー栽培による年間3000〜6000ブル程度の収入がマジャンギル成人男性の標準的な収入額である。

女性の場合には、蜂蜜やコーヒーのような多額の現金を得る手段はなく、農作物や

写真2-4　自宅で使用している自作の土器を並べた女性(筆者撮影)

森で採集したキダチトウガラシを定期市で売ったり、自家醸造した雑穀酒を販売したりするなどで、いずれも少額の現金を得る仕事である(表2-3)。農繁期には他世帯のコーヒー豆やトウモロコシなどの収穫と運搬を請け負ったり、除草の手伝いをしたりするなどで賃金を得ることも近年では珍しくなくなった。クミに住むマジャンギル女性の一部には、2000年代前半期から町の定期市で蒸留酒や塩、食用油などを購入し、それを村に運んで村人に小売りし、差益を得る商売をする者も出てきた。また先述のように、定期市の日に村外から来た人を目当てに食堂を開く女性もいる。

　2000年以降の生業変化の一つに、女性の土器作りをめぐる変化がある。マジャンギルの成人女性は伝統的に家庭で使用する土器(鍋や水瓶、コップ、インジェラを焼くフライパンなど)を自作してきた(写真2-4)。ところが定期市の開設以後、一部の女性は自作の土器を定期市に運んで売るようになり、一方で自分では土器を自分では作らずもっぱら購入する女性も現れるようになった。後述するように、焼畑の土地を高地人に貸して現金を得るマジャンギルも出てくるようになり、すべての生業に現金が介在されるようになりつつある。マジャンギルの間で新たに放牧家畜の飼養が広がりつつあるのは、このような状況の下においてである。

4. 家畜飼養の開始

　定期市が開設された1999年の時点では、筆者の主な調査地であるクミ村全体で飼養されていたウシは2頭にすぎなかった。その後現金経済の浸透が急速に進み、コーヒー栽培やキダチトウガラシの採集など男女ともに現金獲得のための生業多様化が進行するにつれ、そのうちの一つの手段としてウシやヒツジを飼い始める人々が現れた。2009年の時点で、25世帯がウシを、19世帯がヒツジを所有している。ほかに、ヤギのみを5頭所有する世帯が1世帯あった。ウシ・ヒツジの双方を所有している世帯が6世帯あり、クミ村でウシ・ヒツジ・ヤギのいずれかを所有するマジャンギルの世帯は39ということになる。クミ村において高地人をのぞくマジャンギル世帯は約250であり、定期市の開設以降10年でおよそ15％程度の世帯が家畜飼養を開始したことになる。ウシ・ヒツジとも平均所有頭数は世帯あたり3頭にも満たない。しかしながら、現在のところこれらの家畜を持たないマジャンギルも多くは機会があれば所有したいと考えており、今後家畜の数は増え続けることが予想される。

　高地系の移民はクミ村に移住した当初からウシ・ヒツジを所有している世帯が多く、村内の自分の畑ではウシを使った犂耕作を行い、マジャンギルの焼畑とはまったく異なる常畑の耕作体系でトウモロコシやシコクビエを栽培している(写真2-5)。クミ村のマジャンギルの家畜飼養は、これらの高地人との接触によって刺激されたものである。ただ、マジャンギルは高地人のように農耕にウシを利用することはなく、従来どおりの技術によって無耕起の焼畑を行っており、また乳利用もごく一部のマジャンギルをのぞいて行われていない。マジャンギルは乳を利用しない理由として「絞り方は知って

写真2-5　ウシを用いてシコクビエの脱穀をする高地系移民(筆者撮影)

いるが、自分のウシは気性が荒いので搾るのが難しいんだ」などと言う。この回答からもわかるように、搾乳については技術がまだ未熟のためであると考えられ、将来的には行われることになる可能性がある。

　農耕について、マジャンギルは従来の焼畑を継続しているが、2008年頃からマジャンギルが所有する焼畑休閑地を、土地を持たない高地人に貸し、高地人に耕作させ収穫物を折半にするという請負耕作が広まりつつある。このやり方は2014年までに過半数のマジャンギル世帯が何らかの形で行うまでになり、村の中心部に近い畑の多くは常畑に変わった。この請負耕作が今後も継続していくと、将来的にはマジャンギルも焼畑をやめ、牛犂耕作技術を導入する可能性は高いと予想される。

　いずれにせよ、マジャンギルの家畜飼養の主な目的は、ある村人が「もしもの時、大きな出費が必要な時に売却するため」と説明するように、万一の時の保険、貯蓄に近いものである。町に開設される定期市に出かけて300〜600ブルで子ウシを購入し、村で肥育し、子ウシを産ませて増やし、現金が必要な際には定期市で1500〜2500ブルで売却する、というパターンが各世帯での聞き取りから確認された。ヒツジの場合には、肥育後に1頭あたり150〜350ブルで売ることができる。肥育後のウシは町の定期市で売却されるが、ヒツジの場合には村内でマジャンギルに売却するケースも珍しくなかった。何人かでお金を出し合って買い、肉を消費することが多いようである。

　2009年の調査において、いくつかの世帯でウシ、ヒツジの放牧パターンを観察した。通常、1日に2回の放牧を行う。たいていの場合、自らの焼畑休閑地に連れて行き、そこでロープにつないで2〜3時間放置する(**写真2-6**、**2-7**)。世帯の構成によって異なるものの、放牧は10歳前後の子供の役割となることが多く、適齢の子供がいない世帯では夫または妻が放牧に連れていく。**図2-4**は、ウシ・ヒツジにGPSを装着してマジャンギルと高地系移民それぞれの放牧パターンを確認したものである(**写真2-8**)。この例は、高地系移民とマジャンギルの放牧パターンの違いを明瞭に表している。マジャンギルの場合、放牧範囲は住居からほぼ半径1キロ以内に限られているのに対して、高地系移民の場合には半径2キロ程度にまで広がっている。これは、マジャンギルが住居に近接した焼畑休閑林を主な放牧地にしているのに対して、村内に自らの休閑地を

写真2-6 焼畑休閑地でウシの放牧をするマジャンギルの子供たち（筆者撮影）

写真2-7 ヒツジを放牧するマジャンギルの子供たち（筆者撮影）

写真2-8 ウシの頭部に装着したGPSデータロガー（筆者撮影）

持たない高地系移民は村の中心部から離れた場所に放牧地を求める必要があるからである。聞き取りによれば、高地系移民は片道1時間以上かかる隣村との境界付近にまで出かけて放牧することも珍しくない。このこともあって、高地人は必ずしも各世帯が自分のウシ・ヒツジを放牧させるのではなく、隣人の高地系移民に放牧を請け負わせていることが多い。

図2-5にはウシとヒツジの両方を所有する世帯のそれぞれの放牧事例を示した。これをみるとわかるように、ウシとヒツジは別々に放牧されていたが、放牧範囲はいずれも住居周辺の半径1キロ以内におさまるもので、放牧範囲に大きな違いはみられなかった。

クミ村の耕地はほとんどが焼畑で、ウシやヒツジが放牧される休閑地に接している。当然柵が設けられることもなく、放牧中のウシやヒツジが他人の畑を荒らしたり所有物を損壊したりするトラブルも予想される。2009年の調査では、比較的軽微なトラブルが多かったものの、たびたび被害が発生していた。マジャンギルによると、畑が大規模に荒らされた場合、

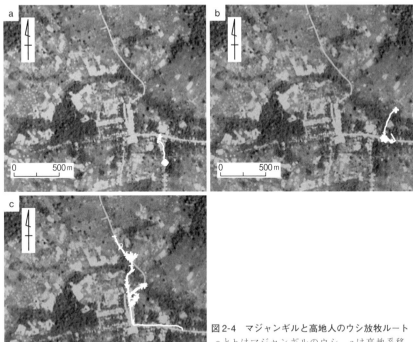

図2-4 マジャンギルと高地人のウシ放牧ルート
aとbはマジャンギルのウシ、cは高地系移民のウシの1日の移動軌跡を示す(2016年のSPOT7画像を原図として筆者作成)

数百ブルの賠償になることもあり得るという。ただしこの時点での調査では、数年以内に起こったトラブルで確認できたものとして、畑作物を荒らされたものは2件のみ、ほかに家の前で乾燥させていたトウモロコシがウシに食べられたもの、家の前で乾燥させていた土器が壊されたものなど、賠償額は20～60ブルといずれも少額であった。

興味深いことに、これらの賠償事例は加害者がすべて高地系移民で、被害者はマジャンギルであった。これは、マジャンギルと高地系移民との社会関係をよく表している。あるマジャンギルの説明によると、マジャンギルどうしの場合軽微なトラブルであれば賠償を請求することもなく謝ってすませる場合が多いが、相手が高地系移民であれば容赦なく賠償を請求するという。同じマジャンギルはまた、高地系移民に対して油断してはならない、とも述べた。多くの

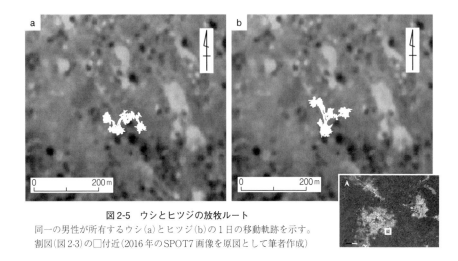

図 2-5 ウシとヒツジの放牧ルート
同一の男性が所有するウシ(a)とヒツジ(b)の1日の移動軌跡を示す。
割図(図2-3)の□付近(2016年のSPOT7画像を原図として筆者作成)

　マジャンギルは、表面上は高地系移民とうまくやっているようにみえるし、請負耕作の広がりにみるように、持ちつ持たれつの関係もみられる。しかし一方で、定住村が膨張を続け、村周辺の森林も減少していくなかで、チェーンマイグレーションによって年々移民人口が増え続けることに対して脅威を感じているようにもみえる。

　マジャンギルはクミ村の土地は成熟林も含めて全てマジャンギルのものであり、移民には土地を貸しているだけだと強調する。しかし一方で、2000年代後半になると、現金欲しさにこっそりと高地系移民と個人的な交渉をして土地を売却、あるいは収穫物を折半にする請負耕作ではなく年間に1ヘクタールあたり500ブル程度の現金をもらって土地を貸すマジャンギルも表れるようになった。前節で述べたように、50歳代よりも若い世代のマジャンギルのほとんどは80年代までにキリスト教を受容しており、飲酒習慣を断っていたが、土地を売却して現金を得たマジャンギルのなかには村内の高地系移民が開く居酒屋でビールや蜂蜜酒を飲み始めるようになった者もいる。村の中堅世代のマジャンギルはこうした状況をみて、高地人との協力関係を肯定しつつも村の将来に漠然とした不安を覚えているように感じられた。

5. 家畜を飼う/飼わない条件

　最後に、急激な社会経済変化のなかで家畜飼養を開始したマジャンギルの事例を振り返りつつ、冒頭の問題、すなわち生業選択と自然環境要因・文化伝統・集団間関係という三つの要因との関係に戻ってみたい。

　自らが森の民であるというアイデンティティは今日まで保持し続けながらも、1980年代の定住化以降のマジャンギルは従来の森棲みのライフスタイルを変容させつつある。とりわけ、エチオピア国内の政治状況が安定した1990年代後半以降、定住村への人口集中が進み、それと同時に耕地の集中化が顕著になり村域の森林は大きく後退した。筆者が調査を開始した1990年代前半の時点ではまだ村内の川辺などでツエツエバエにかまれることは珍しくなかったが、今日の大きく開けた村内で遭遇することは滅多にない。また、従来のマジャンギルの小規模集落のなかでは、開けた焼畑休閑林の面積は今日ほど多くはなく、放牧適地も現在の定住集落に比べると少なかったのではないかと思われる。

　家畜飼養を開始したマジャンギルの人々の試行錯誤的なプロセスをみると、家畜飼養をマジャンギル内部の生業に取り込む際に、文化伝統が抵抗力として働く様をうかがい知ることができるだろう。自らを「ウシやヒツジの飼い方を知らない」と表現する森棲みのマジャンギルは、実際に家畜飼養の知識・技術を蓄積しておらず、いまだに搾乳を試みながらもウシをうまくコントロールできずにいる。それでも移民の流入が始まった1999年以降、ウシやヒツジの飼養は新しい知識・技術として主に高地系移民の隣人たちから得ることができるようになり、これが飼養を試みるマジャンギル世帯の増加を促した。高地人との接触のなかで獲得した知識は家畜飼養を試みるマジャンギルの間で少しずつ蓄積されている。時間は要するが、やがては家畜に関する高地人と同様の知識を持つようになるのではないかと予想できる。定住村の拡大が続く状況をみる限り、牛犁(ぎゅうれい)耕作についても例外ではないかもしれない。犁を使って常畑耕作を自ら行うようになった時、マジャンギルは山刀と斧で農耕を行う「焼畑民」ではなくなるだろう。

　自然環境と文化伝統の制約はあるものの、マジャンギルを「森の民」たらしめ、家畜飼養が彼らの関心から遠くあり続けてきた大きな要因は、国家との関

係を含めたマジャンギルとそれをとりまく諸集団との関係であったのではないだろうか。20世紀前半期までのマジャンギルと近隣民族との関係、とりわけアムハラなどエチオピア高地人との関係は、小規模な交換経済も存在したものの、基本的には敵対的な関係であった。1910年代から20年代にかけて英国領事としてエチオピアに滞在し、エチオピアの辺境を旅して旅行記を残したアーノルド・ホドソンの書き記したマジャンギルに関するエピソードは、それをよく示している。エチオピア南部の森林地域を探索中のホドソンはそこでマジャンギルの少年をみたが、少年は高地人のサポーターを連れたホドソンの一行を見つけるや森のなかに逃げ去ってしまう。ホドソンの従者は、少年が逃げた理由として、この地域にやってくる高地人の多くは奴隷商人や密猟者であり、彼らはマジャンギルを見つけると捕まえて奴隷として売るか、その場で射殺するのが当たり前なのだと説明している（Hodson 1970）。また同じ旅行記のなかでホドソンは、エチオピア高地人が蜂蜜採集をしていた2人のマジャンギルを捕らえ、一人は奴隷にするのには大きすぎるという理由で殺害し、もう一人は町に運んで売ったというエピソードを記している。

　一方ホドソンはアニュワからマジャンギルについて聞き取った話も記述しており、それによると、アニュワにとってマジャンギルは略奪の対象であり、自分たちはマジャンギルの女性や子供をつかまえて売るのだという。実際に、筆者がライフヒストリーを収集しているクミ村の高齢のマジャンギルたちの話からも、きょうだいや妻がアニュワにさらわれたり殺害されたりしていたことが珍しくなかったことがわかる。このような状況は第二次大戦後徐々に改善されていったが、1980年代になって行政的に認知された定住村ができるまでは、集団間の平和的な交流には強い制約があった。知識・技術の伝達と蓄積には、親子など自集団の世代間における垂直的なものと、親族や民族を超えた水平的なものがあると考えられるが、集団間関係に緊張が存在する状況下では、水平方向の伝達は限定され、垂直方向の伝達と蓄積が中心となり、それが民族の文化伝統をより顕著なものにしていくことが考えられる。森住みの知識・技術とアイデンティティはこうして磨かれたものではないだろうか。

　定住化によってマジャンギルとそれをとりまく集団との関係に国家が介入するようになり、マジャンギルははじめてエチオピア国民となった。近隣集団と

の殺害を伴う争いは 2000 年代に至るまで完全になくなってはいないが、あからさまな略奪目的の襲撃は減少し、殺人をおかした者は血讐(けっしゅう)によって報復されるのではなくエチオピア国家によって法的に罰せられることが普通になった。1980 年代後半には内戦が激化し、1991 年の政権交代をへてしばらくは政治的に不安定な状況が続いたものの、1990 年代末までには近隣集団との平和的な交流が可能な状況になった。こうした背景のもとでマジャンギルは移民を受け入れるとともに市場経済に参入し、その一環として家畜飼養を開始した。文化伝統の目録にはなかったが、もともと肉の消費には抵抗がなかったマジャンギルにとってはこうした背景にあっては自然な流れだったといえるだろう。

　このような生業変容は、マジャンギルに特殊な事例というわけではなく、歴史的にさまざまな場所・集団で起こってきたことであろう。エチオピア南西部でも、メエン語を共通して話すグループの間には生業の地方差があり、ウシに強い執着を持つボディのような人々もいれば、山地部には焼畑がメインでウシを持たない地方集団もある。こうした変異は、例えばツエツエバエ生息域の山地部に新たにテリトリーを広げたメエンの地方集団が環境に適応してウシ飼養を欠落させたものかもしれない。何よりマジャンギルが初めから森の民であったという証拠もなく、共通するクランの存在から、メエンやアニュワを含むサバンナから流入した複数集団が混じり合って生まれた可能性も指摘されている (Unseth and Abbink 1998)。本稿で扱ったマジャンギルの変容は、最近起こったものであると同時に急激なものであったがために、過去に世界で繰り返し起こったであろう民族集団の生業変容の要件を推察する好事例であるといえる。

　＜謝　辞＞
　本稿は、佐藤 (2010) をもとに大幅な変更を加えたものであり、物価の記述は断りのない限り 2009 年に行われた現地調査時点のものである。本稿の執筆に当たって使用したデータは、基盤研究 (A)『熱帯地域における農民の家畜利用に関する環境史的研究』(代表・池谷和信国立民族学博物館教授) および基盤研究 (C)『森林移動焼畑民のライフコースと環境知識・環境利用技術の獲得プロセス』(代表・筆者) によって得られたものである。

● 文　　献

アシャー, R. E.・モーズレイ, C.／福井正子(訳)(2000):『世界民族言語地図』、東洋書林。

佐藤廉也(2005):「森棲みの戦術 ── 20世紀マジャンの歴史にみる変化と持続 ── 」、福井勝義(編)『社会化される生態資源 ── エチオピア　絶え間なき再生 ── 』、京都大学学術出版会、257-292頁。

佐藤廉也(2010):「定期市の開設にともなうマジャンギルの生業変化と現金経済への適応」、比較社会文化 16: 89-103.

ダイアモンド, J.／倉骨　彰(訳)(2000):『銃・病原菌・鉄 ── 1万3000年にわたる人類史の謎 ── (下)』、草思社。

福井勝義(1991):『認識と文化 ── 色と模様の民族誌 ── 』、東京大学出版会。

松田　凡(2005):「青いモロコシの秘密 ── 余剰なきムグジの生存戦略 ── 」、福井勝義(編)『社会化される生態資源 ── エチオピア　絶え間なき再生 ── 』、京都大学学術出版会、71-97頁。

Giblin, J. L. (1990): "Trypanosomiasis control in African history: An evaded issue?" *J. Afr. Hist.* **31**: 59-80.

Herskovits, M. J. (1926): "The cattle complex in East Africa". *Am. Anthropol.* **28**: 633-664.

Hodson, A. W. (1970): *Seven years in Southern Abyssinia*. Negro Universities Press, Westport.

Hoekstra, H. T. (1995): *Honey, we're going to Africa!* WinePress Publishing, Mukilteo.

McCann, J. (1995): *People of the plow: An agricultural history of Ehiopia*. Madison: Wisconsin University Press.

Stauder, J. (1971): *The Majangir: Ecology and society of a Southwest Ethiopian people.* : Cambridge University Press, Cambridge.

United Nations Economic Commission for Africa (2007): *African Statistic Yearbook 2007*. Addis Ababa.

Unseth, P. and Abbink. J. (1998): "Cross-ethnic clan identities among Surmic groups and their neighbours: The case of the Mela". In *Surmic language and cultures*, G. J. Dimmendaal, and M. Last (eds.), Rüdiger Köppe Verlag, Köln, pp. 103-111.

第3章

家畜飼育からみたタイ農村の生業変化

中井信介

1. はじめに

　本章では近代化や経済発展といった大きな社会変化に伴って、タイ農村の生業はどのように変化してきているのかを、家畜飼育に焦点をおいて検討する。本章ではこの目的に沿って、タイ農村における生業と家畜飼育のマクロな状況を概観したのち、筆者のフィールド調査に基づくタイ北部の山地農村の事例から、タイの周縁に位置する農村の家畜飼育のミクロな状況を示す。その際とくに、農村における生業の複合性に留意しながら家畜飼育の変化を整理して、変化に関わる要因を考察する。

　世界各地の農村において人々が行っている生業は、時間の経過とともに世代が交代するなかで微細な変化を積み重ねて、現在の状況を形成してきたものと考えられる。ここでいう生業とは、人が食糧を得るために行う活動を広く含むものとする。とりわけ20世紀以降はグローバル化も関連した大規模な社会変化により、農村の生業は大幅かつ急速に変化している。このような農村における生業変化は、東南アジアにおいても類似してみられる。20世紀以降だけでも、二つの世界大戦とその間の世界的恐慌、第二次世界大戦後は植民地からの独立と国民国家形成、そしてその後は開発政策による国家経済の大幅な発展といった、大きな社会変化を経てきている。

　タイの場合は王制が継続されつつも、軍の支配が次第にゆるやかになるなかで民主化が進められてきた。この間、首都バンコクは人口1000万人を超える巨大都市へと変化し、経済的には1980年代からの高度成長が続いている。タイにおいてもこのような社会変化のなかで、都市近郊の農村はもちろんのこと、都市から遠く離れた周縁の山地農村の生業も大きく変わってきている。経済発

展による現金収入の増加により、ウシ・ブタ・ニワトリといった食肉の購買消費は、都市はもちろん農村でも増大している。では、農村での家畜飼育は具体的にどのように変化して現在に至っているだろうか。

その手がかりを得るために先行研究を概観すると、タイ農村における生業変化はほかの地域と同様、主に開発を鍵概念に用いて語られてきているが、稲作に加えて家畜飼育を視野に入れた生業変化の議論はまれである。もちろん、家畜の生産効率向上に主な関心を置く、いわゆる畜産学的な研究は散見される（Rufener 1971; Falvey 1979, 1981; Chantalakhana and Skunmun 2002）。しかしながら、個別の社会的な文脈を視野にいれて、村落のモノグラフとしてまとめられている民族誌研究においては、1960 年代のタイ北部チェンカム市近郊農村の事例（Moerman 1968）やチェンマイ県山地農村の事例（Geddes 1976）、1980 年代のタイ中部ウタイタニ県の農村事例（Hirsch 1990）をはじめ、タイ農村における生業変化論に類する議論は、主に稲作を中心とする生業の事例に依拠して結論が導き出されてきている[1]。

上記のような問題意識に基づいて、本章ではタイ農村における生業変化を家畜飼育に焦点をおいて検討する。まず次の第2節では、タイにおける伝統的な生業を概観して、従来の家畜飼育の位置づけを確認する。

2. タイ農村における生業

2.1. 作物栽培と家畜飼育

タイはその国土の大部分が熱帯モンスーン気候に分類され、雨季と乾季が明瞭にある。雨季はおよそ5月から9月であり、その後の10月から4月が乾季である。タイの農村の生業のなかでは、雨季の降雨を利用した稲作が卓越している。水田稲作はとりわけタイの中部、バンコク近郊のチャオプラヤーデルタで顕著である。ただし、このチャオプラヤーデルタも、広く水田開発が行われたのは 19 世紀末になってからであり、それ以前のアユタヤ王国の時代に

---

1) このほかの民族誌を概観しても、タイ農村における家畜飼育の情報を得ることは難しい。例えばタイ北部では、チェンマイ市近郊農村の村落経済に焦点を置いた 1940 年代の事例（de Young 1966: 97-99）、そして 1950 年代の事例（Kingshill 1976: 52-55）、あるいは通史的な事例（Ganjanapan 1984）においても、わずかに言及がある程度である。

は、アユタヤは交易都市として栄えたが周辺の低湿地帯は未開拓であった(高谷 1985: 250)。

　稲作中心の生業を行ってきたタイの人々にとって、家畜はどのような価値を持ってきただろうか。タイには仏教徒が多く、そのために家畜の殺生は忌避されて、タンパク質は河川や水田で採れる魚や昆虫から得てきたということが言われる。しかし、肉は忌避されてきたということではなく、折に触れて食べられ、とくにウシやスイギュウの肉は非日常のご馳走であった(高井 2002)。タイで飼育されてきた具体的な家畜としては、ゾウ、スイギュウ、ウシ、ウマ、ブタ、ニワトリなどが挙げられる。これらの家畜はこれまでの時代の移り代わりのなかで、どのように利用されてきたのだろうか。

　ゾウは前近代においては地方領主の移動の際の乗り物となり、戦闘にも利用されてきた。また木材など重い荷物の運搬に欠かせない存在であった。ゾウはその大きさから財としての価値が高く、時の権力と結びつきやすかった。例えばアユタヤ王国の時代には、白色のゾウはその希少性から王の所有するものであり、さまざまな逸話とともに王権と特別な関わりをもってきた。そして、スイギュウ・ウシ・ウマは運搬や移動に利用され、財としての価値も高く、スイギュウは水田稲作での耕起に欠かせなかった(高井 2002)。またウシ・スイギュウは、これを使った闘牛やレースが行われ人々に娯楽を提供してきた。ただしスイギュウやウシの乳は、タイの伝統的な食事には利用されてこなかった[2]。一方ブタは運搬や耕起には利用しないが、米ぬかなどがあれば手軽に飼うことができた。ブタは儀礼にも利用され、手ごろな財として価値があった。そしてニワトリは最も手軽に飼うことができ、儀礼や闘鶏などの賭け事にも欠かせなかった。以上を簡単に整理すると、タイにおいてこれらの家畜は移動、運搬、耕起、戦闘、食用、儀礼、換金、娯楽といった多様な目的とともに飼育されてきたとまとめられる。

　チャオプラヤー河の下流域に相当するタイの中部については先に少し述べたが、では東北部はどうだろうか。タイの東北部はなだらかな丘陵地帯であり、水田は川沿いに広がり、周辺の疎林でスイギュウを放牧する景観がかつては存

---

[2]　タイにおける牛乳の生産は、国の支援をうけて 1960 年代から試みられた。1992 年にはタイ中部を中心に約 22 万頭の乳牛が飼育されている(佐々木 1995)。

在した（高谷 1985: 272）。しかし、この景観は第二次世界大戦後に人口増加とともに変化した。その変化とは、天水田が棚田状に丘陵斜面に拡大し、疎林はキャッサバを中心とした換金畑作地となるもので、この結果、キャッサバ畑は耕耘機（こううんき）で耕起されるようになり、疎林でのスイギュウ放牧は少なくなっていった（高谷1985: 274）。スイギュウは水田耕起に不可欠な家畜として飼育されてきたが、いっぽうウシはどうだろうか。ウシは運搬利用が一般的であり、例えばWilson（1983: 133）は、ウシはスイギュウよりも暑さに強く、乾季の作業にはウシが使われたと述べている。そして、換金目的でのウシ飼育が盛んになりはじめたのはおよそ1960年代からである[3]。舟橋（1990: 67）は1980年代のタイ東北部のコーンケーン近郊のドンデーン村の事例から、「牛は投資の対象であった」と述べているが、東北タイにおけるこのような傾向は2000年代も変わらず、換金用の財としてのウシ飼育は投機性も帯びてきている（津村 2004）。

　そして、タイの北部は大部分が山地であるが、チェンマイをはじめとする盆地では水田稲作が行われてきた。タイ北部では森林産物が現金獲得の上で重要であり、とりわけ19世紀以降にイギリスの関与が進展すると木材が輸出物として重要になり、その運搬のためにゾウが利用されてきた。タイ北部における家畜飼育については後に詳述するが、平地で水田稲作が行われる農村では、ニワトリが広く飼育されつつ、ウシ・スイギュウを中心とした家畜飼育が行われたという点はタイの中部や東北部と類似する。一方、タイ北部の山地においては焼畑農耕が行われて状況が異なり、水田が少ないためスイギュウはあまり飼育されず、かわってブタが重要な家畜となってきた。ただし、タイの国土の全体をみると山地はかなりの面積をしめ、タイの中部においてもミャンマー国境周辺や南部の半島には山地があり、家畜飼育の差異は水田の有無との関連で考える必要がある[4]。

---

[3]　マハーサラカムにタイ政府により牛飼育センターが1968年に作られた影響がある（Donner 1982: 620）。

[4]　中部、東北部、北部、南部といったタイに固有の地域分類と、それぞれの地域別の生業の差異については、本章では詳述しないがDonner（1982）による研究が1970年代までの状況について参考になる。

2.2. 家畜飼育頭数の推移

　ここまで、タイ農村における伝統的な生業とその一部分としての家畜飼育を素描した。しかしとりわけ20世紀以降、家畜飼育をはじめ生業は大きく変化してきている。農村における小規模な家畜飼育は現在まで継続して行われているが、大勢としてはしだいに行われなくなるなかで、近代的な飼育施設を導入した大規模で産業的な家畜飼育が都市近郊で増えている。これは特にニワトリのブロイラー飼育に代表され、大消費地であり輸出の拠点でもあるバンコク近郊で盛んに行われるようになっている。国レベルのマクロな視点からみると、タイにおいてはどのような家畜がどのくらい飼育されてきたのだろうか。ここでは統計資料から、タイにおける近代的な産業としての家畜飼育、いわゆる畜産の発展程度を確認する。

　Wilson(1983: 143)は、1910年代から1970年代までのタイの生業に関する統計を示すなかで、家畜飼育頭数の推移を示している。これによると1910年代(1917/1918年の数値)のタイには、およそゾウ6000頭、ウマ11万頭、ウシ150万頭、スイギュウ230万頭、ブタ80万頭が飼育されている。これが1950年代(1955年)にはゾウ1万2000頭、ウマ18万頭、ウシ330万頭、スイギュウ420万頭、ブタ280万頭と、いずれの家畜についても大幅に飼育頭数が増加している。また同時期には、アヒル660万羽、ニワトリ3000万羽が飼育されている。

　タイにおいても1910年代から2020年代までの約110年間には、大幅に人口が増加している。この人口と家畜飼育頭数の推移の相関関係はどのようになっているだろうか。次にWilson(1983)の資料と、FAOが公開している1961年以降の家畜飼育頭数の資料(FAOSTAT: https://www.fao.org/faostat/)を基にして、タイにおける人口と家畜飼育頭数の約110年間の推移(1910年から2022年まで)を確認する。

　図3-1はタイの人口とニワトリ・アヒルの飼育頭数の推移を、図3-2はブタ・ウシ・スイギュウの飼育頭数の推移を、図3-3はウマ・ヤギ・ヒツジの飼育頭数の推移をそれぞれ示している。それぞれの家畜の飼育頭数は、桁が異なっていることから三つの図に分けて示している。ゾウについてはFAOの資料に示されていないが、桜田(1994: 56)によると1988年に5000頭、1992年に3000頭

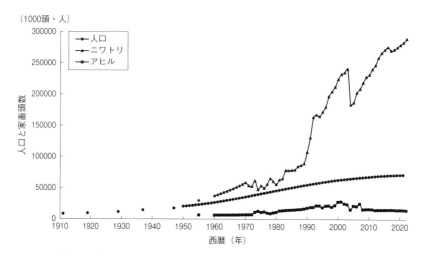

図3-1 タイにおける人口とニワトリ・アヒル飼育頭数の推移(1910-2022)
出所：Wilson(1983)とFAOSTAT(https://www.fao.org/faostat/ 2024年8月30日閲覧)による。

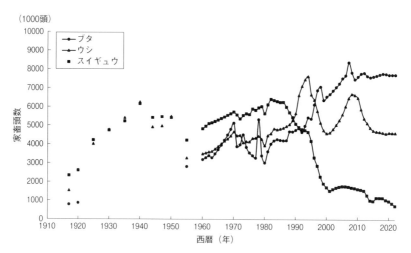

図3-2 タイにおけるブタ・ウシ・スイギュウ頭数の推移(1910-2022)
出所：Wilson(1983)とFAOSTAT(2024年8月30日閲覧)による。

と次第に飼育頭数は減少しており、2000年代においては観光地で観光客を乗せたりする見世物的な利用が主に行われている。

　ニワトリは1950年代から1980年代までは、農村での飼育を基盤として人口

第 3 章　家畜飼育からみたタイ農村の生業変化　　　83

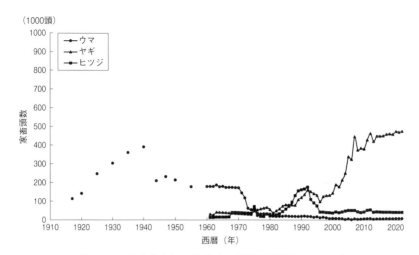

図 3-3　タイにおけるウマ・ヤギ・ヒツジ頭数の推移 (1910-2022)
出所：Wilson (1983) と FAOSTAT (2024 年 8 月 30 日閲覧) による。

増加に沿った増加傾向を示しているが、1980 年代後半以降は明らかに人口増加との関係と異なる次元での増加傾向を示している。これは CP に代表される企業によって、生産から輸出までが管理された、ブロイラーの大規模飼育が普及したことと関係している（中川 2004）。例えばタイ国内では 2000 年代において、およそ 1 万戸のブロイラー飼育農家が存在し、その 7 割はバンコク周辺地域に位置している（平石・木下 2011）。なお、2009 年の例を挙げると、タイでは 1 月の時点で 1 億 7000 万羽のニワトリを飼育し、年間では約 110 万トンの鶏肉が生産され、鶏肉調整品として約 35 万トンが輸出されている。輸出の内訳は日本に約 15 万トン、英国に約 12 万トンであり、タイの鶏肉輸出はこの 2 か国が大勢を占めている[5]。このようなニワトリの劇的な変化に対して、アヒルは人口増加に沿って増えて 2000 年以降ゆるやかに減少しているが、1980 年代からのニワトリのような急な増加の傾向は認められない。

ウシとスイギュウは、1940 年代までの増加は人口増加に沿っている。しかし、その後 1960 年代までは停滞している。この 1940 年代から 1960 年代まで

---

5)　平石・木下 (2011) が示す「日本の鶏肉供給シェア (2010 年度)」によると、日本で消費される鶏肉のうち、タイ産は 9％ であり、国産が 18％ を占め、中国産が 63％ を占めている。

の停滞は第二次世界大戦との関連が考えられるが、統計の精度の問題もあるように思われる。そして1960年代以降、1980年代までは再び人口増加に沿って増加傾向にあるが、スイギュウは1980年代半ばから飼育頭数が大幅に減少する。これは水田耕作の機械化の影響を受けたもので、例えば東北タイにおいては1970年代にこの変化が進んだことが報告されている（Simaraks *et al.* 2003）。一方ウシは1990年代前半に大幅に増加したあと減少し、2000年代以降再び増加傾向にあったが、2008年頃をピークに再び減少の傾向にある。このようなウシの飼育頭数の増減変化は、換金目的のウシ飼育の流行との関連が示唆される。

　ブタは、1920年代から1950年代についての状況は不明である。その後1950年代から1990年代まではグラフの数値は上下を繰り返しているが、傾向としては人口増加に沿った増加が認められる。ブタはウシやスイギュウと比較すると出荷のサイクルが短く（近代的な養豚では生後半年で出荷する）、その時々の販売価格に合わせて生産量の調整（種付けの頻度を調整して子ブタ量を減らすなど）が容易である。そのためウシやスイギュウに比較して年単位での飼育頭数の増減がはげしい。しかし1990年代以降の、飼育頭数の急な増加はそれまでとは異なる次元のものとなっている。これは生産の集約化が進んだことと関連し、ブタにおいてもニワトリと同様に企業よる大規模飼育が盛んになっている（佐々木1995）。ただし、2010年代になると増減は少なく一定となり、ニワトリがさらに増加を続けている状況と比較して異なる。

　このように人口増加と経済発展によるタイの国全体の食肉消費量の増加、さらに海外への加工肉輸出の増加によって、タイで飼育される家畜の数は、ゾウとウマとスイギュウを除いて年々増加してきた[6]。移動・運搬・耕起には、家畜に代わって車・バイク・耕運機を使うように変化したが、食肉需要の増加にあわせて都市近郊での大規模飼育が大幅に増えている。とくにニワトリとブタについては企業的生産量の増加が著しく、ブタについても1990年代半ばで既にタイで飼育される約半分は企業的生産であった（佐々木1995）。しかし、国レベルのマクロな状況としてはこのような大きな変化を伴っているが、都市から

---

6)　ただしウシ・スイギュウの飼育については、タイで生産されたものだけでなく、ラオスやミャンマーから国境を越えて流通してきているものも勘案する必要がある（高井2011）。

はなれた周縁の農村においては、依然として粗放的で小規模なウシ、ブタ、ニワトリなどの家畜飼育が存在し、自給用・換金用として現在まで飼育されている状況がある（高井 2002；高井ら 2008；増野 2005, 2015；Masuno 2012；中辻ら 2015）。次にタイ北部地域に焦点をあてて、農村における、よりミクロな家畜飼育の状況を確認する。

2.3. 生業の複合性

先述のようにタイ北部は標高 1000 メートル程度の大小の山々が連なる土地であり、川沿いに盆地がひらけている。このような盆地では古くからタイ系民族が水田稲作を行い、それぞれの盆地を単位としてムアンと呼ばれる政治組織を形成してきた。具体的には現在のチェンマイ、プレー、ナーンといった盆地がそれぞれの単位にあたる。ただし、王国を形成したそれぞれのムアンも、時にはチェンマイを中心とするラーンナー王国に編入されるなど、ムアンの相互関係は時代とともに移り変わってきた（Ongsakul 2005）。このようなタイ系民族のムアン群の分布範囲は、タイ北部にとどまらず、現在のラオス北部・ベトナム北部、中国雲南省・ビルマ北部のシャン州を含む地域に広がり、タイ文化圏として文化的なまとまりが示されている（新谷ら 2009）。以下では、ナーンの盆地と周辺山地を含んだムアンである現在のナーン県を事例として、農村における生業の複合的な状況を確認する。

統計資料（Nan Provincial Statistical Office 2011）によるとナーン県の面積は 11470 km^2 で人口約 48 万人、人口密度は 41.5 人/km^2 となっている（2010 年）。日本の長野県がおよそ 13600 km2 であるので、それよりは少し小さい。土地利用の状況をみると、全面積 11470 km^2 のうち、農地はわずかに 1120 km^2 で、森林が 8500 km^2、そして農地以外が 1860 km^2 を占めている（2005 年）。このように、ナーン県は山地の森林が約 74％と土地面積の大半を占め、県の中央を流れるナーン川周辺の盆地では水田地帯が広がっているが、農地は面積としてはわずか約 10％を占める存在である。

ナーン県における作物栽培を概観しよう。作物別の農地利用面積をみると、2010 年に水稲は 450 km^2 で陸稲は 460 km^2 と同じ程度の面積となっている。一方トウモロコシは 1280 km^2 とナーン県で最も栽培面積の広い作物であり、水

稲と陸稲を合わせた面積よりも広い。これはトウモロコシが 2000 年代において換金用として栽培が流行していることによる。このほかには大豆が 60 km²、ゴムの木が 50 km² と続き、果樹は竜眼が 40 km²、ライチが 20 km² となっている。先にナーン県の農地面積は 1120 km² と示したが、これは水田と平地のトウモロコシ畑を含む数値と考えられる。そして陸稲やトウモロコシの多くの部分は山地の傾斜地での栽培によるもので、森林面積の 8500 km² に含まれている。

次に、ナーン県における家畜飼育を概観しよう。2010 年にウシは 6 万 6000 頭、スイギュウは 1 万 5000 頭が飼育されている。そして、ブタ 6 万 8000 頭、ヤギ 1400 頭、ニワトリ 193 万羽、アヒル 7 万 4000 羽が飼育されている。このことからは、水田の耕起作業は耕耘機に代わってきているが、それでもまだスイギュウはある程度飼育されていることが確認できる。Worachai et al.(1989: 18)はナーン県において 1986 年にウシ 4 万 7000 頭、スイギュウ 5 万 2000 頭が飼育されていたことを示しており、ナーン県においてもウシ飼育は増えているが、スイギュウは大幅に数を減らしていることが理解できる[7]。

ではブタはどうだろうか。タイ北部の農村における家畜のなかでのブタの位置づけについて、古くは 1930 年に調査を行った Zimmerman(1931: 20)が、主に水田稲作が行われる低地の農村においては、スイギュウやウシが存在するために、ブタ飼育は行われているが財としての価値は低いと述べている。このように平地のタイ系民族は、かつてはそれほどブタ飼育に熱心ではなかったと考えられる。また、Zimmerman(1931: 20)は、ブタを市場用に購入して屠殺販売する仕事には華人が関わっていたと述べている[8]。このように、タイにおけるブタ飼育を考える際には、華人の移入と増加によりブタ肉の需要が増加したことが重要である。柿崎(1998)はタイにおける華人の増加によりバンコクでのブタ肉需要が高まり、1900 年頃にタイ東北部から、1910 年頃にタイ北部からバンコクへつながる鉄道が敷かれると、ブタの輸送が盛んになったことを示して

---

7) 1986 年のナーン県の人口は約 42 万人で 8 万 7000 世帯(Worachai et al. 1989: 11)。
8) 同じく 1930 年代にタイ農村を広く見ている Andrews (1935: 86)も、タイの農民は華人商人から子ブタを買い、肥育を 1 年から 2 年の間行い、再び華人商人に売ると述べている。同様の指摘は、チェンマイ市近郊の農村を、1948〜1949 年に調査した de Young (1966: 97-99)や、1966 年に調査した Marlowe(1969)にも確認できる。

いる。タイ北部からのブタの輸送が増えたということからは、タイ北部の農村でのブタ飼育が当時盛んになったことが考えられる。一方で、タイ北部においても山地農村に生活する「山地民」と呼ばれる人々は、従来からブタの飼育を盛んに行ってきた（Bernatzik 1947: 495-502）。カレン、モン、ヤオ、アカといった山地民と呼ばれる人々は、18世紀から19世紀にかけて、しだいに現在のタイ北部の山地に移住してきた民族集団である。これらの山地民は2003年には約92万人がタイ北部を中心に村落を形成して暮らしている（Tribal Museum 2004）。

ナーン県の事例からタイ北部における作物栽培と家畜飼育の概要を確認したが、こうした主要な生業以外にも統計資料には集計されにくい、川や水田での漁撈（ぎょろう）、あるいはタケノコやキノコ採集といった、人々が日々のおかず食材を自給する活動が生業としてある。加えて山地の森林では、イノシシなどの狩猟活動もある。また近年は、バンコクやチェンマイといった都市での出稼ぎも盛んにあることから、タイ北部の農村における生業は、作物栽培と家畜飼育を主要としながらも、その他の諸活動を含んだ複合として存在している。

3. タイ北部の山地農村における家畜飼育

3.1. 事例とする山地農村の概要

第3節では、筆者がこれまでフィールド調査を行ってきた、タイ北部ナーン県の山地農村の事例から世帯レベルの家畜飼育の実態を示す。そして、タイの周縁に位置する農村に生起している家畜飼育の変化とその要因を、第4節で考察するための手がかりを得る。

事例として取り上げるナーン県の山地農村（HY村）は山地民のモン（Hmong）の村である[9]（図3-4、写真3-1）。モンの人々は父系の親族形態を示し、長らく現在の中国南部に暮らしてきた。しかし、清の時代に漢族が拡大するなかで争いを経験し、ある人々はしだいに南下していった。その一派がベ

---

9) HY村において筆者は2005年からフィールド調査を行い、参与観察と聞き取りを行っている。筆者はとくに集中的な調査を2005年と2006年に行い、その後は断続的に訪問して調査を続けている。

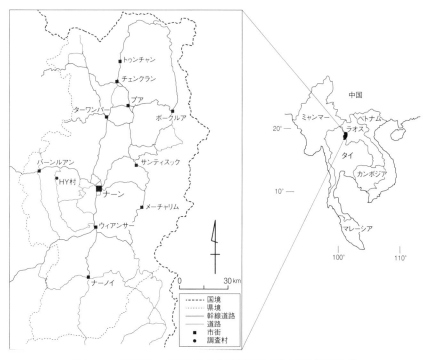

図3-4 タイ北部ナーン県における山地農村(HY村)の位置(筆者作成)

トナム北部やラオス北部を経て、タイへは19世紀末に到達している(Geddes 1976)。HY村の人々も、この1世紀程度の間にタイへと移住してきた人々の子孫である。彼らは文字を持っていなかったが、1950年代にフランス人宣教師が作ったローマ字表記が、2000年代にはタイやラオスのモンの一部に普及している。また、タイにおいては1970

写真3-1 ナーン県の山地農村(HY村)周辺の景観
(筆者撮影)

年代生まれの世代からは、学校教育でタイ語を学び、ある程度タイ語の読み書きを身につけている。

　HY村の人口は632人で、80戸から成る(2005年)。HY村はナーン県に26あるモン村落のうちの一つであり、モンはナーン県には約2万5000人、タイ全体では約15万人が暮らしている(MSDHS 2002)。HY村は標高約700mに位置し、チャオプラヤーの支流であるナーン川の上流域に相当する。ナーンの街からHY村への距離は約40kmで、車では約1時間かかる。HY村の人々は1980年頃に現在の場所に村落を形成しはじめているが、それ以前は現在の場所から10kmほど離れた、プーケン山近くに村落を形成していた。このプーケン山近くに到着したのは1960年代半ばであり、さらに以前はラオスとタイの国境に近い、ナーン県のボークルア周辺に村落を形成していた(図3-4)。

　モンの人々の信仰はいわゆる精霊信仰であり、年に一度、ウアネンと呼ばれる祖先祭祀を行う。これはツィネンと呼ばれる宗教的職能者により執り行われる。この際に、ブタとニワトリが供犠される。またHY村においては一部の世帯はキリスト教を信仰するようになり、1990年代に入り教会が建てられた。2005年には16戸がキリスト教徒となっているが、増加の傾向はない。このようなキリスト教の世帯は祖先祭祀を行わないとされる。

　HY村の人々は主な生業として自給用に陸稲を栽培し、換金用にトウモロコシを栽培している。彼らはトウモロコシの販売により世帯あたり平均で年に約4万バーツ(約12万円)を得ており、これが主要な現金収入となっている(Nakai 2009)。彼らはかつて換金用にケシを栽培していたが1990年代には栽培しなくなっている。調査時にはHY村の人々のなかで、20～30代の若者の多くは出稼ぎに出ている。彼らはタイ語の読み書きはある程度できるが、その多くはバンコク近くの工場での単純労働者として働いている[10]。また村の集落内には保健所や小学校が建てられ、タイ系民族の人々が診療や教育を行っている。これに伴い、近代的な衛生観念がある程度入ってきている。

---

10)　短期の工場労働者として働く若者のなかには、作物の植え付けや収穫時に一時帰村して農作業を手伝い、正月を村で過ごしたら再び出稼ぎに出るといった者もいる。HY村の人々は、かつてケシを栽培していた頃の方が相対的な現金収入は多かったという。ケシ栽培を禁止されて、トウモロコシの栽培と出稼ぎで稼ぐようになった現在は、子供の教育費と多少の消費財での支出で現金収入の大半を使っている。

表3-1 HY村における家畜の飼育頭数

家畜の種類	飼育戸数および割合 (戸)	(%)	一戸あたり飼育頭数 平均(頭)	最大(頭)
ニワトリ	76	99	20.6	51
ブタ	65	84	4.1	21
ウシ	15	20	1.4	20
ハト	15	20	1.4	20
イヌ	47	61	1.1	5
カモ	4	5	0.5	21

注)ブタは2006年10月、その他の家畜は2006年9月の頭数を示す。
出所:筆者の現地調査(全戸調査、77戸)。Nakai(2008b)を元に修正。

　HY村における家畜飼育の概要を表3-1に示した。まず、ニワトリはほぼすべての世帯が飼育している。次にブタは8割程度の世帯が飼育している。この二つが主に飼育する家畜といえる。そしてウシを飼育するのは2割程度と一部の世帯に限られる。表3-1に示したようにウシ、ブタ、ニワトリともに世帯単位で行われる小規模な飼育である。HY村において水田はわずかにあるが、2000年代の調査時には耕起はすでに耕耘機で行われておりスイギュウは飼育されていない。また、ウマを飼育していたのは1980年代頃までで、調査時には48台のバイクと、12台のピックアップ型の車が村内に存在した(2005年)。
　次に、HY村の代表集団としてL氏とその親族集団の事例から、生業および家畜の飼育方法と利用形態の具体的な状況を確認する。

3.2. 山地農村における家畜飼育

　L氏はHY村の一般的なモンの男性(調査時の2006年に50歳)である。L氏は、焼畑地で陸稲を栽培して日常的に食用とする米を手に入れ、トウモロコシを年に一度栽培してナーンの街で売り、現金収入を得ることを主な生業としている。また作物栽培を行うと同時に、ニワトリ、ブタ、ウシの家畜を飼育している。このほかにも、自給用のタケノコとキノコの採取を行っている(中井 2010)。HY村近隣では、イノシシは近年あまりとれず、L氏が狩猟に積極的に行くことはない。L氏はこのような作物栽培と家畜飼育を年間通して行うにあたり、兄弟など親族と協力関係にあり、とくに3人の息子世帯と協力関係にある。

第3章　家畜飼育からみたタイ農村の生業変化　　91

表3-2　L氏とその親族集団の家畜飼育頭数（HY村）

番号	構成員数(n)	家主年齢(歳)	ウシ(n)	ブタ(n)	ニワトリ(n)
1	4(2)	81	3(2)	0(0)	9(6)
2	6(2)	63		7(2)	8(3)
3	11(6)	50	6(2)	10(2)	13(8)
4	3(1)	45	3(0)	2(2)	18(6)
5	9(4)	43	2(0)	4(1)	25(6)
6	10(3)	41		2(2)	5(3)
7	4(2)	34	2(1)	2(1)	12(5)
8	9(2)	47		2(1)	10(3)
9	7(2)	41		7(1)	16(3)
10	5(2)	34		1(0)	17(6)
11	4(2)	30		0(0)	15(5)
12	8(4)	68		11(3)	45(10)
合計	80		16	48	193

注1）L氏は番号3の世帯に相当する。
注2）ウシとニワトリは2006年9月、ブタは2006年10月の時点の飼育頭数。
　　括弧内の数字は生殖可能な成雌の頭数を示す。
注3）各世帯の構成員数と家主年齢は2006年の時点を示す。
　　構成員数の括弧内の数字は子供や老人を除く実質的な労働人数。
出所：筆者の現地調査。中井（2021）を元に修正。

　表3-2にL氏とその親族の家畜飼育状況を示した（2006年）。以下にL氏の例をみよう。
　まず、ニワトリは常に飼っている（メスは5羽程度）。ニワトリは、朝には放して餌を与え、昼間は家のまわりで放し飼いである（**写真3-2**）。夕刻にも餌を与えたあと、夜間は小屋に入れて閉じ込める。エサは米や、米ぬか、トウモロコシなどが与えられる。このエサは収穫した作物の余剰で十分足りる。世話も上記の

写真3-2　ニワトリの放し飼いのようす
（HY村、筆者撮影）

とおり、朝と夕方にする程度（L氏の場合は主に妻がする）で、それほど手間はかからない。

ブタも数頭を常に飼っている。L氏の場合、メスは2頭程度飼い、数頭の子ブタが常にいる。そして種オスを1頭飼っている。ブタは黒色のもので、常に小屋に入れて飼育し、メスと子ブタの部屋と種オスの部屋は簡単な仕切りで分けている。なお、この黒色のブタは、1回の出産で約7頭の子ブタを生む（Nakai 2008b）。

写真3-3　ブタ飼育のようす（HY村、筆者撮影）

小屋のつくりは粗放なので、昼間、隙間から子ブタが出てきて周辺を歩き、メスや種オスもまれに小屋の外に自ら出ている。そのため、飼育者が

写真3-4　ウシ飼育のようす（HY村、筆者撮影）

意図せず生起する交配も存在する（Nakai 2012）。エサは朝と夕方に2回与える。主には、畑周辺で採取したバナナの葉・茎や野草を刻んだものと、米ぬかやトウモロコシを混ぜて与える（Nakai 2008a、**写真3-3**）。このエサ用の野草類の採取と餌の調整は主に女性（L氏の場合はその妻）が行う。子ブタも含めて10頭程度分の餌を確保するためには、タケカゴいっぱいの野草類を、毎日採りにゆく必要がある。ちなみに、L氏の長男世帯は、去勢されたブタを1頭飼っていたが、2007年以降はブタのエサの世話が難しい、という理由から飼育していない。

ウシは飼わない家もあるが、L氏の場合、6頭を飼育していた（2006年）。ウ

シは黄牛の類である。ウシの放牧は、果樹畑(約1haのライチ畑)をタケ柵で囲い、そのなかで行っていた(**写真3-4**)。この放牧地はL氏の家から徒歩30分程度に位置する。なお、L氏の長男も2頭のウシを所有し、管理を父親に委託していたので、L氏は実質8頭の飼育をしていた。

ウシはライチ畑の下草を食み、畑の傾斜の低い場所を小川が流れており、ウシは自由にその水を飲むことができる。ライチ畑のなかには出づくり小屋があり、ウシの様子をみる際はそこで過ごす。ウシをみるのはL氏が行く場合が多いが、妻も時折行っていた。季節サイクルの点では、雨が続く雨季の時期は村内まで連れ戻して、家の横にくくりつけておかれることもあった。その際には、ウシのエサとなる草を刈り取りにL氏は行くことになる。

そして、L氏の親族の場合、L氏の2人の弟もそれぞれ3頭と2頭、さらにL氏の父親も3頭のウシを所有していた。これらのウシの管理はL氏の父親が行っていた。L氏の父親は高齢(調査時の2006年に81歳)のため農作業はしないが、ウシの日帰り放牧はしていた。この放牧はHY村の近くの河川沿いで主に行われていた。ウシの種類について、黄牛のほかブラーマン系の白色のウシもHY村では散見された。種類の違いについて、売値は白色が多少高いが、黄色は丈夫で粗食にたえる、とL氏をはじめ村人は考えていた。

3.3 家畜の利用形態:儀礼利用と換金利用

次に、家畜の利用形態について、L氏の例をみよう(**表3-3**)。まず、日常の食はご飯(炊飯したウルチ米)と、野菜の炒めものや汁物類である。HY村は1990年代には通電していたが、2000年代においてもL氏の家に冷蔵庫はなかった。そのため肉の消費は塩漬け保存の場合もあるが、基本的に食べ切りだった。ただし、L氏の長男の家には冷蔵庫があり、余った肉を少しの間預けることはあった。ニワトリは日常の食卓にならぶこともあるが、通常、ニワトリとブタともに消費の際には何らかの儀礼を伴った。ウシは儀礼に使われることもあるが、ほぼ換金が目的である。

ニワトリとブタを利用する主な機会は、祖先祭祀と正月祝いである(Nakai 2009; 中井 2013)。祖先祭祀は年に一度各戸で行う。時期は、畑での播種開始の少し前の、5月頃に集中する。祖先祭祀を司るのは、ツィネンと呼ばれる宗

表 3-3　HY村における家畜利用機会

分類	機会名	宗教的職能者の関与	利用家畜 ウシ	利用家畜 ブタ	利用家畜 ニワトリ	機会発生間隔 年次	機会発生間隔 随時
儀礼	祖先祭祀(世帯単位)	○		○	○	○	
	祖先祭祀(親族集団単位)	○	○	○	○		約10年
	病気治療	○		△	○		○
	農耕儀礼				○	○	
	葬送	○	○	○	○		○
慶事	正月祝い			△	○	○	
	婚礼			○	○		○
	親族訪問・帰村祝い			△	○		○
	子供進学・進級祝い			△	○		○
	クリスマス			△	○	○	
	村長就任祝い		○		○		約5年

注1) ○は事例が存在することを示す。△は世帯により省略される事例が存在することを示す。
注2) 宗教的職能者が関わらない機会は、家主や親族の年長者が取り仕切る。
注3) 病気治療の儀礼には、安産祈願なども含む。
注4) 農耕儀礼は畑地で行う豊作祈願の儀礼などを含む。
注5) クリスマスは一部のキリスト教の世帯が行っている。
出所：筆者の現地調査。中井(2020)を元に修正。

教的職能者(HY村には調査時に8人いた)であり、L氏は毎年同じ人に儀礼をしてもらっていた。儀礼は半日がかり(朝早くから始めた場合、昼過ぎまで)で行われ、ニワトリとブタを供犠して祖先にささげる(**写真 3-5**)。儀礼後、供犠したニワトリとブタは、調理して親族全体で共食される。共食といっても、男女は別で食される。男たちは酒盛りを夕刻まで続ける。女たちは男たちがひとしきり食べたあとに食し、酒はあまり伴わない。料理は、鶏肉とブタ肉ともに、ぶつ切りにして茹でた塩味の汁物として出されるほか、ブタ肉は、いわゆるたたき(香草を混ぜて生のまま包丁でたたいてつぶしたもの)も出される。この祖先

写真 3-5　祖先祭祀でブタを供犠するようす
(HY村、筆者撮影)

祭祀では1歳ほどのブタが2頭程度屠られるが、ブタ肉料理は参加者全員が十分に食べても余る量が作られる。

　HY村のモンの人々の正月は、その年の陸稲の収穫を終えて12月の新月の日から1週間程度がそれに相当する。この正月祝いにツィネンは関わらないが、各戸で年長者による儀礼のあと、ニワトリとブタを屠り調理して酒宴の席に出される。

　家畜の換金利用は、ウシがまとまった現金を得られる家畜として重視されている。価格は、大きさや状態にもよるが、調査時に成牛1頭は1万バーツ（約3万円）程度であった。そして飼育するウシを屠る機会はまれであった。約10年に一度行う親族集団全体の祭祀や、葬送、村長の就任祝いなどでウシを屠る機会を確認しているが、村全体でみても頻繁にはない。ブタについては、子ブタが多くある場合に、将来的なエサの手間を考えて数を減らすために販売することがある。価格は、生後3か月程度の子ブタで500バーツ（約1500円）であった（2006年）。

3.4. 家畜利用の近年の変化：改良品種の利用

　HY村では1990年代半ばに通電し、それとともに電灯とテレビ、さらには冷蔵庫のある世帯が現れた。しかし、2010年代でも冷蔵庫のある世帯はまれで、L氏の親族集団の事例では冷蔵庫は2台あり、冷蔵庫のない世帯は持ち主に断って時折それを使っている。儀礼等で屠った家畜の肉はその時にほぼ食べきるが、一部残して冷凍保存しておくこともある。また、HY村の人々はバイクや車で訪問した行商人から鶏肉を買うことがまれにある。しかし、そのような行商人がナーンの街で仕入れたブロイラーの類の鶏肉については、「CPのニワトリはおいしくない」といったように評価は低く、村内で放し飼いにより育てた鶏肉の味に価値を置いている。

　ブタについても主に利用するのは飼育している黒色のブタだが、ナーンの街で売っている白色の改良品種のブタを購入してきて利用することがまれにある。彼らはモン語で黒色のブタをブアドゥ、白色のブタをブアダウと分類し、別のものとして認識している（中井 2011）。白色のブタは畜産の品種でいうとランドレースの類に相当する。L氏は、祖先祭祀の際には黒色のブタが好ましいし、

黒色のブタでしか儀礼は行ったことがないという。しかし、白色のブタでも儀礼を行うことはできると考えている。つまりHY村の人々は普段は黒色のブタを飼育しながら、急な入用の場合に臨機応変に白色のブタを利用している。例えば、急に村人が亡くなって葬送を行う必要があり、その時に飼っている黒色のブタでは、量が十分でないときなどである。HY村の人々が白色のブタを村内で飼わない理由については、白色のブタは改良品種であり普段黒色のブタに与えているエサでは白色のブタは飼えず、街で売っているブタ用の餌を買って与えねばならないと人々が考えていることが挙げられる。HY村で飼育されている黒色のブタは、耳が小さく成体も小型な、「小耳種」と呼ばれる在来の類である（黒澤 2005）。これに近年は黒色であるが耳の大きなデュロックの系統などの改良品種が交ざりつつある。とくにモンの正月の時期には、ナーンの街からタイ系民族の行商人がピックアップ型の車にデュロックの系統のブタを乗せて売りにくることがある。このような際もオスは去勢されているし、メスを買ってもそのまま屠ることから、HY村で飼育されているブタと遺伝的に混ざる可能性は低い。ただし購入したメスを何らかの理由から屠らず、再生産用に飼育した場合には遺伝的に混ざるため、この経路から少しずつ改良品種の遺伝子がHY村のブタに入ってきている。

　HY村のなかでもキリスト教の世帯は祖先祭祀を行わなくてよいとされている。そのためキリスト教世帯ではブタやニワトリを供犠することはない。しかし、彼らはブタやニワトリを飼育しなくなるわけではなく、ニワトリは日常的に食べることがあるし、正月祝いやクリスマスの機会にブタとニワトリを屠って食べている。また、若者を中心に勉学や出稼ぎ、あるいは都市での労働など、普段は村外で生活する村人が増えていることから、久しぶりに帰村したときに祝宴がもうけられ、ブタやニワトリを屠ることがある。このように従来はなかった祝宴をはじめ、子供の進級の祝いなど、新たな慶事と家畜の利用機会も増えてきている（**表3-3**）。HY村の場合、焼畑の土地利用には余裕があり、作物栽培後に植生が回復して藪になり、休閑地として使われていない土地があった。しかし、2000年代後半にトウモロコシの買い取り価格が上昇して栽培が流行すると、2010年代には畑地としての利用が進んだ[11]。これによりウシを放

---

11) HY村の人々がナーンの街の買い取り所に売るトウモロコシ価格は1kgあたり、2005年

牧できる場所が少なくなり、ウシ飼育が難しくなりつつある。L氏のようにライチ畑をタケ柵で囲いウシを放しているような事例は、HY村内にほかにもいくつかあり飼育は継続できているが、ライチ畑をやめてトウモロコシ畑にすると、ウシを飼うのは難しくなる。[12]

4. 考　察

　第4節では、これまでに述べてきたタイ農村における家畜飼育の変化を整理して、その変化の要因を考察する。まず、第2節で述べたタイにおけるマクロな家畜飼育の変化は、家畜ごとに簡潔にまとめると次のようになる。1)ニワトリはブロイラーに代表される畜産的飼育が都市近郊で大きく増加した。2)ブタは華人の移入により国内でのブタ肉需要が増えて畜産的飼育も増加した。3)スイギュウは水田耕起が機械化されて飼育は大きく減少した。4)ウシは換金目的の飼育が増加しているが、放牧適地は畑作地の拡大等で減少している。5)ウマは車やバイクが普及して飼育は大きく減少した。6)ゾウは戦闘利用がなくなり運搬利用も少なくなったが、観光利用として飼育が続いている。

　家畜の種類により変化の方向は異なっているが、家畜飼育の変化の要因としては、1)飼育の産業化、2)食肉需要の増加、3)放牧適地の減少、4)動力の機械化、5)観光産業の発展、などが挙げられる。これらの要因はいずれも、20世紀以降に世界各地で進展している近代化と広い意味で関わりがあり、タイにおいても家畜の力を利用した移動、運搬、耕起、戦闘がなくなり、食肉利用が増えて家畜飼育が産業化するという、先進諸国に一般的にみられる方向へ、同じく変化してきていると整理できる。では、このようなマクロな社会変化と平行して生起している、第3節で述べた山地農村(HY村)における家畜飼育の変化はどのように整理できるだろうか(**図3-5**)。

　　は約3バーツ、2006年は4〜5バーツ、2007年は6〜7バーツ、2009年は約8バーツ、2010年は約7バーツ、2011年は約9バーツ、2012年は約9バーツとなっている。買い取り価格は、時期や、トウモロコシ粒の乾燥程度により幅がある。よく乾いていると価格がよい。
12) ライチの買い取り価格は2000年代以降長期にわたり低く、ナーンの街まで売りに行っても車のガソリン代で利益の大部分がなくなる程度の収入にしかならないことから、HY村の人々も売ることはほとんどいない。

HY村においても「動力の機械化」の影響は大きく、これによりウマは車・バイクに代わった。山地農村であるため従来から水田は少なくスイギュウはわずかであったが、耕運機の導入で飼育されなくなった。一方で、ニワトリとブタの飼育はマクロな社会変化からの影響が少ない。これは、祖先祭祀と正月祝いという年次定期的な利用が主にあり、この利用が集団統合のための儀礼や宴会という、宗教や社会に関わる民族文化に基づくことによる。ただし、儀礼の簡略化はある程度進み、キリスト教への改宗による影響も多少存在する。ただしキリスト教徒になることで祖先祭祀は行わなくなるが、正月祝いがなくなるわけではないので、キリスト教世帯もブタとニワトリの飼育を続けている。今後、現金収入の量がより高まれば、飼育をやめて必要時に街から購入して利用するかたちに移行する可能性がある。しかし2010年代のHY村では、改良品種の購入利用は不足分を補足する目的では存在するが、各世帯での小規模なブタ飼

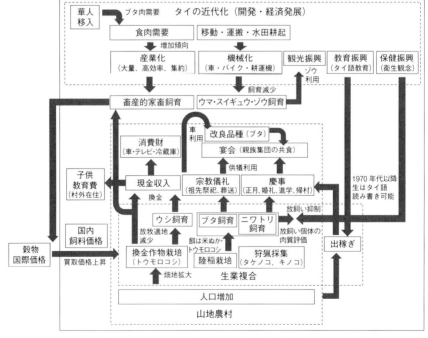

図3-5　家畜飼育からみたタイ山地農村における生業変化に関する模式図（筆者作成）

育は依然として継続している。

　ウシは葬送時などに供犠されるが頻度的にはまれであり、ウシの多くは換金目的で飼育されてきた。しかし、HY村においては、近年のトウモロコシ栽培の流行で、ウシの放牧地が限られることで飼育は減少しつつある。これは、ブタとニワトリは米ぬかやトウモロコシがあれば家の近くの小屋で飼えるが、ウシの飼育には放牧地の確保が欠かせないことと関連する。HY村の人々は作物栽培を優先してこれに忙しく、ウシの飼育に手間をかける傾向はみられない。このことも、放牧が可能であるかどうかがウシ飼育の継続性と関係している背景にある。このように本章で示したナーン県HY村の事例においても「放牧適地の減少」は確認でき、これはタイの山地農村では比較的標準の事例と考えているが、例えばCrooker(2005)が示すチェンマイ市近郊のモン村落の事例では、既に放牧可能な土地がなくなり、ウシ・スイギュウの飼育が行われなくなっている。[13]

　また村には保健所も作られ、衛生観念がある程度入ってきており、家畜が集落内で糞をまき散らす放し飼いは汚いものであるとする考え方は存在する。しかし、ニワトリとブタはともに小屋での飼育管理がある程度はなされるが徹底される様子はなく、放し飼いの肉の味を評価する価値観とのはざまにありながら、飼育管理はゆるやかである。また「飼育の産業化」について、ニワトリやブタを専業的に多数飼育する事例はHY村においては現れていない。これは取引環境(換金)や飼育環境(エサなど)をめぐり、都市との距離や「動力の機械化」が関係すると考えられる。例えば、都市近郊農村の事例として、タイ東北部のコーンケーン近郊のドンデーン村では、2000年代には1000羽単位のニワトリを飼育する専業の世帯が一部に現れている(舟橋・柴田2007)。また、精米機の導入という「動力の機械化」により、大量の米ぬかを得た人々が、1990年代にはそれをエサに利用してブタを多数飼育し始める例を、タイ中部のペッチャブーン県のモン村落で確認している(中井2016)。

　本章で示した山地農村の事例は、タイ北部の中でも東側に位置し、ラオスと

---

13) タイ北部の山地農村で土地利用の関係からウシ飼育が行われなくなりつつあることは、パヤオ県のヤオの事例からも示されている(増野2005)。また北部ラオスにおいても、スイギュウの事例から飼育が困難になりつつある事例が報告されている(Takai and Sibounheuang 2010)。

国境を接するナーン県のものである。一方、タイ北部の中でも、チェンマイより西側に位置するメーホンソン県のカレンの事例から、1960年代の調査に基づく飯島(1971)や、1970年代の調査に基づくNakano(1980)の成果をみると、そこでは家畜としてゾウを飼育していたことが記載されている。当時もゾウは運搬などに有用であるだけでなく財として非常に高価であり、所有は世帯のレベルではなく親族集団の単位であったという(飯島 1971: 86)。HY村やその周辺のモンが、ゾウを所有した事例は確認していないが、現在のHY村においては車があり、これがゾウに近い価値と機能を有している。

　2010年代においてはHY村の人々も、村とナーンの街の間を必要に応じて往復し、あるいはバンコクなどに出稼ぎに行くなかで、とくに若者からしだいにタイ社会に適応しつつある。これによりタイの周縁に位置する山地農村のモンの世界もしだいにより開かれつつある。HY村の事例では、トウモロコシ栽培の流行や従来からの人口増加により、畑地利用に余裕がなくなりつつあるが、一方で出稼ぎが増えて、若者のなかには都市での仕事を得る者もわずかながら現れてきている。そして若者のタイ社会への適応の結果、久しぶりの帰村の際には祝宴を催すという、家畜を屠る新たな機会も生起している。HY村に暮らす人々も、1970年代以降生まれの人々は、日常的な移動範囲が拡大し、ナーンの街で提供される、さまざまな物やサービスを適宜利用しながら山地農村で暮らすように変化してきており、本章でみた改良品種のブタの利用もこの文脈に位置づけられる。

● 文　　献

飯島　茂(1971):『カレン族の社会・文化変容　タイ国における国民形成の底辺』、創文社。

柿崎一郎(1998):「鉄道整備と新たなる物流の形成　タイにおける豚の事例」、アジア・アフリカ言語文化研究(55): 45-72。

黒澤弥悦(2005):「アジアの豚の起源と系譜　特に小耳種系豚について」、在来家畜研究会報告 22: 65-84。

佐々木正雄(1995):「畜産」、『タイの農林業　現状と開発の課題』、国際農林業協力協会、104-121頁。

桜田育夫(1994):『タイの象』、めこん。

新谷忠彦・C.ダニエルス・園江　満(編)(2009):『タイ文化圏の中のラオス』、東京外国語

大学。

高井康弘(2002)：「牛・水牛と儀礼慣行　タイ北部・東北部およびラオスの肉食文化に関するノート」、大谷大学真宗総合研究所研究紀要**19**: 77-101。

高井康弘(2011)：「スイギュウ　ヒトの暮らしが変わるなかで　ラオス」、季刊民族学136: 39-45。

高井康弘・増野高司・中井信介・秋道智彌(2008)：「家畜利用の生態史」、河野泰之(編)『モンスーンアジアの生態史　第1巻　生業の生態史』、弘文堂、145-162頁。

高谷好一(1985)：『東南アジアの自然と土地利用』、勁草書房。

津村文彦(2004)：「東北タイにおける家畜飼養の変容　牛と水牛からみた農村経済」、福井県立大学論集**24**: 85-104。

中井信介(2010)：「タイ北部の山村におけるモンのタケ利用の特性とその意思決定に関する予備的考察」、ビオストーリー 13: 88-99。

中井信介(2011)：「タイ北部におけるモンの豚飼養の特性とその変化に関する覚え書」、文化人類学**76**(3): 330-342。

中井信介(2013)：「タイ北部の山村における豚の小規模飼育の継続要因」、地理学評論**86**(1): 38-50。

中井信介(2016)：「生業の域内多様度に関する予備的考察　タイのモン村落における豚飼育の専業化事例」、哲学論集**62**: 70-84。

中井信介(2020)：「生き物を「飼う」動機について　タイ山村におけるモン族の暮らしから」、ビオストーリー **34**: 36-45。

中井信介(2021)：「新たな環境への適応過程　タイにおける焼畑民モンの移住と生業変化」、稲岡 司(編)『生態人類学は挑む　SESSION3　病む・癒す』、京都大学学術出版会、255-281頁。

中川多喜雄(2004)：「タイ多国籍企業CP社の挫折と栄光」、経営学論集**74**: 70-82。

中辻 享・ラムプーン、サイウォンサー・竹田晋也(2015)：「ラオス焼畑山村における家畜飼養拠点としての出作り集落の形成　ルアンパバーン県ウィエンカム郡サムトン村を事例として」、甲南大學紀要文学編**165**: 255-265。

平石康久・木下 瞬(2011)：「中国およびタイにおける鶏肉・鶏肉調製品の生産・輸出状況とわが国鶏肉需給への影響」、『農畜産業振興機構　畜産の情報2011年8月』(https://lin.alic.go.jp/alic/month/domefore/2011/aug/wrepo01.htm　2024年10月3日閲覧)。

舟橋和夫(1990)：「ドンデーン村の概要」、口羽益生(編)『ドンデーン村の伝統構造とその変容』、創文社、37-77頁。

舟橋和夫・柴田惠介(2007)：「東北タイ農村ドンデーン村における村落経済の変動」、龍

谷大学社会学部紀要 **30**: 55-71。

増野高司 (2005)：「焼畑から常畑へ　タイ北部の山地民」、池谷和信(編)『熱帯アジアの森の民　資源利用の環境人類学』、人文書院、149-178頁。

増野高司 (2015)：「ニワトリとブタの供犠　タイ北部に暮らすミエン族の事例」、ビオストーリー **23**: 24-27。

Andrews, J. M. (1935)：*Siam: 2nd Rural Economic Survey, 1934-1935*. Bangkok Time Press, Bangkok.

Bernatzik, H. A. (1947)：*Akha and Miao: Problems of Applied Ethnography in Farther India*. Translated by A. Nagler 1970. Human Relations Area Files. New Haven.

Chantalakhana, C. and Skunmun, P. (2002)：*Sustainable Smallholder Animal Systems in the Tropics*. Kasetsart University Press, Bangkok

Crooker, R. A. (2005)："Life after opium in the hills of Thailand". *Mountain Research and Development* **25**(3): 289-292.

de Young, J. E. (1966)：*Village Life in Modern Thailand*. University of California Press, Berkeley and Los Angeles.

Donner, W. (1982)：*The Five Faces of Thailand: An Economic Geography*. University of Queensland Press, St Lucia.

Falvey, L. (1979)：*Cattle and Sheep in Northern Thailand*. MPW Rural Development Pty, West Perth.

Falvey, L. (1981)：Research on native pigs in Thailand. *World Animal Review* **38**: 16-22.

Ganjanapan, A. (1984)：*The Partial Commercialization of Rice Production in Northern Thailand* (1900-1981). Ph. D. Thesis, Cornell University.

Geddes, W. R. (1976)：*Migrants of the Mountains: The Cultural Ecology of the Blue Miao (Hmong Njua) of Thailand*. Oxford University Press, London.

Hirsch, P. (1990)：*Development Dilemmas in Rural Thailand*. Oxford University Press, Singapore.

Kingshill, K. (1976)：*Ku Daeng-The Red Tomb: A Village Study in Northern Thailand*. Suriyaban Publishers, Bangkok.

Marlowe, G. W. (1969)：Economic variety in a north Thai village. *Tribesmen and Peasants in north Thailand*. Tribal Research Center, Chiangmai, pp. 15-25.

Masuno, T. (2012)："Peasant transitions and changes in livestock husbandry: a comparison of three Mien villages in northern Thailand". *The Journal of Thai Studies* **12**: 43-63.

Moerman, M. (1968): *Agricultural Change and Peasant Choice in a Thai Village.* University of California Press, Berkeley and Los Angeles.

MSDHS (2002): *Highland Communities within 20 provinces of Thailand, 2002.* MSDHS; Ministry of Social Development and Human Security, Thailand and UNICEF. (in Thai)

Nakai, S. (2008a): "Decision-making on the use of diverse combinations of agricultural products and natural plants in pig feed: A case study of native pig smallholder in northern Thailand". *Trop. Anim. Health Prod.* **40**(3): 201-208.

Nakai, S. (2008b): "Reproductive performance analysis of native pig smallholders in the hillside of northern Thailand." *Trop. Anim. Health Prod* **40**(7): 561-566.

Nakai, S. (2009): "Analysis of pig consumption by smallholders in a hillside swidden agriculture society of northern Thailand". *Human Ecology* **37**(4): 501-511.

Nakai, S. (2012): "Pig domestication processes: An analysis of varieties of household pig reproduction control in a hillside village in northern Thailand". *Human Ecology* **40**(1): 145-152.

Nakano, K. (1980): "An ecological view of a subsistence economy based mainly on the production of rice in swiddens and in irrigated field in a hilly region of northern Thailand". *Southeast Asian Studies* **18**(1): 40-67.

Nan Provincial Statistical Office (2011): *Provincial Statistical Report 2011.* National Statistical Office.

Ongsakul, S. (2005): *History of Lan Na.* Silkworm Books, Chiangmai.

Rufner, W. H. (1971): *Cattle and Water Buffalo Production in Villages of Northern Thailand.* Ph. D. Thesis, University of Illinois.

Simaraks, S. et al. (2003): "The shifting role of large livestock in northeast Thailand". *Southeast Asian Studies* **41**(3): 316-329.

Takai, Y. and Sibounheuang, T. (2010): "Conflict between water buffalo and market-oriented agriculture: a case study from northern Laos". *Southeast Asian Studies* **47**(4): 451-477.

Tribal Museum (2004): *The Hill Tribes of Thailand, 5th edn.* Technical Service Club Tribal Museum. Chiangmai.

Wilson, C. M. (1983): *Thailand: A Handbook of Historical Statistics.* G.K. Hall & Co, Boston.

Worachai, L. et al. (1989): *Integrated Crop-Livestock Land Use Systems for Upland Rainfed Areas in Nan Province.* Faculty of Agriculture, Chiangmai University, Chiangmai.

Zimmerman, C. C. (1931) : *Siam: Rural Economic Survey, 1930-31*. Bangkok Time Press, Bangkok.

第4章

家畜の毛の加工技法と利用

上羽陽子

1. はじめに

　古来より人類は動物を家畜として資源利用してきた。それらの種類は用畜（乳、肉、皮、毛、骨、血）、役畜（運搬、耕起）、糞畜（厩肥、燃料）など多岐にわたっている。こうした家畜利用の研究は、地理学や文化人類学、経済学、社会学、歴史学、畜産学、獣医学など多方面からアプローチが進められてきた。しかし、家畜の毛利用に注目してみると、その多くは衣料品の使用素材、とりわけヒツジのメリノ種を代表とする緬毛に関する研究について、中心に進められてきたことがわかる（Aspin 1982; Great Britain Board of Trade 1947 ほか）。

　一方、家畜の毛利用は世界各地において、さまざまな様相をみることができる。それにもかかわらず、毛利用を包括した研究は少なく、特定の地域における個別の報告が中心である（松井 2001；小長谷 1996；上羽 2006；渡辺 2009 ほか）。このような状況を生みだしている要因は、利用される毛の種類が多く、それぞれに特性を持ち、使途が多岐にわたり、とりわけ加工技法が多様で複雑化しているからである。

　そこで、本稿では毛利用される家畜の毛の特徴と、それらを活かした加工技法や用途について紹介し、人類がいかにして家畜の毛を資源利用してきたかについて論じる。

2. 紡織を必要としない圧縮フェルト

　毛の加工方法は図 4-1 にあるように多岐にわたっている。人類の初期の毛利用は、抜け落ちた毛を重ね合わせて、圧力をかけてシート状にしたものであろ

第Ⅰ部　家畜化・品種化のパースペクティブ

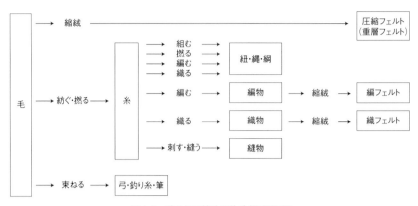

図4-1　毛の加工技法の体系（筆者作成）

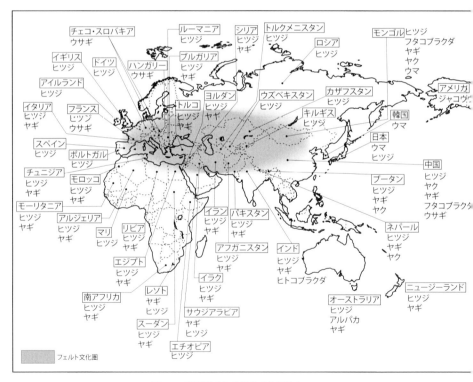

図4-2　毛利用される動物の主要分布

出所：フェーガー 1985, Gillow 1999, Hellfferich 2003, 稲村 2007, 小長谷 1996, 松井 2001, 西村 2003, 日本化学繊維協会（編）2006, 上羽 2013, 2006, 在来家畜研究会（編）2009, ゾイナー 1983 をもとに筆者作成

第4章　家畜の毛の加工技法と利用

表4-1　毛利用される主な動物

目	科	家畜種	野生種
偶蹄目	ウシ科	ヒツジ、ヤギ、ヤク	ジャコウウシ
	ラクダ科	アルパカ、リャマ、ラクダ	ビクーニャ
ウサギ目	ウサギ科	ウサギ	—
奇蹄目	ウマ科	ウマ（馬素(尻尾の毛)）	—

＊その他にもブタ、イノシシ、シカ、タヌキ、イタチ、ジャコウネコ、リスなどが利用されている。

うと推察されている(ゾイナー 1983: 176-177)。毛を寝床に敷き、寝ている間に、その圧力と摩擦、汗による水分によって毛が圧縮されて塊となった事実に気がつき、その加工技法を展開させたことは容易に想像できる。この加工技法は、縮絨あるいはフェルト化と呼ばれる。フェルトの種類には、毛を重ね合わせてから縮絨した圧縮フェルト(重層フェルト)、編んでから縮絨した編フェルト、織ってから縮絨した織フェルトがある。フェルト文化圏は毛利用される動物の主要分布(図4-2)でわかるように現在も中央アジアをはじめとした広大な範囲となっている。

毛利用される動物は表4-1のように多様であるが、縮絨される動物の毛は、主にヒツジとヤギの毛である。圧縮フェルトの利点は、布をつくるための毛を紡ぐ・撚るといった糸づくりが不要であること、織機のような物理的制限から解放され、つくりたい大きさに繊維を重ね合わせることで、自在に広い面積のフェルト布を生みだせることである。その代表的なものは、モンゴルや中央アジアのヒツジの毛によるフェルト製テント式住居である。この地域においてフェルトは、テント式住居の屋根幕や壁面、敷物、入口の垂れ幕など住居の構造に欠かせないものとなっており、互助体制に基づく共同作業によってつくられている(小長谷 1996: 8；フェーガー 1985: 88-102；楊 1999: 36-52)。

さらに、圧縮フェルトは裁断や縫製の過程を経ず、立

体物をつくることが可能なため、帽子、外套、長靴など多様な製品づくりにも用いられる(フェーガー 1985: 88-102)。このようなフェルト製品は、ヨーロッパから西アジア、中央アジア、インド、ネパール、中国、ブータン、モンゴルなどの多地域でつくられている。

3. 毛を糸にする

　圧縮フェルトは、毛皮や樹皮布と同様に紡織(ぼうしょく)を必要としない不織布(ふしょくふ)に分類されている。一方、編物や織物は、その材料となる糸が必要となる。動物の毛から糸をつくるためには、紡ぐ、撚るといった加工技法を用いる(**図4-1**)。

　紡ぎとは、繊維をひきだして、撚りをかけて糸にすることである。紡ぐための道具に紡錘(つむ)や紡錘車(ぼうすいしゃ)がある。紡錘車は紡茎(ぼうけい)と紡輪(ぼうりん)から構成されている。軸棒となる紡茎を回すときに反動をつける輪上の錘(すい)のことを紡輪と呼ぶ。紡輪の素材は、主に土・石・骨・木などで、小円盤や半球・球など錘状の形をしている。その中央に円孔をあけて紡経を通して糸紡ぎを行う(Hotchberg 1980)。

　もちろん、紡錘車といった特別な道具を用いなくても糸紡ぎは可能である。紡錘は、錘になればよいため、円孔(えんこう)の加工などをしていない、石でも糸は紡ぐことができる。インド西部の牧畜民はこの石を使った糸紡ぎ技法でラクダやヤギの毛の糸紡ぎを現在でも行っている(上羽 2006: 81-88、**写真4-1、4-2**)。

　世界各地で糸づくりの道具が多岐にわたる理由は、**図4-1**のように、毛から糸を生みだした後、さらに加工を重ねることで、多くの製品に展開することが可能なためである。糸を組む・撚る・編む・織るから紐・縄・綱、糸を編んで編物、織って織物、さらに、刺したり縫ったりして縫物といったようにそのバリエーションは無限ともいえる。

　このような多様な使途に応じてつくられる糸は、太さや強さなどさまざまな条件を兼ね備えなければならない(Gillow 1999; Hotchberg 1980)。例えば、織物をつくるための糸は細く、軽く、しなやかで、水分や熱などで容易に変質せず、一定の長さを必要とする。同時に動物の毛の長さや縮れ具合など形状の特徴によっても、紡ぐための道具が異なるため、世界各地でさまざまな糸づくりの技法や道具が展開されてきた。

第4章　家畜の毛の加工技法と利用　　　　　　　　　　　　　　　　　　　　109

4. 緬毛の王様メリノ種

　圧縮フェルトは繊維と繊維が絡まり合い、緻密になる性質を活かした製品づくりである。糸づくりにおいても繊維と繊維を絡まり合わせながら撚りをかけてゆくため、絡まりやすい繊維が糸づくりには適している。

　では、どのような繊維が絡まりやすいのだろうか。野生ヒツジの被毛は、太く長く粗い上毛(outer coat)と細く短く柔らかい下毛(under coat)で構成されている。下毛は、柔毛あるいは緬毛(fine wool)とも呼ばれ、上毛に比べてより繊細で柔らかいため、縮絨や糸づくりなどの繊維利用に向いている(在来家畜研究会(編)2009: 260-261)。

　家畜化による大きな変化に換毛の消失がある。これは、羊毛の収量を引き上げることを目的とした改良の結果である。野生ヒツジはすべての毛が春には抜け換わる(換毛)が、家畜ヒツジは換毛傾向がほとんどなくなっている。さらに、家畜化が進むことによって上毛が、繊維利用しやすい柔らかい下毛(緬毛)に置き換わり、その最も進化した緬毛の代表がメリノ種(Merino sheep)である(在来家畜研究会(編)2009: 260-261)。

　メリノ種はスケール(Serration Scale)とク

写真4-1　ラクダの毛刈りをする牧畜を生業とするラバーリー男性(インド、グジャラート州、カッチ県、2010年 筆者撮影)

写真4-2　石を錘としてラクダの毛を紡ぐラバーリー男性(インド、グジャラート州、カッチ県、2010年 筆者撮影)

リンプ(crimp)が発達しているという特徴を持つ。スケールは繊維の表皮を構成している鋸歯状の鱗片組織である。繊維の表皮が魚の鱗のように重なり合い、その先が魚の鱗のように半円形ではなく、鋸歯状となっているため、このように呼ばれる(亀山 1972: 241)。この鱗片組織の先端に摩擦や圧力を与えると、先端が鉤の役割を果たし、繊維同士を絡ませ、固定する(亀山 1972: 246-247)。

クリンプとは、羊毛繊維独特の波状巻縮のことであり、羊毛の内部を構成する異なった二つの角質組織(palacortexとoethocortex)の作用で、波状となって巻縮がしている(亀山 1972: 77)。繊度が細く、スケールが細かく数が多いこととクリンプの数が多いことが、メリノ種の繊維利用での価値を高めている。

メリノ種の急速な乾燥地域への分布は、フランス王のルイ16世が、ランブイゥの私園にメリノ種のヒツジの飼育場をつくったことにはじまり、今日では南アフリカ、オーストラリア、南アメリカでは最も重要な品種となり、羊毛衣料において利用されている(ゾイナー 1983: 215-216)。

5. 寒冷地で生まれる下毛

繊細さが価値となって取引された毛として重要な位置にあるのが、カシミア・ショールで知られるカシミアヤギである。カシミアヤギは寒冷地域で生息し、寒さから身を守るために、非常に繊細な下毛をびっしりと密生させている。この下毛は繊細かつ、ぬめり感があるとともに、柔らかいといった特徴を備えている。そのため、薄くて軽くても保温性を保つ衣料をつくることができる。このような特性をもつカシミアヤギによるショールは19世紀のヨーロッパで大流行した(レヴィ=ストロース 1988)。

同じく寒冷地域に生息する動物の毛利用で特質すべきものは、ジャコウウシである。ジャコウウシは、偶蹄目のなかで最も北方に生息し、現在はアラスカ、カナダ北部およびグリーンランドに分布している。上毛は粗いが、下毛は非常に柔らかく密生している(西村 2003: 67-68)。

ジャコウウシは野生種のため、落ちた毛を集めるなど少量しか採集できず衣料素材として珍重されてきた。近年、アラスカでは、ジャコウウシを半家畜の状態で飼養にとりくみ、下毛を用いて保温性の富んだ衣料の製品化を進めてい

る(Hellfferich 2003)。このように寒冷地域で暮らす動物の下毛はその保温性から衣料繊維として重要視されてきた。

6. ラクダ科動物の毛利用

　ヒツジのメリノ種と同様に、衣料用繊維の重要なものとして、アンデスのラクダ科動物の毛利用がある。ラクダ科動物のアルパカとビクーニャは、繊維が細く柔らかく強靱で、光沢と弾力性があり、染色性にも富むことから繊維利用において重要な位置にある(鈴木: 1999: 65; 西村 2003: 64)。

　一方、ラクダ科動物の毛は縮絨しにくい特徴がある。前述したように、絡まりやすい繊維の特徴には、繊維が巻縮していること、表皮の鱗片組織が細かく数が多いことが挙げられる。しかし、ラクダ科動物の繊維は、巻縮が少なく、鱗片組織の1つが大きく数が少ない。さらに、繊維内の空洞率が高いために縮絨しにくい特徴を持っている(鈴木 1999: 65)。ラクダ科動物が棲息する南米においてフェルト文化が発達しなかったことは、このような繊維の特徴が関係ししている。

　また、野生種の毛利用の特徴的なものにビクーニャがあげられる。野生種のビクーニャの毛は、アルパカより繊細で質が良いことに加えて、家畜化されていない野生動物としての希少性から高級素材として取引されている。インカ時代には皇帝の衣装として珍重されていたほどである(稲村 2007: 283)。

　現在、ペルーではインカ時代に行われていた「チャク」とよばれる野生動物を一か所に追い込み、素手で動物を捕獲する追い込み猟が復活している。このように野生種を確保し、毛を刈ったあと、生きたまま解放するという毛利用もある(稲村 2007: 279-296)。

　さらに、ラクダ科動物として旧大陸のフタコブラクダとヒトコブラクダの毛利用もある。モンゴルでは、フタコブラクダの毛が縫い糸として用いられている(小長谷 1996: 19)。ヒトコブラクダの東限にあたるインド西部では、ラクダの毛で紐や放牧用袋などがつくられている(上羽 2006、**写真4-1、4-2**)。

7. 剛毛の特徴と機能

　毛利用のなかには、衣料用としての繊細さではなく、剛毛(ごうもう)特有の粗さを活かしたものもみられる。

　カシミアヤギやアンゴラヤギは毛利用を目的として飼養されている。一方、これら以外の多くのヤギは、毛利用以外を目的として飼養され、その上毛は一般的に粗く、下毛は少ないことが特徴となっている(ゾイナー 1983: 162)。

　このような粗いヤギの黒い毛を用いたテント式住居(黒天幕)の分布領域は、サハラ砂漠以北から西アジア、中央アジア、南アジアまでとなる(フェーガー 1985: 10、松井 2001)。これはヤギがウシの飼育に適した植物と水の不足する地域や、ヒツジよりも刺の多い灌木(かんぼく)が草よりも優位を占める土地でも生活ができるからである。そのため、ヤギは世界中の山岳地帯や乾燥したステップに好んで飼育されてきた(ゾイナー 1983: 160-161)。

　黒天幕の紡織糸や紐は、引っ張りに対して強靭である。これはヤギの剛毛をもちいたからこそ生み出すことができる。もし、ヒツジの縮毛や前述したような柔らかいヤギの下毛でつくった場合、使用時に張力がかかると伸びすぎてしまい機能的ではない(フェーガー 1985: 11)。剛毛であるがゆえに、容易に繊維と繊維が絡まりにくく、そのため一定以上のきつい撚りをかけて糸紡ぎをする必要がある。その結果、剛強な糸や紐をつくることができるのである(上羽 2006: 81-120)。

　さらに、黒いヤギの毛による黒天幕は、「大量の熱を吸収する一方で、織り布の粗い目が熱を放散するので、天幕の内部は摂氏で10度から15度ほど外部より涼しい。他国から来て砂漠を旅するヒトは、自分たちの厚織綿布天幕の内部のほうが黒天幕の内部よりかなり暑いのに気付く」(フェーガー 1985: 13)とあり、灼熱の地での天幕として適した機能を備えている。

　同じく剛毛の利用には、ヤクの毛のテント式住居がある。ヤクはヒマラヤ高地に生息し、全身が黒色の長毛に覆われている。ヤクの腹部の毛を用いてテント用の織糸や紐がつくれている(フェーガー 1985: 65)。「天幕地の粗い織目からは日光が漏れるが、毛に含まれている天然の油脂分がある上に、天幕の中で燃やしたヤクの糞の脂っぽい煙が天幕地の目を塞ぐので、自然に防水の役を果

たし、使い始めるとすぐに天幕は雨を通さなくなる」（フェーガー 1985: 65-66）
とその機能が指摘されている。

　家畜化されたヤクには、時に全身白色の個体が現れる。そうした個体の尾の
長い毛は、中国で旗飾りや吹き流し、あるいは払子などとして、またヨーロッ
パに輸出されて、かつらの材料という特異な使われ方もしている（西村 2003:
67）。

　さらに、剛毛を活かした特色ある加工技法として、ネパールの織フェルトが
ある。これはヒツジ飼養の副産物としての剛毛が、そのままでは繊細な細い糸
を紡ぐことができないという欠点を補うための技法である。まず、太い糸に紡
ぎ、その糸を粗く織る。その粗い布を縮絨することで、織り目を緻密にして上
着や寝具、敷物として利用している（上羽 2013: 68-69）。このような織フェル
トという加工技法を用いて、剛毛を活用させた毛利用もある。

8. コシと張りを活かして

　毛利用のなかには、コシや張りのある毛を活かして、筆や弓、釣り糸など
にしているものもある。それらは、ブタやイノシシ、シカ、タヌキ、イタチ、
ジャコウネコ、リス、ウマなどのたてがみや尻尾、ウシの尻尾など多岐にわた
る。

　例えば、タヌキの毛は化粧筆などに用いられる。タヌキは東アジア固有のイ
ヌ科動物で、毛質がよく、中国より北海道や東北地方のものが最も品質が優れ
ているといわれる（西村 2003: 63-64）。

　また、ウマの尻尾の毛（馬素）は、裏ごし器の網面に使用されている。金属製
の網面に比べて、馬素は弾力があり食材の繊維を切らないため、口当たりがよ
いとされている。また、食材に金気がつかないということでも重宝されている。
さらに、馬素は釣り糸や弓、韓国では帽子、モンゴルではたてがみとともに紐
や縫い糸といったさまざまな利用をみることができる。

9. おわりに ── 持続可能な家畜の毛利用にむけて ──

　本稿では、毛の特徴と加工技法に注目しながら、世界の家畜の毛利用の動態を紹介してきた。上述してきたように、世界にはそれぞれの毛の特徴を活かした多様な加工技法があり、各地域社会において、使途に応じた製品づくりが展開されてきた。それらの製品は、糸や紐、織物、衣料にとどまらず、テントの構造物といった住居に欠かせない重要な役割を果たしているものもある。

　このような家畜種の毛利用は、大きく二つに分けることができる。一つはメリノ種など衣料としての毛利用を目的として飼養されているものである。ここでは、縮絨や糸づくりに向いている繊維への改良や、繊維の収量を引き上げることを目的とした改良が進められてきた。もう一つは、毛以外の用畜を目的として飼養され、副産物として毛利用を行っているものである。乳や肉の利用を目的として飼養される動物の毛の多くは、織物をするための細い糸を紡ぐ出すことには適していない剛毛である。しかし、人々は剛毛という特徴を逆手にとり、地域社会での特徴ある加工技法を用いて、紐やテントなど特色ある製品を生みだしている。

　また、動物を殺すことなく持続可能な毛利用は、人類にとって画期的な発見であったと考えられる。一方、近年、アパレル産業において大量生産・大量廃棄の産業構造が問題視されている。そういったなかで、環境や社会に配慮して生産・流通された商品を意味するエシカル・ファッションが注目をあびている。

　例えば、その一つに動物愛護の観点からの取り組みとして「ノンミュールジングウール(Non-mulesing wool)」がある。品種改良を重ねたメリノ種は、皺が深く、臀部や陰部に糞がたまりやすく蛆虫がわきやすい。これを防ぐため臀部(陰部)の皮膚と肉を切るミュールジングは殺すより残虐な行為として大手ファッション企業が続々と使用の中止を発表している(ファーストリテイリング 2024 ほか)。このような動きは、アンゴラヤギやアンゴラウサギ、モヘヤなどの使用中止にもみられる。

　持続可能な家畜の毛利用を考えたとき、副産物としての毛利用についても注目し、家畜に必要以上の負荷を与えず資源として利用しつづける地域社会の判断がより必要となってくるだろう。

第 4 章　家畜の毛の加工技法と利用

● 文　　献

稲村哲也（2007）：「野生動物ビクーニャの捕獲と毛刈り ―― インカの追い込み猟「チャク」とその復活」、山本紀夫（編）『アンデス高地』、京都大学学術出版会、279-296 頁。

上羽陽子（2013）：「ネパールの織フェルト技術」、季刊民族学 144: 68-69。

上羽陽子（2006）：『インド・ラバーリー社会の染織と儀礼 ―― ラクダとともに生きる人びと ――』、昭和堂。

亀山克巳（1972）：『羊毛事典』、日本羊毛産業協議会。

鈴木三八子（1999）：『アンデスの染織技法 ―― 織技と組織図 ――』、紫紅社。

ゾイナー, F. E.／国分直一・木村伸義（訳）（1983）：『家畜の歴史』、法政大学出版局。

鳥居恵美子（2007）：「ラクダ科動物の毛を利用した染織文化」、山本紀夫（編）『アンデス高地』、京都大学学術出版会、387-405 頁。

西村三郎（2003）：『毛皮と人間の歴史』、紀伊国屋書店。

日本化学繊維協会（編）（2016）：『繊維ハンドブック』、日本化学繊維協会資料頒布会。

小長谷有紀（1996）：『モンゴル草原の生活世界』、朝日新聞社。

ファーストリテイリングホームページ：「責任ある原材料調達」,（https://www.fastretailing.com/jp/sustainability/products/procurement.html.）（2024.11.27 確認）

フェーガー, T.／梅棹忠夫（監修）、磯野義人（訳）（1985）『天幕 ―― 遊牧民と狩猟民のすまい ――』、エス・ピー・エス出版。

松井 健（2001）：『遊牧という文化 ―― 移動の生活戦略 ――』、吉川弘文館。

森 彰（1970）：『図説羊の品種』、養賢堂。

山本紀夫（編）『アンデス高地』、京都大学学術出版会、279-296 頁。

楊 海英（1999）：「モンゴルのフェルト作り ――「母」から「娘」へ ――」鈴木清史・山本 誠（編）『装いの人類学』、人文書院、35-52 頁。

レヴィ＝ストロース, M.／深井晃子（訳）（1988）：『カシミア・ショール ―― 歴史とデザイン ――』、平凡社。

渡辺和之（2009）：『羊飼いの民族誌 ―― ネパール移牧社会の資源利用と社会関係 ――』、明石書店。

Aspin, C. (1982): *The woolen industry*. Aylsbury, Bucks: Shire.

Gillow, J. and Bryan, S. (1999): *World Textiles-A Visual Guide to Traditional Techniques*. A Bulfinch Press Book and Little, Brown Company, Boston, New York and London.

Great Britain Board of Trade (1947) : *Wool*. H.M.S.O., London.

Hellfferich, D. (2003): "The Muskox: a new northern farm animal. Fairbanks: University of Alaska Fairbanks", School of Natural Resources and Extension.

Hotchberg, B. (1980) *Handspindles*. B. & B. Hochberg.

Ryder, M. L. (1983) *Sheep and man*. Duckworth, London.

コラム1　在来から外来種へ
―― ネパール・ルンビニのブタをたずねて ――

渡辺和之・黒澤弥悦

　「タライだよ。山じゃないんだ。イノシシに近いブタがいるのは」。バングラデシュでみるようなイノシシに近いブタをネパールではみたことがないという渡辺に対し、黒澤は力説した。黒澤は、ブッダの生誕地として知られるルンビニに向かうブトワルのバスパークの広場やその周辺で放し飼い(**写真1**)しているのを1989年にみた。それで、現在でもまだいるのか、23年後の2012年3月に渡辺がブトワルとルンビニに行ってきた。

　カトマンズからバスで7時間、まずインド国境近くのブトワルの町に着いた。しかし、ここはすっかり都市化してしまいブタを飼っているという気配は感じられなかった。そこで今回の目的地であるルンビニに向かった。ブトワルからルンビニへはタライ平原を西に2kmである(**写真2**)。バスの終点がルンビニ・バスパークである。黒澤が23年前に訪れた時には空き地にバスが停まっているだけの場所だったが、現在ではブトワルと同様バスパークを取り巻くように商店やホテルが並んでいる。広場にブタの姿はない。そこで、付近の人に「ここにイノシシのような暗褐色の毛色をしたブタはいるか」と聞いてみた。

写真1　a ブトワルのバスパークのゴミ捨て場に向かうブタの群れ　b ルンビニ向かう途中に出会ったブタの移動放牧　ブタはイノシシのようにも見える(1989年12月、黒澤弥悦撮影)

すると、「バザールのなかにブタはいない」という。しかし、「周囲の村にブタはいるし、ブタを買いつけにゆくという人もいる」。「その人に会ってみたい」というと、「では明日6時半に来い」とのこと。幸先のよいスタートになった。

写真2　ルンビニ・バスパーク
（2012年3月4日、渡辺和之撮影）

翌朝、一人の老人を紹介された。この老人はこれからホーリーという春の訪れを祝うヒンドゥー教の祭りのためにブタを買いつけにゆくとのことである。一緒に連れて行ってくれるというので、案内を願い出た。

まず、マヒルワール村に行った。バスパークから南に15分歩いた所にある村である。この辺りの住民はマデシと呼ばれるインド系の住民である。ボジ

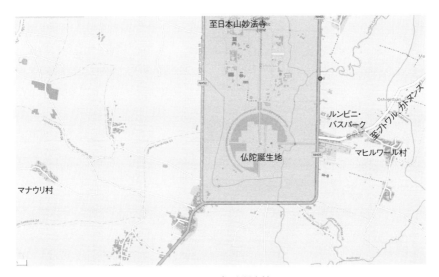

図1　ルンビニと調査村
出典：Open Street Map（https://www.openstreetmap.org/copyright/en）をもとに筆者作成

写真3　マヒルワール村で舎飼いする白色系のブタ
（渡辺和之撮影）

写真4　マナウリ村で日帰り放牧するブタ
（渡辺和之撮影）

写真5　マナウリ村で日帰り放牧するブタ　在来種の痕跡も残している（渡辺和之撮影）

プーリ語方言を話し、ネパール語を話せない人も多い。この村の住民はハルジャンというカーストに属す。ブタは畜舎で飼っており、放牧はしていないという。しかし、畜舎のなかを見せてもらうと、明らかに西洋系の改良品種の白色系のブタであった（**写真3**）。

次に、マナウリ村を訪れた。バスパークから北西に自転車で40分ほど行った所にある村である。村人のカーストはパーシーである。やはりボジプール語方言を話すという。この村では西洋系のブタによって雑種化された白色系のブタ、それに白黒斑のブタが飼われていた（**写真4**）。ただ、体型や耳の特徴、また長いタテガミなど、在来種的な痕跡も留めているが（**写真4、5**）、西洋系の白色系のブタとの混血も近年進んでいることがうかがわれる（**写真6**）。1軒の農家が飼育するブタの数も成獣だけで4〜5頭おり、幼獣まで含めると20頭以上いる。山地の農民が飼育する

ブタの頭数よりも多いことがわかる。

これらのブタは日中には放牧に出すが、夜間にはコール(Khor)と呼ぶ母屋に敷設した畜舎に入れている。放牧のほかにコレ(Khole)というエサ(稲わらやチウラという米の強飯の粉を水に混ぜたもの)を朝夕2回与えている(**写真7**)。子ブタの乳頭数を調べてみたところ、5対(10個)のものから雑種化の影響のある7対(14個)を有する個体までみられた。また、その配列は対称的ではなく、西洋系のブタによる雑種化の影響とも思えた(**写真8**a)。

ブタを飼う農民によると、この辺りには野生のイノシシが生息しており、村の農作物

写真6　マナウリ村で日帰り放牧するブタ　改良品種との混血は近年すすみつつある(渡辺和之撮影)

写真7　放牧から帰ったブタ群は飼料を食べて、畜舎に入る(渡辺和之撮影)

を食い荒らす被害があるとのことである。イノシシの狩猟はしないのかと聞くと、ルンビニは聖地であり、保護区でもあるので、狩猟ができないとのことである。保護区の外でなら鉄砲を使ってイノシシの狩猟をしている人もいるという。また、イノシシを捕まえて飼育している人はいるのかと聞いた所、オスのイノシシには鋭い牙があり、暴れると危険なので、そういうことをしている人はこの辺りの村にはいないとの答えが返ってきた。さらに、ブタとイノシシが自然交配する可能性があるかたずねた所、夜は畜舎に入れるし、放牧中は農民がついていくので、そのようなことは起きないとのことである。

ただし、かつては放し飼いであったので、ルンビニ周辺においても、ブタと

コラム1 在来から外来種へ

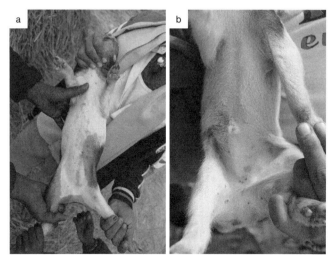

写真8　a マナウリ村で飼養する子ブタの5対の乳頭　b 7対の乳頭 左右対称ではない（渡辺和之撮影）

　イノシシの自然交配が起きた可能性はある。イノシシの飼育についても、保護区の外では可能性はある。実際にイノシシを飼い馴らして連れ歩く人（**写真9**）やイノシシと見分けることができないブタ集団（**写真10**）を23年前に黒澤は観察している。一方で、今回、ルンビニでみたように、タライ平原においても、北インドで飼養される西洋系の白色系のブタがネパール国内に入ってきている。その影響で、タライに残る在来種の暗褐色のブタが近年急速に雑種化していることが伺われる。かつて黒澤がブトワルでみたイノシシに近いブタ（**写真10**）が今でもまだタライ平原のどこかにいるのか。調査は緊急を要する課題といえよう。

　ちなみに、**写真11**は首都カトマンズ旧市街の北部ラインチョール地区の肉屋で撮影したものである。観光客向けの安宿街が並ぶタメル地区の北の外れに、毎週土曜日の朝になると、イノシシの肉を売る店が出店する。値段はブタ肉の3倍もする。牙やタテガミの形状をみると、ブタというよりはイノシシの特徴がみてとれる。店主によると、ラスワ郡とチトワン郡から持ってくるという。どちらも有名な国立公園の近くに位置する。前者のラスワ郡はカトマンズの北にあり、その多くがヒマラヤ・トレッキングで知られるランタン国立公園

に含まれる。後者のチトワン郡はカトマンズの南、野生動物の保護で有名なチトワン国立公園がある。これらの地域において、保護区内のイノシシが保護区の外に出没し、農作物の獣害として狩猟の対象になっていてもおかしくない。

だが、店主にこれらの郡のどこで捕獲されたものなのかたずねてみたところ、商売上の秘密だとそれ以上教えてくれなかった。後日、ラスワ郡にも行ってみたが、国立公園に通じる道路には検問があり、野生動植物の持ち出しは固く厳禁されている(発覚すれば、その場で没収される)。同様にチトワン郡で調査する橘健一氏に国立公園から離れ

写真9 カトマンズからタライ地方に向かう途中に出会ったイノシシを飼い馴らし連れ歩く人(1989年12月、黒澤弥悦撮影)

写真10 イノシシとは判別のつかないタライ地方(ルンビニ周辺)のブタ(1989年12月、黒澤弥悦撮影)

写真11 カトマンズで販売するイノシシ肉(渡辺和之撮影)

た場所でイノシシの肉を売る店がないか聞いてもらったが、知っているという人はいなかったという。イノシシの肉を販売する試みはネパール国内でも行われているが、その生産地や生産方法は依然として謎である。

第Ⅱ部 文化に根ざした家畜・家禽飼育

放し飼いされるブタ（ケニア、第8章参照）

第5章

家禽卵文化としての
フィリピンのウズラ飼育と卵利用

辻　貴志

1. はじめに

　人間は「鳥を使う文化」を発達させてきた(奥野 2019；細川 2019)。人間は野生の鳥を自らの多様な目的のために家禽化し、そばに置くことを選んだ。よって、家禽は経済性のみにとらわれない利益を得るための対象として、人間の身近に置いて管理する必要がある。それは、鳥の姿や鳴き声を愛でる、鳥を闘わせてお金を賭ける、鳥を用いて野生生物を捕える、鳥を商品として売買する(菅 2021)、そして鳥の肉や卵を消費するといった行為の体系である。本稿は、鳥に関する人類学的研究であり、人間が自らの生存のためだけでなく、文化要素、余暇や楽しみ、そして道徳を育む(バークヘッド 2023)ために鳥を利用する営みと、鳥との総合的関係を解明するための学術領域を占める。そのなかでも、本稿は、鳥を飼育し、卵を利用する行為に着目する。

　鳥を飼育し、卵を利用する営みは世界中で確認できる。本稿の対象地域であるフィリピンでは、家禽卵を独特な文化様式で消費する。例えば、アヒルの卵を孵化させる過程の胎児を食するバロット(*balut*)は、フィリピン人のアイデンティティとして、同国の家禽卵文化の特徴を世界的に知らしめる代表例である(Alejandria *et al.* 2019; Magat 2020)[1]。そのほかにも、赤く着色したアヒルの塩漬け卵(*itlog na pula*)も市場で広く確認できる。中華料理店では、アヒルの卵を発酵させたピータン(*century egg*)も確認できる。長距離バスの駅や通りでは、ニワトリやウズラのゆで卵を売る行商人を普通にみかける(Fernandez

---

1)　アヒルの卵のなかの胎児を食する慣行は中国、ベトナム、カンボジア、タイ、ラオスでも確認できる。中国ではそれを雛仔蛋、ベトナムではホビロン、カンボジアではポンティアコーン、タイではカイカーオ、ラオスではカイルークと呼ぶ。

2024)。以上のように、家禽卵の用途は広く、同国の食文化や社会文化に浸透している。

フィリピンでは、普遍的な食材としてのほか、農業に幅広く適応性が高いことから、家禽は最も人気のある農業用動物である(Arboleda and Lambio 2010)。また、同国は世界で最大の闘鶏大国であり(ロウラー 2016)、家禽は強い娯楽の要素を併せ持つ。さらに、フィリピン人は家禽卵を好んで売買し、消費する。人々の家禽卵に対する食の嗜好性は強い。そこで本研究は、家禽卵の生産から消費にかけての人々の営みを「家禽卵文化」と定義する。家禽卵文化は、同国で色濃く確認できる。そこには、卵が単においしいという理由で好んで食されることはもちろん、その莫大な卵の消費の背景には、必ず人間の健康にプラスに貢献し、かつ農業的にも経済的にも確実に市民に行きわたる原材料という位置づけが成立している(遠藤 2010)。

本稿では、フィリピンの家禽卵文化のなかでも、ウズラの飼育と卵利用に着目する。人類によるウズラの家禽化は、4000 年以上前に遡る(Rodendale 2015)。ウズラは可愛く、鳴き声も独特で、オス同士はよく闘うことから、古代ローマで飼育対象となった(ゾイナー 1983)。闘鶏(とうじゅん)は、現在でも中国、イタリア、西アジアで行われている(細川 2023)。また、ウズラはゲームハンティング用の鳥としても飼育される(Caravaca *et al.* 2022)。南ヨーロッパ、エジプト、西アジアでは、渡りの季節に、あらゆる手を尽くしてウズラを狩猟した(ゾイナー 1983)。16 世紀から 17 世紀頃のイギリスでは鷹狩りが行われ、タカを飼う経済的余裕のない人々は罠と網を使ってウズラを捕獲した(ハーティング 1993)。このように、狩猟および闘鶏の対象としてウズラは古くから注目を浴びてきた(Hussain and Ambreen 2023)。さらに、高い卵の生産性が望める点で、人間にとって理想的な飼育動物である(Rodendale 2015; Adeoti and Baruwa 2019)。

フィリピンでは、ウズラを一般的にプグ(*pugo*)と呼ぶ。同国のウズラは日本原産のニホンウズラ(*Coturnix japonica*)であり、少なくとも 17 世紀には日本から同国に移入されていた記録がある(モルガ 1966)[2]。ニホンウズラが、パラワン島では主要なブッシュミートを得るための狩猟対象であると同時に飼育

---

[2]　フィリピンでは、ウズラは迷鳥として確認されている(佐野 2009)。

対象である(辻 2016, 2020; Tsuji 2019)[3]。ウズラの飼育と卵の利用は、フィリピン人の間で家禽卵文化として根づいている。その事実は、同国における人とウズラの関係を明らかにするうえで重要である[4]。

ウズラはキジ目キジ科に分類され、旧世界ウズラ(Old World quail)と新世界ウズラ(New World quail)に大別できる。前者は数千年にわたる家禽化を経験し、後者は人馴れしにくい(Rodendale 2015)。ウズラ属(*Coturnix*)は、新世界ウズラのなかで最も人間に慣れやすく飼育に適しており、ほとんど世話やとりあつかいに注意を要することはない。

フィリピンでは、ウズラは少ない資金かつスペースで商業レベルで飼育でき、ニワトリよりも滋養のある食料資源という伝統的観念がある。ウズラの卵はピクルス、濃口ソースを使った魚料理(*sarciado*)、野菜とエビの炒めものをはじめフィリピン料理に欠かせない素材である。かつ、タンパク質を多く含み、低脂肪である(Lambio *et al.* 2010)。くわえて、乗り物での長距離移動の際には腹の足しになり、ストリートフードとして人気があり[5]、世間でその卵の需要は高い。

本稿はウズラを事例に、フィリピンの家禽卵文化を解明するための試論である。ウズラに関する先行研究は比較的古くから確認でき、チャールズ・グロスによるウズラ飼育と卵利用に関する古典的な研究(Gross 1898, 1902)がある。そのほかにも、キンバリー・チェンらのニホンウズラの生態に関する生物学的研究(Cheng *et al.* 2010)が体系的な研究と評価できる。ウズラに関する研究は、主に遺伝学、栄養学、生理学、病理学、行動学、生物学の分野の研究からなり、なかでも生物学的研究が多い(Mills *et al.* 1997; Minvielle 2004)。ウズラは実験動物としても有用性が認められる(高橋ら 2011)。海外の一般的かつ入手しや

---

[3] パラワン島の先住民は、絞め罠や落とし蓋式罠を用いてウズラを捕獲する(辻 2016, 2020; Tsuji 2019)。

[4] そのほか、フィリピンの代表的な鳥類図鑑には、ウズラ科のヒメウズラ(*C. chinensis*)に加え、ミフウズラ科のヒメミフウズラ(*Turnix sylvatica*)、フィリピンヒメミフウズラ(*T. worcesteri*)、ミフウズラ(*T. suscitator*)、ルソンミフウズラ(*T. ocellata*)が記載されている(Kennedy *et al.* 2000)。パラワン島ではミフウズラは *toking* と呼ばれ、ニホンウズラとともに狩猟の対象鳥である(辻 2016, 2020; Tsuji 2019)。なお、世界にはおよそ130種を超えるウズラがいるが、飼育に適したものは一握りの種類にすぎない(Rodendale 2015)。

[5] フィリピンでは、ストリートフードは、時間のない人々にとって便利なだけでなく、苦境のときに盛んになる経済現象である(Fernandez 2024)。

すい文献は、ウズラの飼育方法と採卵による利益に着目した即物的なマニュアル本が多くを占める(Rodendale 2015; Mondry 2016)。本邦では、ウズラの分類と家禽化の歴史を扱った佐野晶子の遺伝学的研究(佐野 2003)がウズラ研究の最高峰である。佐野の視点は、ウズラの世界的分布の探求にも及んでおり、旧世界ウズラと新世界ウズラの分布域のおおよそを示している。また、佐野は、ウズラの食文化についても造詣が深く、日本国内のウズラ卵関連商品に着目したユニークな研究を展開している(佐野 2023)。しかし、フィリピンのウズラについてはほとんど言及していない。よって、ウズラに関する以上の研究を踏まえ、本研究はフィリピンにおける家禽卵文化について、ウズラの飼育と卵利用を事例に人類学の視座から解明を試みる点で発展的余地と新規性が認められる。

　本研究では、フィリピンのなかでも筆者が25年近くにわたり調査研究を展開してきた同国西南部に位置するパラワン州パラワン島南部の事例について取り扱う。同地域の一般世帯によるウズラの飼育方法、採卵技術、卵の流通に関する基本的な情報を現地フィールドワークにより踏まえ、最終的に人々がなぜウズラを飼育するのか、その社会文化的理由について家禽卵文化の視座からの解明を目的とする。

2. 調査地および調査の概要

2.1. 調査地域

　ウズラの飼育と卵利用は、フィリピンで全国的に確認できる家禽卵文化である。本稿では、パラワン島南部を調査地域として選んだ。筆者は2000年以来、同地域で主に先住民の生業活動や社会変化に関する調査研究に携わってきた(辻 2005)。また、ウズラを含む野鳥の狩猟の道具と技術に関する物質文化的研究も併行してきた(辻 2016, 2020; Tsuji 2019)。本研究に関するフィールドワークは、パラワン島南部のケソン郡で実施した(図5-1)。

　ケソン郡は、パラワン島の州都プエルト・プリンセサから148km南に位置する。同郡は、世界文化遺産の暫定候補である4万7000年前のホモ・サピエンスの遺構として知られるタボン洞窟群で有名な土地柄である。同郡の総人口

第 5 章　家禽卵文化としてのフィリピンのウズラ飼育と卵利用

図 5-1　調査地の位置（筆者作成）

は 6 万 5283 人である（2020 年[6]）。

　同郡には島の先住民パラワン（Pala'wan）の人口が多いが、1950 年頃に本格化したフィリピン政府による島への入植政策の影響により、今日では島外から移住してきたキリスト教徒の人口が圧倒的に多い。同島の民族構成は多様であり、フィリピン諸島中部のビサヤ地域パナイ島出身のイロンゴ（Illongo）、先住民パラワン、ルソン島を出自とするタガログ（Tagalog）、ビサヤ地域やミンダナオ島を出身とするセブアノ（Cebuano）が中心である[7]。

　なお、パラワン島南部は 15 世紀にフィリピン南部で発生したスールー王朝の支配下に置かれたことから、その支配層であった同国南部のホロ島を出自とするタオスグ（Tausug）や、カガヤン・デ・タウィタウィ島を出自とするジャマ・マプン（Jama Mapun）といったムスリムの人口も目立つ。

---

6)　PhilAtlas（https://www.philatlas.com/luzon/mimaropa/palawan/quezon.html：2025 年 2 月 12 日閲覧）の情報に基づく。
7)　Municipality of Quezon（https://www.quezonpalawan.org/geo-physical-environment/：2025 年 2 月 12 日閲覧）の情報に基づく。

この地域の基本的な生業は、沿岸部の漁撈、低地部の水田稲作、山地部の焼畑農耕である。また、家畜飼養も小規模ながら幅広く確認できる（辻 2011, 2013, 2019; Masuno and Tsuji 2011）。

2.2. 調査方法

　調査方法は、聞き取りと観察を主に採用した。ケソン郡の中心地アルフォンソ III（Alfonzo III）に居住する、ウズラを飼育する世帯のなかでも調査助手の親戚であるタガログの人々を調査対象とした。1 世帯に対し具体的な調査を行い、ウズラの飼育と採卵方法、そして卵の流通に関して個人史の手法による聞き取りおよび観察を実施した。メインインフォーマントには、調査助手のイトコであるKw氏を選んだ。Kw氏と生計をともにするDa氏からも話をうかがった。

　本稿のための実地調査は、2023 年 7 月 28 日から 8 月 6 日にかけて行った。

　調査言語には、フィリピンおよびパラワン島の公用語であるタガログ語を用いた。

3. ウズラの飼育技術と卵の利用──メインインフォーマントの事例から──

3.1. ウズラ飼育の動機

　本研究のメインインフォーマントであるKw氏は、1973 年生まれである。フィリピンの首都マニラのケソン市出身であり、マニラの名門大学で土木工学を学んだ。早くから両親がパラワン島に移住していたこともあり、自らも2016 年にパラワン島ケソン郡に移住した。夫とは離婚し、現在、2013 年にパートナーとなったマニラ出身のDa氏、そしてKw氏の二人の連れ子とともにくらしている。職業は、主に電気通信会社のインターネット回線工事請負業、そして配送会社支店のオーナーでもある。自身を中流階級と位置づけるが、さまざまな事業を展開するビジネス精神に満ちあふれた女性である。

　Kw氏がウズラ飼育を始めた動機は、単に動物好きだという理由である。調査時点、ウズラ 23 羽、アヒル 17 羽を飼育していた。闘鶏用のニワトリ 1 羽、イヌも 4 頭飼っていた。ウズラはビジネス目的で飼育しており、アヒルは卵を

自家消費するために飼育していた。過去にブタの複数飼育もビジネス目的で行っていたが、豚コレラによりブタが壊滅し頓挫した。ウズラはニワトリに比べ病気に強いので飼育対象として選んだ。

ウズラ飼育を始めた2016年当初、1000羽のウズラをルソン島南部のバタンガス州のブリーダーから購入した。ウズラは船でバタンガス港からプエルト・プリンセサ港に運ばれた。入手したウズラ1羽あたりの値段は32ペソであった（2016年のレートでは、1ペソは約2.39円）。そして、最盛時にはウズラを約4000羽に増やし、1日5000個の卵を出荷するほどまでウズラの採卵ビジネスは軌道に乗った。しかし、隣近所から夜にウズラの鳴き声がうるさいとクレームがあり、しだいにウズラを大規模に飼育する情熱は失せた。とりわけ、オスは鳴き声がうるさい。現在では、ウズラの数を23羽に減らし、趣味として飼育を行っている。また、地域でウズラを飼育する人々は、コロナ禍で大きく減少した。

3.2. ウズラの飼育技術

Kw氏は、ウズラ飼育の知識を独学で身につけた。とくに、国家の農業省傘下の家畜開発議会（Livestock Development Council）が刊行し、同じく農業省傘下の農業訓練研究所（Agricultural Training Institute）が再刊行したマニュアル（Agricultural Training Institute, Department of Agriculture n.d.）から基本的なウズラ飼育の技術を学んだ。

ウズラのオスとメスは、喉元の羽毛の斑点で見分ける。斑点がないのがオス、斑点があるのがメスである（**写真5-1**）。また、卵の形が尖っていたらオス、丸みがあればメスという見分けもする（**写真5-2**）。

ウズラ（ニホンウズラ）は卵をほとんど抱かないので、インキュベーター（孵化装置）を用いて卵を孵化させ個体を増やす（**写真5-3**）。インキュベーターには12個ほどの卵を入れ、15〜17日間かけて孵化させる。Kw氏は、自家製のインキュベーターを用いていた。電球を照らして、その内部の温度を36.5〜37.8度に管理し孵化を促す。温湿度計を用いて湿度も管理し、14日目までは低く、15日目には高く温度を設定する。

ウズラは生後45日目には、毎日卵を産む[8]。ウズラの妊娠可能期間は1年間であり、寿命は2年である。歳をとったウズラは喉をかき切ってほふり、肉を食用にする[9]。ほふったウズラの頭部はイヌのエサにする。ウズラの肉は硬いので、圧力鍋を用いて肉を柔らかくしてからフライやマリネ(*adobo*)にして食べる。あるいは、食肉用として一個体当たり7〜20ペソで販売する(2023年7月31日の為替は、1ペソは約2.59円)。調理しやすい状態に加工した肉に高値がつく。換羽期(1か月間)にも、ウズラは卵を産まないのでほふる。

ウズラはケージに入れて飼育する(**写真5-4**)。ケージにはコメ

写真5-1　ウズラのオス(左)とメス(右)
(2023年7月31日、パラワン島ケソン郡、筆者撮影)

写真5-2　採卵されたウズラの卵
(2023年7月31日、パラワン島ケソン郡、筆者撮影)

のもみ殻を敷き詰める。もみ殻には消臭効果がある。Kw氏のウズラ飼育用のケージの横幅は246 cm、縦幅は90 cm、高さは78 cmであった。2022年まで、横幅88 cm、縦幅60 cm、高さ86 cmの小型のケージを使用していたが、動物福祉の観点からより大きなケージを利用するようになった。ケージにはカバーをかけ、ウズラが雨に濡れて病気にならないよう気をつける。オス1羽に対し、

---

8) 交尾は、オスが単独あるいは複数のメスを選択する。オスとメスはつがいとなり、営巣する。オスは巣の周辺をナワバリ化し、メスは卵を抱く。メスは16日間にわたり卵を温め、17日目に卵は孵化する(Rodendale 2015)。育雛期間はおよそ3週間であり、雌雄判別は早いほうがよい(Lambio *et al.* 2010)。

9) 余分なオスは、食肉用として飼育する(Lambio *et al.* 2010)。

第5章　家禽卵文化としてのフィリピンのウズラ飼育と卵利用　　133

写真 5-3　ウズラの卵を羽化させるためのインキュベーター(左)とその内部構造(右)
（2023年7月30日・31日、パラワン島ケソン郡、筆者撮影）

写真 5-4　ウズラを飼育するケージ(左)とそのなかのウズラ(右)
（2023年7月30日・31日、パラワン島ケソン郡、筆者撮影）

メス3羽の割合で飼育するのが繁殖上好ましい[10]。オスに首の毛を抜きとられた状態のメスが繁殖対象として人気が高い。

　エサは1日4回に分けて与える。とくに、ウズラは朝に卵を産むことから朝

---

10)　ランビオらによると、雌雄の割合は、オス1羽に対しメス4羽にするのが望ましい(Lambio et al. 2010)。

方に腹が空く。エサは家畜飼料店で入手する(写真5-5)。1キログラムあたり38ペソの「First to 22 days old booster」や45ペソの「45 days old」といった配合飼料を与える。1羽あたり1日に18〜22グラムのエサが必要である。

ウズラ飼育にはエサ代がかかる。一方で、ビタミン剤や抗生物質は与えない。なぜなら、ウズラは免疫力が強い鳥である。

ウズラの糞には、肥料としての価値がある。1990年代には動物産業局(Bureau of Animal Industry)が50キログラムあたり900ペソで買いとっていたが、現在は不明である。

写真5-5　家畜飼料店で販売されるウズラのエサ(2023年8月1日、パラワン島ケソン郡、筆者撮影)

3.3. ウズラの卵の流通

ウズラの卵の卸値は、1個あたり2〜2.5ペソである。100個単位で卵を出荷する。卵は、22日間常温で放っておいても腐らない。購入した人が卵をゆがき、少量の塩を付して1個あたり5ペソで販売する。4個入り20ペソ、あるいは6個入り30ペソで売る。卵の買い手は、市場の商店(**写真5-6**)、家禽の卵の卸売業者、バスやシャトルバスの駅でスナックを売る行商人、そして道端でウズラの卵を油で揚げたクウェッククウェック(*kwek-kwek*)を売る露天商である(**写真5-7**)。クウェッククウェックはほかの揚げ物とともに売られ、4個の卵を串刺しにしたものが20ペソ程度である。

写真5-6　公設市場で売られるウズラの卵(**写真中央**)(2023年8月1日、パラワン島ケソン郡、筆者撮影)

第5章　家禽卵文化としてのフィリピンのウズラ飼育と卵利用　　　135

写真 5-7　クウェッククウェックを売る露天商（左）とクウェッククウェック（写真中央の棚の右上）
（左写真：2023年8月1日、パラワン島ケソン郡、筆者撮影、右写真：2023年9月9日、メトロマニラ・ケソン市、Alessandra Marie W. Javier 撮影）

輸送コストがかかることから、パラワン島で生産されたウズラの卵は島内のみで流通する。

4. 考察と結論――「家禽卵文化」研究の今後に向けて――

　以上、フィリピンの局所の一事例であるが、インフォーマントへの聞き取りと観察をもとにウズラの飼育と卵利用について報告した。その結果、①個体の飼育、②インキュベーターを用いた卵の孵化、そして③卵の流通がウズラの家禽卵文化の基本的構成要素であることがわかった。また、これらの要素は、ウズラの個体数を増やし採卵することがビジネスとして成立、そして科学的な娯楽となっていることも示している。
　ウズラの飼育に関する先行研究（Rodendale 2015）によると、ウズラの寿命は2～5年である。本研究では、ウズラの寿命は1～2年であることが判明した。これは生涯寿命ではなく、妊娠可能な期間を指す。卵を産まない場合、ウズラは余計者扱いされることがうかがえた。換羽期にもウズラはほふられる。そこ

には、余分なウズラを飼育する経済的余裕がないことや、卵を生産する機械のようにウズラを扱う家禽卵産業や人間の負の側面が垣間みえる。ウズラの卵の生産から安易に利益を得ることを示したマニュアル本が多いことも、この問題を如実に示唆する。実際、メインインフォーマントであるKw氏のウズラ飼育技術もまた、一般的なマニュアル本に基づく。

　一方で、利益追求のためだけでなく、インキュベーターを用いてきわめて科学的な方法でウズラを飼育する営みが明らかとなった。これは卵を抱かないウズラに対しての人間の介入、すなわちドメスティケーションである。飼育という行為がドメスティケーションであるという捉え方が一般的であるのに対し、インキュベーターの使用にみられる科学的な人の生物への介入はドメスティケーションの最たる次元と位置づけることができる。このような知を深く探求する営みに耽ることにこそ人類は趣を置いてきたのではなかろうか。つまり、ウズラの飼育は、ドメスティケーションを起動させる要素である動物の家畜特性と人間側の動機（卯田2021）が見事な一致をみせる。

　ウズラを飼育する理由として、免疫力が高い鳥であるという回答も得た。免疫力の高さ以外にも、ウズラの社会文化的人気が指摘できる。例えば、ウズラの卵は、市場でニワトリの卵と並んで売られるほど人気が高い。つまり、人々から支持された家禽卵である。ウズラの卵は、ニワトリやアヒルの卵に比べて広く知られてはいないが、それらの隙間を埋め合わせるようにストリートフードや旅の合間のスナックとしてフィリピン人の間で根強い人気がある。すなわち、フィリピンにおけるウズラの飼育は、家禽卵文化の一翼を担っている。同国において、ウズラの飼育と卵利用は、人々の家計経済の助けとなることに加え、日常生活に彩を添える欠くことのできない文化要素なのである。

　以上、ウズラの飼育、卵の流通、そしてそれらを介したフィリピンの社会文化の一面について明らかにした。本調査はパラワン島ケソン郡で実施したが、ウズラの飼育と卵の利用は同国内で広く確認できる現象である。本研究のデータをもって同国のウズラの家禽卵文化を代表することは到底できないが、おおよそのあり方を示せた。

　フィリピン人が家禽のなかでも、とくにウズラの飼育と卵の利用に親しむ背景として、少ない資本とスペースで容易に参入できること、ウズラの卵に対す

る需要が社会的に高いことがうかがえる結果を得た。マニュアル本が存在することから、ウズラの飼育と卵利用は一見簡単である。しかし、資本に加え、ウズラを飼育し採卵するルーティーンをこなす辛抱強さ、そして卵を販売する人間関係の構築が必要であり、誰でも参入できるわけではないこともうかがえた。

このように、ウズラの卵の利用から、フィリピンの社会文化についてみえることは少なくない。ウズラの飼育は大規模な商業ベースのほか、家庭で細々と行う20羽程度の飼育でもビジネスが成り立つ。そして、卵を販売して少しでも家計を支えるべく、情熱を持って人々はウズラと向き合っている。

ウズラの卵は、ニワトリやアヒルの卵に比べてサイズがとりわけ小さい。しかし、ほかの家禽卵の人気と遜色ないのは、フィリピン人のウズラに対する文化的観念や嗜好が大きく反映していると考えられる。フィリピンでは、国家を挙げてウズラ飼育を推奨していることもそのことを支持する。

本章では、フィリピンの家禽卵文化について、ウズラ飼育と卵利用を事例に基づいて検証した。その結果、ウズラの飼育は趣味的な要素を強く帯びつつも、フィリピン人の家計経済を支える生業であり、その卵利用は人々の食の嗜好と社会文化に適合していると結論づけられる。

今後は、ウズラの飼育と卵の利用について広域的な聞き取りと観察を行うとともに、その他の家禽にも研究の幅を広げ、フィリピンを含むアジア地域の家禽卵文化に関する総合的研究を展開していく計画である。

＜謝　辞＞

調査地では、インフォーマントのKw氏とDa氏から、ウズラの飼育方法をはじめ多くの情報を供与いただいた。また、フィールドでの生活のあらゆる面倒をみていただいた。

本研究は、令和4年度在来家畜研究会特別会計補助による学術調査補助金（研究代表者：辻 貴志）により可能となった。また、令和4年度科学研究費基盤研究（C）（課題番号：22K01097）（研究代表者：辻 貴志）の一部を使用させていただいた。

以上、記して謝辞としたい。

● 文　献

卯田宗平（2021）：『鵜と人間 ―― 日本と中国, マケドニアの鵜飼をめぐる鳥類民俗学 ――』、東京大学出版会、東京。
遠藤秀紀（2010）：『ニワトリ ―― 愛を独り占めにした鳥 ――』、光文社。
奥野卓司（2019）：『鳥と人間の文化誌』、筑摩書房。
佐野晶子（2003）：「遺伝資源としてのウズラの可能性」、日本家禽学会誌 **40**：221-234。
佐野晶子（2009）：「ウズラ ―― 家禽化の歴史と現状 ――」、在来家畜研究会（編）『アジアの在来家畜 ―― 家畜の起源と系統史 ――』、名古屋大学出版会。
佐野晶子（2023）：「現代のウズラの食文化 ―― 市場調査におけるウズラ卵関連商品 ――」、在来家畜研究会報告（31）：39-52。
菅　豊（2021）：『鷹将軍と鶴の味噌汁 ―― 江戸の鳥の美食学（ガストロノミー） ――』、講談社。
ゾイナー、F. E.／国分直一・木村伸義（訳）（1983）：『家畜の歴史』、法政大学出版局。
高橋慎司・清水　明・川嶋貴治（2011）：「実験動物としてのウズラの有用性」、岡山実験動物研究会報 **27**：16-21。
辻　貴志（2005）：「パラワン島南部におけるモルボッグの漁撈活動の展開 ―― 焼畑低迷後の市場化とその今日的意義 ――」、エコソフィア **16**：73-86。
辻　貴志（2011）：「パラワン島南部の暮らしと家畜」、季刊民族学 **136**：52-54。
辻　貴志（2013）：「フィリピン・パラワン島焼畑農耕民モルボッグの家畜飼養 ―― その世帯経済上の戦略と社会・生態環境への対応 ――」、ビオストーリー **19**：95-101。
辻　貴志（2016）：「フィリピン・パラワン島南部の焼畑漁撈民パラワンの鳥の狩猟罠」、野田研一・奥野克巳（編）『鳥と人間をめぐる思考 ―― 環境文学と人類学の対話 ――』、勉誠出版、319-342 頁。
辻　貴志（2019）：「家畜を預託すること ―― フィリピン・パラワン島焼畑漁撈民パラワンの家畜飼養文化 ――」、生態人類学会ニューズレター **25**：27-32。
辻　貴志（2020）：「フィリピン・パラワン島パラワンの鳥罠に関する事例報告」、貝塚 **76**：11-20。
バークヘッド、ティム／黒沢令子（訳）（2023）：『人類を熱狂させた鳥たち ―― 食欲・収集欲・探究欲の 1 万 2000 年 ――』、築地書館。
ハーティング、ジェームズ・E.／関本榮一・髙橋昭三（訳）（1993）：『シェイクスピアの鳥類学』、博品社。
細川博昭（2019）：『鳥と人 ―― 交わりの文化誌 ――』、春秋社。
細川博昭（2023）：『鳥を読む ―― 文化鳥類学のススメ ――』、春秋社。
モルガ、アントニオ・デ／神吉敬三・箭内健次（訳）（1966）：『フィリピン諸島誌』、岩波書店。

ロウラー、アンドリュー／熊井ひろ美(訳) (2016)：『ニワトリ —— 人類を変えた大いなる鳥 —— 』、インターシフト。

Adeoti, S. O. and Baruwa, O. I. (2019): "Profitability and constraints of quail egg production in Southwestern Nigeria", *J. Exp. Agric. Int.* **33**(3): 1-10.

Agricultural Training Institute, Department of Agriculture. n.d. *Quail raising*. Quezon City: Livestock Development Council, Department of Agriculture(https://ati2.da.gov.ph/e-extension/content/sites/default/files/2023-03/Quail%20Raising.pdf: 2025.2.12閲覧).

Alejandria, M. C., De Vergara, T. I. M., and Colmenar, K. P. M. (2019): "The authentic balut: History, culture, and economy of a Philippine food icon", *J. Ethn. Foods.* **6**(16): 1-10.

Arboleda, C. R. and Lambio, A. L. (2010): "Introduction"., In *Lambio*, A. L. (ed.) *Poultry Production in the Tropics*, The University of the Philippines Press, Quezon City, pp. 1-15.

Caravaca, F. P., Camacho-Pinto, T., and González-Redondo, P. (2022): "The quail game farming sector in Spain", *Animals* **12**(22): 1-14.

Cheng, K. M., Bennett, D. C. and Mills, A. D. (2010): "The Japanese quail". In *The UFAW Handbook on the Care and Management of Laboratory and Other Research Animals*, Hubrecht, R. and Kirkwood, J. (eds.), Wiley-Blackwell, Oxford, pp. 655-673.

Fernandez, D. G. (2024): *Tikim: Essays on Philippine Food and Culture*, Anvil Publishing, Inc, Mandaluyong City.

Gross, C. (1898): *The Culture of the Quail, or How to Raise Quails for Profit*, O'Connor Printing Company, New York.

Gross, C. (1902): *Profit in Quail Breeding: The Tame Quail*, The Pet Stock News, Chicago.

Hussain, M. H. A. G. and Ambreen, M. (2023): "Terms, tools and techniques of quail hunt: An anthropological study of trends", *Wah Academia Journal of Social Sciences* **2**(1): 199-212.

Kennedy, R. S., Gonzales, P. C., Dickinson, E. C. *et al.* (2000) *A Guide to the Birds of the Philippines*, Oxford University Press, New York.

Lambio, A. L., Capitan, S. S., and Dagaas, C. T. (2010): "Production of native chickens and other poultry species", In *Poultry Production in the Tropics*, Lambio, A. L. (ed.), The University of the Philippines Press, Quezon City, pp. 160-201.

Magat, M. (2020): *Balut: Fertilized Eggs and the Making of Culinary Capital in the Filipino Diaspora*, Bloomsbury, United Kingdom.

Masuno, T. and Tsuji, T. (2011): "Current situation of family livestock husbandry in the hillside villages of Palawan Island, Philippines", In *Proceedings of the 3rd International Conference on Sustainable Animal Agriculture for Developing Countries (SAADC 2011)*, vol.3(3). Thailand: Jaopraya Printing, pp. 117-121.

Mills, A. D., Crawford, L. L., Domjan, M. *et al.* (1997): "The behavior of the Japanese or domestic quail", *Coturnix japonica. Neurosci. Biobehav. Rev.* **21**(3): 261-281.

Minvielle, F. (2004): "The future of Japanese quail for research and production", *J. World's Poult. Sci.* **60**: 500-507.

Mondry, R. (2016): *Quail Farming in Tropical Regions*, CTA Publishing, AD Wageningen.

Rodendale, R. (2015): *Quails as Pets: Quail Owners Manual: Quail Keeping Pros and Cons, Care, Housing, Diet and Health*, IMB Publishing, United Kingdom.

Tsuji, T. (2019): "An eco-material cultural study on bird traps among the Palawan of the Philippines", *Naditira Widya* **13**(1): 25-40.

第6章

タイ北部の農村開発における山地民の対応
—— ウシやバリケンの導入の試み ——

増野高司

1. はじめに

　タイ北部を含む東南アジア大陸部の農村では、水稲耕作や焼畑耕作などが営まれてきた。農村での活動というと農作物の栽培に目が行きがちだが、農民たちは農作物を栽培すると同時に、多くの場合、副業的に小規模な家畜飼育にも従事してきた。農村開発においても、農作物の栽培支援に加えて、家畜生産の拡大に関わる支援が続けられている。本報告が扱うタイでは、王室プロジェクトと呼ばれる、1975年に「国王考案プロジェクト特別委員会」が設立されたのを機に本格的に始動した、国王が自ら考案し、王室財産管理局や関連財団が費用を捻出する開発事業が実施されてきた(櫻田 2014: 47)。王室プロジェクトは、本報告で紹介する農村開発プロジェクトをはじめとして、水害対策プロジェクト、医療支援を目的としたプロジェクト、教育支援を目的としたプロジェクト、など極めて多岐にわたるプロジェクトを実施している。また、1970年代になると、「タイ－オーストラリア農村開発プロジェクト」に代表される国際プロジェクトが実施され、プロジェクトのなかで家畜を通じた農村開発の取り組みがなされている(Thai-Australian HAP 1980)。近年では、従来焼畑が営まれてきた山村において、焼畑に代わる生業の模索が続けられており、家畜飼育を収入に結びつける試みが始まっている。例えば、焼畑が禁止されたラオス北部では、これからの焼畑がとるべき方向性として、陸稲の栽培によって米を確保しつつ、家畜飼育を組み合わせながら、最適な非木材林産物を導入することが推奨されている(竹田 2008: 295)。農地の法的な登録が一段落し農地の拡大が困難になった現状において、農業活動ばかりではなく、副業として軽視されてきた小規模な家畜生産に開発の可能性が見いだされるようになっている。

本報告では、タイ北部の山地民の一つミエン（ヤオ）族が暮らす山村におけるウシ導入の事例およびバリケン導入の事例をみるなかで、これらの導入における問題点や、その飼育が立ちゆかなくなった理由を明らかにすることから、農村開発において現地の文化的側面を考慮することの重要性について考えてみる。

2. タイにおける山地民と国家政策

　タイ北部にはタイ族系でタイ語を第1言語として話し仏教を信仰するようないわゆる「一般的なタイ人（タイ北部ではコンムアン）」に加え、従来、山地民（タイ語でチャオ・カオ）と称されてきた、ミエン（ヤオ）、フモン（Hmong）、カレン、ラフ、アカ、ティン、リス、ラワ、クム（Khamu）、ムラブリといった少数民族の人々が暮らしている。例えば本稿が扱うミエン（ヤオ）族の人々は、中国南部を起源とし、ラオスなどを経て19世紀末以降にタイ北部に移り住んだ人々である（吉野 2005）。21世紀になると、タイ政府はタイ国籍を持つ山地民たちを中心に、彼らを一般のタイ国民であるとして山地民と呼ぶことはなくなっている。山地民と呼ばれてきた人々は、タイ語を学びタイ社会に溶け込みつつも、民族ごとにタイ語とは異なる民族独自の言語や民族独自の信仰を維持している。

　このように、いわゆる一般的なタイ人、とは異なる文化を持つ山地民の人々に対するタイ政府による政策の歴史を振り返ってみる[1]。1960年代になると、タイ政府は山地民の国家への同化政策などを推進するようになる（Kwanchewan 2006）。当時、山地民の人々の多くが国家の周縁地域に分布しており無国籍者も多かった。タイ政府は、例えば、住民登録や児童の義務教育への参加支援、そして土地政策などを通じ、さまざまな側面から、山地民への関与を深めていった。国境維持の目的などもあり、山地民の人々をタイ国家に取り込むことが重要と考えられたのだ。また1970年代に森林減少がタイの国家的な問題として認識されるようになると、森林伐採の禁止や森林保護区の設定などが行われるようになった。これらの森林政策や土地政策は山地民らが従事していた焼畑を始めとする農業活動や、狩猟採集活動などに政府が直接的に

1）山地民政策の歴史については片岡（2013）が詳しい。

干渉するものだった。これらの政策は、タイ政府が山地民との関与を深めることで、国家への山地民の同化を推進する方法の一つだったともいえる。

1960年代以降に、タイ北部の山間地域で問題とされたのがアヘンケシ(阿片ケシ opium poppy)の栽培である(Renard 2001)。タイ北部では標高1000m以上の地域においてアヘンケシが盛んに栽培された。アヘンケシの栽培には冷涼な環境が適しているためだと聞いている。タイ政府がアヘンケシの栽培を禁止すると、地域住民は、この高標高地域を利用したアヘンケシ栽培に変わる新たな経済活動を模索するようになる。

アヘンケシを育てると花が咲いた後に、日本ではケシ坊主と呼ばれる、球形の蒴果ができる。この蒴果に切れ込みを入れると乳液が流れだす。この乳液を集めて乾燥し加工したものがアヘン(生アヘン)である。このアヘンを原料としてからモルヒネ(鎮痛剤)やヘロイン(凶悪で知られる麻薬)が精製される。

アヘンの販売は、大きな収入に繋がったことから、多くの山地民がタイの山間部に移住し、アヘンケシの栽培に従事することになった。ミエンの人に聞くと、コンムアンと呼ばれるタイ人たちも山へやってきてアヘンケシを栽培していたと述べる。アヘンケシの栽培適地である標高1000mを超える山間地域は、アヘンケシが栽培される以前には、丘陵であることに加え、陸稲の育ちが悪く、あまり利用する人が少なかった。そこへ山地民の人々などが移住したのだ。

アヘンケシの栽培については、アヘン中毒に陥る者が現れたりしたことも問題とされたが、何よりもアヘンの販売が反政府活動に従事するゲリラたちの活動の資金源となっていたことが大きな問題となっていた。タイ政府はアヘンケシの栽培撲滅に向けた活動を開始した。そして同時に、ケシ栽培に従事する山地民の人々などには、アヘンの販売を現金獲得の手段とする生計活動からの脱却に向けて、アヘンケシに変わる換金作物の栽培が奨励された。このアヘンケシに変わる換金作物栽培の推進に関し、王室プロジェクトが大きな役割を果たしたとされている(HRDI 2007)。

3. ミエンの暮らしと家畜飼育

タイ北部の山間地域に移り住んだミエンの人々は、かつては焼畑に従事する

ことが多かった。ただし中国南部をみてみると、ミエンの人々は丘陵地での焼畑に限らず、水稲耕作(棚田の利用も含む)や常畑での農作物の栽培(段々畑の利用も含む)、そして林業など多様な生業に従事する人々である。焼畑はミエンのさまざまな生業のなかにおける選択肢の一つである(増野 2009: 187)。また、中国南部のミエンは、アヘンケシ栽培に従事する集団ではない。タイ北部やラオス北部に移住したミエンの人々のなかに、1960年代から1980年代頃を中心に、アヘンケシ栽培に従事することで、大きな収入を得ようとした者がいただけである。

　本稿が事例としてとりあげるPD村は、タイ北部のラオスとの国境部、山の山腹(標高950m)に位置するミエンが暮らす山村で、人口は約130名である(図6-1)。この場所に集落ができてから100年以上が経過している。集落の裏山の山頂は標高1500mで、裏山(標高950〜1500mの地域)では1980年代頃まで、アヘンケシが栽培されていたが、1990年代になると、この裏山は「ドイパーモン水源管理域」と呼ばれる水源地の涵養を目的とした森林保護区に設定され、森林局が管理する土地となった。このため、基本的に村人が裏山で作物を栽培したり、樹木を伐採したりすることはなくなった。

　森林保護区が設定されて以降、村民は村よりも標高の低い丘陵地を利用した農業によって生計をたてている。アヘンケシに変わる換金作物として、綿花が栽培されたこともあったが、最終的にトウモロコシが定着した(表6-1)。各世帯が自給用の陸稲と換金作物であるトウモロコシを栽培するようになっている(増野 2005)。1990年代までは、陸稲は焼畑で栽培していたが、2000年代以降になると、休閑期間を取らなくなり、陸稲もトウモロコシも常畑で栽培するようになって

図6-1　調査地

第 6 章　タイ北部の農村開発における山地民の対応　　*145*

表6-1　PD 村における生業の変遷(増野(2019)を改変)

年代	出来事	焼畑	常畑	自給用作物 陸稲ウルチ白色	ケシ	綿花	換金用作物 トウモロコシ	ゴム	陸稲ウルチ赤色	村外就労
1970 年代		+++	++	+++	+++					
1980 年		+++	+	+++	+					
1987 年	車道が開通	+++	+	+++	+	+				
1990 年		+++		+++		+				+
1991 年	森林保護区の設定	+++		+++		+				+
1995 年頃		++		+++			+			+
1990 年代末		+	++	+++			+++			+
2000 年			+++	+++			+++			++
2016 年			+++	+++			+++	+	+	+++
2023 年			+++	+++			+++	++	+++	+++

空欄:見られない、+:一部見られる、++:一般に見られる、+++:頻繁に見られる

　いる。2010 年頃になると、ゴム樹脂の採取・販売に従事する世帯が現れている。さらに 2012 年にはコーヒー豆の収穫が開始されている。2023 年には農作物では主に陸稲、トウモロコシ、ゴム、コーヒーが栽培されている。また一部にビニルハウスを用いたレタス栽培に従事する世帯が現れている。陸稲については、自給用の陸稲(ウルチの白米)の栽培が継続されており、近年、赤米の陸稲が換金作物として栽培されるようになっている。

　このように、村民の暮らしは丘陵地を利用した農業であるが、各世帯が庭先において副業的にニワトリやブタなど小規模な家畜飼育に従事している(Masuno and Ikeya 2010；Masuno 2012)。2023 年 3 月の PD 村における家畜の飼育状況を詳しくみてみる(**表6-2**)。村民はニワトリ、ブタ、イヌ、ネコ、ウシを飼育しており、とくにニワトリ、ブタそしてイヌについては、多くの世帯が飼育している。

　ニワトリは庭先で放し飼いされる。村のニワトリが産んだ卵は食用とはされず孵化させて大きく育てる。食用とする卵は町などで購入して利用する。

　ブタは高床式のブタ小屋のなかで舎飼いにされている。かつては舎飼いではなく、放し飼いのブタも多かったと聞いている。ブタは供犠として利用されるほか、一部は販売されて世帯の副収入源となっている。

　イヌはおもに番犬として放し飼いで飼育されており、一部が猟犬として活躍

表6-2　PD村における家畜の飼育状況（2023年3月）

家畜種	平均飼育数 （頭／世帯）	範　囲 （頭）	飼育世帯の割合 （％）
ニワトリ	10.7	0～30	89.5
ブタ	5.2	0～15	78.9
イヌ	1.6	0～5	57.9
ネコ	0.2	0～1	26.3
ウシ	0.0	0	0
ヤギ	0.0	0	0
アヒル	0.0	0	0
バリケン	0.0	0	0
ウサギ	0.0	0	0

（現地調査により筆者作成）

するものの、基本的に残飯などを得るために、家のなかにも出入りして家の住人の周囲をうろうろしている。ネコはネズミ捕りとして飼育する家がある。

　本報告で紹介するバリケン（カモ科 *Cairina moschata*）は南米原産のカモが家禽(かきん)化されたもので、広義にはアヒルの仲間である。ただし、アジアで一般にアヒル（カモ科 *Anas platyrhynchos* var. *domesticus*）と呼ばれるマガモ（*Anas platyrhynchos*）を家禽化したアヒルとは、属レベルで異なる別種である。バリケン飼育の導入については後で詳述する。

　ウシは2010年のうちに全て売却され、その後ウシは飼育されなくなった。ウサギ、ヤギ、そしてスイギュウは飼育されていない。

　村民による家畜の利用方法についてみる（表6-3）。ミエンであるPD村の村民が儀礼に利用する家畜は、ニワトリ、ブタ、ウシそしてアヒルである（増野2015）。このなかでニワトリが最も頻繁に供犠に利用されており、ブタがこれに続く。ウシが供犠に利用されるのは希である。願掛けの儀礼の際にブタを供犠とした場合、願ほどきの儀礼ではウシを供犠として利用すると村人から聞いている。しかし、通常の願掛けの儀礼ではニワトリが供犠とされ、願ほどきの儀礼ではブタが利用される。筆者は願ほどきにウシを用いる事例を含め、ウシを供犠に利用する事例に、これまで出会ったことがない。

　アヒルについて、少なくともPD村ではバリケンはアヒルの仲間とされており、アヒルを利用する儀礼において、バリケンが代用できる。アヒルは自然の中に存在するという「精霊」の食べ物とされている。アヒルは「精霊」を対象とする特殊な儀礼をする際に供犠として利用される（増野 2015: 25）。筆者は現地での滞在経験からPD村の村民がアヒルという動物をあまり好んでいないと感じていた。アヒルを供犠とした際、そのアヒルの肉は儀礼をした世帯のみで消

表6-3 PD村における家畜の利用方法(Masuno 2012を改変)

家畜種	利用方法			
	儀礼	労働	自家消費(食肉)	販売(現金収入)
ニワトリ	+++	-	+++	+
ブタ	+++	-	+++	++
イヌ	-	+(番犬、猟犬)	+	+
ネコ	-	-(ネズミ捕り)	-	-
アヒル/バリケン	+	-	+	+
ヤギ	-	-	+	+
ウサギ	-	-	+	-
ウシ	+	-	++	+++
スイギュウ	-	-	+	++
ウマ	-	+++(1990年代)	-	-

-:なし、+:希に確認できる、++:一般に確認できる、+++:頻繁に確認できる

費される。アヒルは共食されない。もしも、私がこの供犠とされたアヒルを食べた場合、その世帯の人と私は二度と出会えなくなってしまうと村民から説明を受けた。お互いの縁が切れてしまうため、アヒルの肉は友人や知人と一緒に食べる肉ではないのだという。P村のミエンにとり、アヒルは「精霊」の食べ物であり、ほかの家畜とは別枠の存在である。

このようにPD村では大型家畜は飼育されなくなったが、ニワトリ、ブタ、イヌといった小型家畜の飼育は継続されている。

次にPD村におけるウシの導入の事例と、バリケンの導入の事例を紹介する。ウシとバリケンは、どのような経緯で導入され、その後、飼育されなくなってしまったのかをみてみる。

4. 住民による森林保護区へのウシ導入の試み

4.1. 森林保護区を利用したウシ飼育の開始

PD村における大型家畜の飼育の歴史を住民に聞いてみると、1970年代や1980年代には、ほぼ全戸が荷物の運搬に利用する小型のウマを数頭飼育していたという。1970年代のタイ北部のミエン(ヤオ)の村には、ウシ(黄牛と表記)を飼育する世帯があり、集落内にウシの糞が散らばっていたとの記述があ

る（白鳥編 1978）。さらに一部の世帯が販売を目的として、1世帯あたり1頭か2頭ほどであるがウシやスイギュウを飼育することがあったと聞く。例えば、1980年に15才だった人ならば、2005年には40才、2025年には60才である。高齢者は大型家畜のうち少なくともウマならば飼育経験を持っている。

　ウマは農作物などを畑から集落へと運ぶことなど、荷役に利用するもので、当時の暮らしに欠かせなかったという。しかし、1980年代末に車道が開通すると、バイクや自動車（トラック）が荷役に利用されるようになり、ウマを飼育する者はいなくなった。ウマは利用価値がなくなり飼育されなくなったが、1990年代に飼育数が大きく増加したのがウシだった。

　ウシの飼育が盛んになった契機について既存の報告（例えば、増野 2005）を利用することなどからみてみる。1991年にPD村を含めた周囲一帯が、タイの王室森林局によって森林保護区に設定された。この森林保護区は水源地の保全を目的としたものである。PD村をはじめとして周辺の複数の村落がこの森林保護区内に組み込まれた。この森林保護区の設定により、PD村の村民が農地として利用してきた裏山の高標高地域（標高950〜1500m）は、森林保護区に設定された。PD村の住民は、森林局が農地としての利用を許可した場所のみを利用して農業をしなければならなくなった。森林保護区内では、樹木の伐採が禁止され、もちろん農地としての利用も禁止された。

　このような状況のもと、PD村の村民らは森林保護区に設定されてしまった裏山の有効的な利用方法を模索していた。その時に、森林保護区をウシの放牧地として利用する話が、低地に暮らすコンムアン（タイ北部の一般的なタイ人）の人から村に持ち込まれた。当時のタイは好景気にわいており、ウシは投機の対象だったと考えられる。森林保護区内での樹木の伐採や採集は禁止されていたが、林床の草をウシに食べさせることは、禁止されていなかった。

　そして1992年にPD村の2世帯が、コンムアンの者が用意したウシ約20頭の飼育を請け負う形で、ウシの林間放牧が開始された。

4.2. ウシの林間放牧の拡大

　1992年に始まったウシの林間放牧は、当初は順調だった。請け負い飼育者である村人は親ウシの面倒を見なければならないが、もしも子ウシが2頭生ま

れた場合、そのうちの1頭を得ることができた。請け負い飼育者はその子ウシを販売したり大きくしてから販売したりすることで利益を得る仕組みとなっている。ウシは食用にも役畜にも利用していなかったので、純粋に現金収入源として飼育された。2004年には、小さな子ウシが日本円で1万円、成熟したウシの場合では、大きさや見た目によって値段が異なるものの、おおよそ2万〜5万円程度で仲買人に販売されていた。PD村で飼育されたウシの耳等にはタグはなかったことから、現地の役場等が把握しているウシではなかったと考えられる。販売されたウシは定期市などを通じて取り引きされ、食肉に利用されると聞いた。

このウシの販売額を理解するために、当時のタイ人の月収をみてみると、タイの大卒の初任給が、ひと月あたり約2万1000円（約7000バーツ：1バーツあたり3円で換算）、高卒の者がバンコク周辺の工場に住み込みで働いた場合、ひと月あたりの給料は約1万5千円だった。また、PD村の周辺で日雇いの農業労働に出ると1日あたり400円ほど、ひと月あたりでは1万円前後の収入が得られる。1年間に数頭の子ウシと大きなウシを1頭程度販売することができれば、農業の日雇い労働をして得られる年収に匹敵する収入となる。普段は農業に従事し、ウシの請け負い飼育が副収入と考えると、ウシ飼育はかなり割のよい収入源となっていた。

筆者がPD村への訪問を開始した2003年には、村全体で9世帯がウシ飼育に関わっており、全体で130頭程度のウシが飼育されていた（**図6-2**）。1992年にウシ飼育を開始した時には、ウシの飼育に関わっていたのは2世帯で、飼育数が全部で約20頭だったことを考えると、飼育に関わる世帯数は12年間で4倍以上、ウシの数は6倍以上に増加したことになる。

2004年の村での観察から、PD村でのウシの林間放牧がどのように行われていたのかみてみる（増野 2005）。村民は、村から歩いて30分ほどの森林内にウシ飼育の出作り小屋を作り、ウシを森林保護区内に林間放牧していた（**写真6-1**）。具体的には、1週間に2回ほど、この出作り小屋に出かけて、ウシに塩を与えながらウシの様子と数を確認していた。塩を持って行くとウシは林内から出作り小屋へ塩を食べに集まってくる。ウシは森林内を自由に歩き回り林床の草等をエサとしていた。ウシの飼育者たちは、普段は陸稲やトウモロコシの

写真 6-1 林間放牧されるウシ、塩を与えられて集まってきたところ（筆者撮影）

栽培に従事し、ウシ飼育にはほとんど手をかけていなかった。

林間放牧以外の飼育方法では、数頭の牛に牧夫がついてまわる「日帰り放牧」をしている世帯もあった。この場合、道路脇や畑の周辺に生えている草を求めて、朝に牛とともに放牧に出かけ、夕方になるとウシとともに村に帰宅していた。ウシには縄などかけておらず、ウシは自由に動くことができる状態だった。夕方に村に帰ると、牧夫はウシを村内に設けた柵のなかに入れていた。

請け負い飼育を開始して約10年、ウシ飼育は順調だった。しかし、2000年代初めになると、次に示すような食害問題が生じるようになった。

4.3. ウシによる農作物の食害問題とウシ飼育の衰退

1990年代には、ウシの飼育数が増加しただけでなく、PD村の農業にも変化が起きていた。なかでも顕著な変化は、休閑を伴わない常畑での農業の拡大、言い換えると焼畑の衰退である。換金作物であるトウモロコシを常畑で栽培栽培するようになり、その栽培面積が急増したのである。村人に聞いたところ、まず近くのコンムアンの村でトウモロコシ栽培が拡がり、1990年代中頃にPD村でも換金作物としてトウモロコシを栽培するようになったという。そして、2000年代に入るとトウモロコシの販売が村民の主要な現金収入源となっていった。

ウシが放牧されている森林保護区とトウモロコシが栽培される畑は隣接しており、農地と森林保護区との間に柵などは設置されていない。このため、森林内で林床の草を食べているはずのウシが畑に降りてきてトウモロコシを食べた（**写真6-2**）。ウシの行動を観察してみると、ウシはトウモロコシの新芽が大好物であることがわかった。よほど美味しいのだろう、たとえ目の前に牧草が

あったとしても、トウモロコシの新芽をみるなり走って直行し、一心不乱に食べるのだ。食害が起きた理由として林床の牧草不足を指摘する人もいた。昔、農地だった場所には草が覆い茂っていたが、新たに樹木が成長した結果、林内が暗くなり、林床に草が生えなくなってしまったというのである。確かに、そのような

写真6-2 トウモロコシを食べるために山から降りてきたウシと止めようとする飼育者（筆者撮影）

牧草不足も影響したのだろうが、トウモロコシの新芽がウシの大好物だったことも、ウシがトウモロコシを食害する大きな理由だったと考えられる。

ウシはトウモロコシの葉や茎の全体を食べることはせず、美味しい新芽の部分だけを食べる(**写真6-3**)。新芽を食害されたトウモロコシは成長が困難となってしまう。ウシによる食害を受けたトウモロコシ畑の持ち主たちは、ウシの飼育者らに対し、食害への賠償金を求めるようになった。ウシの食害に対する賠償金は、実際に飼育をしていた請け負い飼育者に請求された。

写真6-3 ウシの食害にあったトウモロコシ、新芽の部分のみ食べられている（筆者撮影）

2003〜2005年にかけて、ウシによる食害問題がとくに頻発した。小さな食害の事例は、毎日のように起きた。なかでも大きな事件だったのは、PD村のウシが裏山の尾根を越えて、隣村のトウモロコシ畑を食害した事件だった。この時には、隣村に暮らす畑の持ち主が、PD村のウシの持ち主たちに対して、4万2000円ほどにあたる賠償を請求する

とともに、ウシを山から降ろすように抗議した。ウシが引き起こした問題が、村内だけでなく村落間での問題に発展したのである。ウシの持ち主たちも、普段はトウモロコシを栽培していることから、ウシによる食害を深刻な問題として受け止めており、賠償金を請求されることも、その額についても妥当であり、仕方のないことだと考えていた。

牧夫がウシを監視しているはずの日帰り放牧においても、牧夫がほんの一瞬の間、ウシから目を離したすきに、ウシがトウモロコシ畑に侵入してトウモロコシを食害する事例がたびたび生じていた。これにはウシの扱いに不慣れだったことも関係していたと考えられる。

このように、食害問題が頻発していたが、ウシの飼育者のなかに、畑の周囲に柵を設けるなど、ウシ飼育を続けるための新たな対策を講じる者は現れなかった。そして、ウシの飼育者のなかに、食害に対する賠償金を支払っていたのでは、ウシ飼育は割に合わないと判断する者が現れ、2003年を境にウシの飼育から撤退する者が相次いだ。その結果、2005年に村内のウシ飼育数はゼロになった（**図6-2**）。その後、2006～2009年にかけて、2世帯の村民がウシの数が少なければ飼育可能だと考え、ウシの林間放牧を再度試みたが、やはり食害が問題となり飼育を断念した。そして2010年のうちにウシは全て売却され、村内にウシを飼育する人はいなくなった。その後、少なくとも2023年までPD村ではウシをはじめ、スイギュウやウマなどの大型の家畜は飼育されていない。

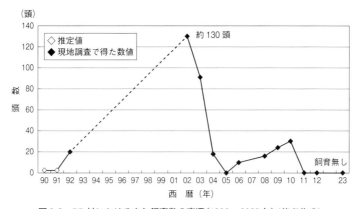

図6-2　PD村におけるウシ飼育数の変遷（1990～2023年）（筆者作成）

5. バリケン導入の試み

5.1. 王室プロジェクトの開始

PD 村の村長によると、村の経済的な困窮を理由として、農村開発を通じた外部からの援助の要請を郡役所に出しており、この要請を受ける形で王室プロジェクトが開始された。王室プロジェクトの実施村としてPD村が選定されたのだ。プロジェクトは2009年10月に始まった。PD村での実際の活動はチェンマ

写真6-4 放し飼いで飼育されるニワトリとバリケン
（筆者撮影）

イに拠点を置く公的機関 Highland Research and Development Institute（以下HRDI）が担当した。プロジェクトの期間中、PD村にはHRDIから派遣された男性の技術者が1名常駐した。野菜の苗の配布、キノコ栽培の導入、ゴム苗木の配布、ウサギ飼育の試み、そしてバリケン飼育の試みなど、村の農業活動を支援する総合プロジェクトがPD村で実施された。これらの活動のうち、ゴムについては2003年に村人が既に導入済みだったので、住民にとり新しい活動ではなかった。野菜の苗木の配布やキノコ栽培そしてウサギ飼育の試みは、村の一部の世帯が参加した活動だった。一方バリケンの飼育には村の全世帯が参加した。当時バリケンの飼育経験を持つ村民はほとんどおらず、多くの村民は初めてのバリケン飼育を楽しみにしていた（**写真6-4**）。

5.2. バリケン飼育の実態

筆者は2003年以来、毎年のようにPD村に通っている。これまでに儀礼に利用するために数羽のアヒルを短期間飼育する世帯をみかけたことはあったが、バリケンを飼育する世帯をみたことはなかった。2010年4月にHRDIは1世帯あたり配合飼料30kgと6羽（うち1羽がオス）のバリケン、村全体で150羽の

バリケン、を無償で配布した。HDRIが各世帯にオスとメスの両方を配布したのは、村民にバリケンを繁殖してもらい、余剰のバリケンを販売することで現金収入源にしてもらうことを考えていたからである。

バリケンが配布された際に、バリケン用の小屋や囲いを用意した世帯もあった(**写真6-5**)。小屋についてはバリケンが馴染まなかったため、結果的に庭先での放し飼いになった世帯が多かった。放し飼い状態のバリケンは自由に交配し繁殖していた。

2010年4月に150羽配布されたバリケンは徐々に減少したものの、2010年11月の調査ではPD村内で生まれたバリケンが現れた。繁殖は順調に拡大したことから2011年2月には村全体で125羽のバリケンが飼育され、このうち配布された個体が66羽、残りの59羽は村で生まれた個体となった(**図6-3**)。2011年2月以降にもバリケンは順調に繁殖し、村民が望むならば、その増殖に大きな障害はないようにみえた(**写真6-6**)。

写真6-5　バリケンを入れておく囲い(筆者撮影)

写真6-6　バリケンと村で生まれたヒナ(筆者撮影)

5.3. バリケン飼育の衰退

PD村の各世帯は配布されたバリケンを熱心に飼育しており、村レベルでの総飼育数は120羽前後の飼育数で推移していた(**図6-3**)。2010年4月に配布されたバリケンの個体数の動態を追跡してみたところ、その数の減少の理由として、イヌによる噛み殺し、

第6章 タイ北部の農村開発における山地民の対応 155

交通事故、食用に利用、販売、病死などがあることが明らかになった（表6-4）。なかでもイヌによる噛み殺しは、成鳥の主要な死亡要因であるだけでなく、抱卵中の卵への食害もあったことから、バリケン飼育における重大な障害となっていた。卵をイヌに食べられてしまうならば、自分で食べた方が良いと食用としてしまう世帯が現れた。このような状況になっても、イヌは放し飼いされており、ヒモで繋いでおくなどの手段はとられなかった。村民に聞くと、イヌをヒモで繋ぐことに対し否定的な意見しか得られなかった。ここではイヌはヒモで繋いで飼育する家畜ではないのだ。そもそも、ニワトリも放し飼いされているのに、イヌはニワトリを噛み殺すことはなく、バリケンばかりを噛み殺すのである。イヌはバリケンの卵は食べてしまっていたが、親鳥については食べず噛み殺すことを楽しんでいるようにみえた。

プロジェクト期間中、2011年1月にPD村のニワトリが大量に病死した。ニワトリが次々と病死するなかで、バリケンはあまり死ななかった。両種はともに家禽ではあるものの、その病気に対する耐性は異なるようだ。このことは村民が語ったバリケンがニワトリより優れる唯一のポイントだった。ニワトリへの疫病が拡がった際に、バリケンは死なないというならば、食肉確保の観点から危険分散の一つとなる可能性がある。

バリケン飼育の問題点を

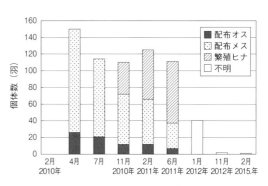

図6-3 PD村におけるバリケンの配布オス数、配布メス数、繁殖個体数の推移（筆者作成）

表6-4 バリケンの個体数の減少理由

理　由	減少数（羽）	割　合（％）
自家食用	60	48.8
イヌ咬傷・食害で死亡	20	16.3
病死など	18	14.6
販売	9	7.3
儀礼利用	7	5.7
交通事故	4	3.3
行方不明	5	4.1
合　計（羽）	123	100.1

（出所：筆者作成）

住民に聞き取りをしたところ、問題点としてニワトリと比較して大量のエサが必要であること、ニワトリと比較すると糞が大きく汚らしいこと、ニワトリと比べると利用価値があまりないこと、ニワトリと比べて肉がおいしくないこと、などが挙げられた。ニワトリを比較対象とした意見が中心的だったことが印象的である。バリケンの販売価格をみてみると、生体1kgあたりの価格はバリケンの場合70バーツであるのに対し、ニワトリの場合は140バーツで、バリケンの価格はニワトリの半額に設定されていた。一般に、バリケンの方がニワトリよりも体サイズが大きく体重も重い。エサの用意が大変な割にその販売価格はニワトリよりも安いのである。また、ニワトリはミエンが日常的に行う儀礼で必要とされるのに対し、バリケンは希に行われる特殊な儀礼にしか利用できない。バリケンはニワトリと比べ儀礼での需要に乏しく、おいしくないというのである。つまり、村民らはニワトリと比べた結果、バリケンにまったく魅力を感じなくなっていたといえる。

　そして、王室プロジェクトのプロジェクト期間の終了が、バリケン飼育に関する大きな転機となった。2011年10月にプロジェクトが終了すると、バリケンの飼育数は順次減少した（図6-3）。バリケンの出所が不明となっているのは、プロジェクトで配布された個体なのか、村で生まれ大きく育った個体なのか判別が難しかったためである。新たに外部から持ち込まれたバリケンはいない。2012年末にはバリケンは1世帯が2羽飼育するのみとなった。村民がバリケンを次々に食べてしまったのだ。プロジェクトの開始時には、住民はバリケンの飼育を楽しみにしていたし、プロジェクト期間中も前向きに取り組んでいた。バリケンの飼育経験がなかった村民にとり、このプロジェクトはバリケンという家禽を知る良い機会となった。しかしながら、実際にその飼育を体験し、食べたり販売してみたりした結果、住民はバリケンの飼育を継続しないことを選択したのだ。

6.　家畜を利用した農村開発にむけて

　ここまでPD村における森林保護区へのウシ飼育導入の事例と王室プロジェクトによるバリケン飼育導入の事例をみてきた。両者の導入の契機をみてみる

と、ウシの導入は森林保護区として「取り上げられてしまった」土地を何とか有効利用したいという村民の思いのもと、村外のコンムアンの人による提案もあって開始されたものだった。バリケンは、村長が経済支援のプロジェクトを希望していたものの、プロジェクトの具体的な内容は王室プロジェクトによる支援のもとで、HRDIの主導により導入されていた。バリケンは王室プロジェクトが来ていなければ、あれほど飼育されることはなかった家禽である。ウシの導入は森林保護政策に対する住民の対応の一つで住民の主導だったのに対し、バリケンの導入はプロジェクトを受け入れることで始まっておりプロジェクト主導だったといえる。

　これら二つの事例では、ウシとバリケンともに繁殖させて増やすことは可能であるが、村民は両家畜ともに飼育をやめていた。今回の両事例を通じ、私は村人が飼育をやめることを決断するにあたり、環境的側面および経済的側面といった問題に加えて、現地の文化的側面に関わる問題が大きく関係していたと考えている。ウシの導入とバリケンの導入の事例を順に分析してみる。

　まずウシの導入の事例について、村民にウシ飼育を断念させた大きな要因がトウモロコシへの食害問題だったことは明らかである。この食害問題は私のような外部の者にも重大な問題であるとすぐに理解できた。その一方で、筆者はウシによる食害が起きた要因は、牧草不足やトウモロコシがウシの大好物だったことによるものだけではないと考えている。食害問題が起きるのであれば、食害問題への対策をすることでウシの飼育を続ける選択肢もあるようにみえたからだ。食害問題が頻発するなか、住民がウシによるトウモロコシへの食害を阻止する対策をとったとは言い難い。

　タイ北部の低地の農村を歩くと、数十頭という単位ではなく、老人が数頭のウシを連れて牧草を求めて歩いていたり、柵の中で数頭のウシが飼育されていたりする光景を目にする（**写真6-7**）。この光景をみると、ウシにヒモをつけたり、柵のなかで飼育したりするならば、PD村でも3頭とか5頭など10頭未満のウシ程度ならば飼育可能なようにみえるのだ。しかしPD村の住民は、ウシの世話をしたり、ウシについて回ったりすることを好まない。ウシの日帰り放牧の際にウシにヒモをつけることをしない。ウシ飼育はPD村の村民にとり、片手間でできるならばやる仕事であって、食害問題への対策をしてまで取

写真6-7 低地のタイ族系の集落において柵囲いのなかで飼育されるウシ（筆者撮影）

り組むべき仕事ではないのだ。2000年代に入ると、PD村だけでなく周辺のミエンの村においてもウシは飼育されなくなった（Masuno 2012）。ウシ飼育に手間をかけたくないという住民の考え方、見方を変えるとウシの飼育は一人前の大人が真面目にする仕事ではないという考え方は、ミエンの文化的側面と関係していると考えられる。

　次にバリケン導入の事例について、村民にバリケン飼育を断念させた問題として、ニワトリと比べてバリケンは糞が大きく汚く、エサをたくさん食べるのに販売価格は安く、供犠として利用できる機会が少なく、肉が美味しくないなどがあった。これらの問題は私のような外部の者であっても理解しやすい。PD村では各世帯がニワトリを飼育しており、彼らのバリケンへの評価が、ニワトリとの比較になったことは仕方がないものの、筆者にはバリケンへの評価があまりにも低いように感じられた。PD村においてバリケンはアヒルに準ずる扱いの家禽となっており、儀礼の際の供犠動物としてアヒルが必要な時にバリケンを代用することができる。すでに紹介したようにアヒルの肉は精霊の食べ物であり、ミエンにとっては別れを暗示させる肉で親しい人と食べるものではない。さらに、ニワトリの供犠利用をみた場合、全身が白色の羽に覆われたニワトリは、ほかの茶色や黒色など有色のニワトリとは異なり、精霊に対する儀礼など特殊な儀礼においてのみ利用される特殊なニワトリとされている。世界で現在飼育されているバリケンのほとんどは白色であるという（田名部 2010: 430）。このため、仕方がないのだが、今回導入されたバリケンも羽が白色だった（**写真6-4**）。ニワトリとバリケンの違いはあるものの、ミエンにとって白い家禽は食欲をそそるものではない。これら家禽に対するミエンのさまざまな文化的常識がバリケンに対する厳しい低評価に繋がっていると考えられる。このようなミエンの人々が持つ文化的な風習は、外部者からはみえにくいかもしれ

ないが、プロジェクトを推進する際には考慮されるべき問題である。

　家畜を利用した農村開発を考えるにあたり、環境的側面および経済的側面に関わる問題とともに、現地の文化的側面に関わる問題も考慮する必要がある。PD村でウシの飼育を継続させることを考えた場合、例えば草地の量に見合ったウシを導入するといった生態環境を重視したり食害問題への対策をしたりするのに加えて、ウシ飼育を農作物の栽培と同レベルの仕事として認識してもらうための仕組み作りが必要である。そしてバリケンの飼育を継続させることを考えた場合、イヌによる噛み殺しへの対策や、事前に販売先を設定するなどの対応に加えて、なるべく羽色が白色では無い個体を導入することなど、ミエンの文化的側面を考慮することが必要だと考えられる。農村開発のプロジェクトを進めるにあたり、現地の住民の文化を調べておくことは極めて重要といえよう。

　本報告では、タイ北部の山地民の一つミエン（ヤオ）族が暮らす山村におけるウシおよびバリケンの導入の事例をみるなかで、これらの導入における問題点や立ちゆかなくなった理由を明らかにすることから、農村開発において現地の文化的側面を考慮することについて議論した。従来、畜産学の分野を中心に行われてきた、家畜を通じた農村開発では、環境的側面および経済的側面を重視した開発プロジェクトが実施されてきた。本報告では、従来の環境的側面および経済的側面に加えて、地域住民の文化的側面を考慮することが、開発プロジェクトの成否につながる重要な要素であることを指摘した。

● 文　　献

片岡　樹 (2013)：「先住民か不法入国労働者か？：タイ山地民をめぐる議論が映し出す新たなタイ社会像」、東南アジア研究 50: 239-272。

櫻田智恵 (2014)：「プーミポン国王の地方行幸」、綾部真雄（編）『タイを知るための72章』、明石書店、46-48頁。

白鳥芳郎（編）(1978)：『東南アジア山地民族誌：ヤオとその隣接諸種族：上智大学西北タイ歴史・文化調査団報告』講談社。

高井康弘・増野高司・中井信介ら (2009)：「家畜利用の生態史」、河野泰之（責任編集）『生業の生態史』、弘文堂、145-162頁。

竹田晋也 (2008)：「非木材林産物と焼畑」、横山智・落合雪乃（編）『ラオス農山村地域研究』、めこん、267-299頁。

田名部雄一(2010):「バリケン」、正田陽一(編)『品種改良の世界史・家畜編』悠書館、429-430頁。

増野高司(2005):「焼畑から常畑へ ── タイ北部の山地民 ── 」、池谷和信(編)『熱帯アジアの森の民 ── 資源利用の環境人類学 ── 』、人文書院、149-178頁。

増野高司(2009):「東南アジア大陸部における山地民の移住史と環境利用」、池谷和信(編)『地球環境史からの問い:ヒトと自然との共生とは何か』、岩波書店、174-189頁。

増野高司(2013):「アジアの焼畑」、片岡樹・シンジルト・山田仁史(共編)『アジアの人類学』、春風社、107-151頁。

増野高司(2015):「ニワトリとブタの供犠 ── タイ北部に暮らすミエン族の事例 ── 」、ビオストーリー 23:24-27。

増野高司(2019):「ミエン(ヤオ)族の村外就労に関する研究 ── 東北タイにおける豆乳販売の事例から ── 」、年報タイ研究 19:33-53。

吉野 晃(2005):「ユーミエン(ヤオ) ── 山中を移動し焼畑を行ってきた道教徒」、林 行夫・合田 濤(編)『東南アジア(講座世界の先住民族:ファースト・ピープルズの現在 02)』、明石書店、84-97頁。

Charan, C. and Pakapun, S. (2002): *Sustainable Smallholder Animal Systems in the Tropics*, Kasetsart University Press.

HRDI (Highland Research and Development Institute) (ed.) (2007): *The Peach and the Poppy : The Story of Thailand's Royal Project*, HRDI, Thailand.

Kwanchewan, B. (2006): "The Rise and Fall of the Tribal Research Institute (TRI): "Hill Tribe" Policy and Studies in Thailand", *Japanese Journal of Southeast Asian Studies*. **44**: 359-384.

Masuno, T. (2012): "Peasant Transitions and Changes in Livestock Husbandry: A Comparison of Three Mien Villages in Northern Thailand". *Journal of Thai Studies* **12**: 43-63.

Masuno, T. and Ikeya, K. (2010): "Chicken Production and Utilization for Small-Scale Farmers in Northern Thailand", In: Sirindhorn M. C. and Akishinonomiya, F. (eds.), *Chickens and Humans in Thailand: Their Multiple Relationships and Domestication*, The Siam Society, pp. 290-312.

Renard, R. D. (2001): *Opium reduction in Thailand, 1970-2000: a thirty-year journey*, Silkworm, Thailand.

Thai-Australian Highland Agricultural Project (ed.) (1980): *Thai-Australian Highland Agricultural Project Final Report*, Australian Development Assistance Bureau, Canberra.

= 第7章 =

出稼ぎと手のかからない家畜飼養
── ネパール山地村落における舎飼いと日帰り放牧 ──

渡辺和之

1. はじめに

　ヒマラヤ地域の場合、家畜に関する先行研究のほとんどが移牧、もしくは遊牧を対象とした研究であった(鹿野 1978, 1979；月原 1991；稲村 2000；稲村・古川 1995；稲村・本江 2000；子島 2001；吉住 2002；渡辺 2009a, b など、詳しくは渡辺 2014 を参照)。日帰り放牧を含む舎飼い家畜については、山地農業の研究の一部(Metz 1989；佐々木 1978)や村落社会を対象とした民族誌のごく一部で飼養する家畜頭数が触れられる程度だった(石井 1980；鹿野 1979；南 1990；Baumgartner 2015; Fürer-Haimendorf 1975; Macfarlane 1976; Pignède 1993；山本・稲村 2000 など)。一方、南アジアには、中里や篠田らによる家畜飼養に関する研究もある(篠田・中里 2001)。中里はインド一農村における家畜飼養をまとめた先駆的なモノグラフを皮切りに(中里 1989)、酪農業の展開をまとめた(中里 1997, 2001, 2005, 2006)。また、篠田は、開発に直面する村落における家畜飼養の変化とそれに翻弄される牧畜カーストの姿を 20 年以上にわたる現地調査によって歴史的に捉え返した(篠田 2015, 2021)。

　筆者も長らくヒマラヤにおける移牧の研究を行ってきたが、移牧と舎飼いはある意味で相互に関わり合う側面がある。牧畜民と農民の関係に関する研究でみるように、牧畜民が畜産物を提供することで、農民は牧畜民に穀物などの食料を提供したり、牧畜民が放牧する土地を農民が提供し、代わりに牧畜民が農民の畑で宿営し、肥料となる糞尿を落としてゆくなどの慣行がみられる(池谷 2006, 2012；Ikeya 2010；渡辺 2009a)。これに加え、牧畜民と農民の間には家畜を介した交易も行われており、農民が飼養する家畜を牧畜民が提供することもある(渡辺 2009a, 2013)。つまり、篠田の指摘するように、家畜の育種や再生

産に関わる機能を遊牧や移牧に従事する牧畜民が果たしているのである（篠田 2015：356）。こうした視点を導入することで、舎飼い家畜の育種にはどのような選択肢が生まれてきたのか、どうして牧畜民による育種が成立しにくくなったのかも考察することができるであろう。

　その一方で、インドの平原地帯では、1960 年代より農業の機械化が進み、犁耕用の大型家畜の需要がトラクターに置き換わっていった。いわゆる緑の革命である。その年代は地域によって異なるが、1980 年代に始まり、1990 年代には大きく台数を伸ばした（篠田 2015: 5-7、351）。こうしたなかで、犁耕用のオスウシから乳用のメスウシ、ないしメスのスイギュウに切り替え、ミルクを売る生活への転換が行われていった。これは、緑の革命に対して、白い革命と呼ばれている（篠田 2015: 1）。

　ネパールでも緑の革命はインドに隣接する平原を中心に展開しつつあるが、山地にトラクターが普及しだしたのは、道路が開通する 2010 年代に入ってからである。白い革命にあたる乳用改良品種の導入も、首都カトマンズ近くの村やインドのダージリンと隣接する極東部では古くから展開していたが、山地では始まったばかりで、筆者の調査村では家畜の調査を終えた 2013 年頃から徐々に導入する人がみられるようになった。

　ネパールのヒマラヤ地域の場合、家畜を飼養するうえで考慮しなくてはならないのが、民族やカーストによる違いである。東南アジア同様、家畜は肉として市場に売るだけではなく、祭礼における供犠のためにも飼養される（Nakai 2008, 2009）。さらに南アジアの場合、ヒンドゥー教、仏教、イスラーム教などを信仰する人々がおり、家畜に対するタブーがそれぞれの宗教で違う。例えば、ヒンドゥー教が聖なる神として祀るウシを、イスラーム教徒（ムスリム）は犠牲祭の時に供犠に用いて共食する（南出 2011；渡辺 2020；杉江 2023）。ウシに関する食肉業や皮革業に携わるのはイスラーム教徒の間で発達している（押川 1995；大石 2006）。また、ヒンドゥー教徒のなかでもカーストによって触ってよい家畜や食べてよい家畜が違う。ネパールの場合、先住民のなかにはもともとウシやブタを食べる文化を持つ民族もいる。2018 年までヒンドゥー教を国教としていたネパールでは、これらの人々に対してもウシの屠殺を禁止する法律が適応された。1990 年代以降、信仰の自由が保障され、民主化運動が起き

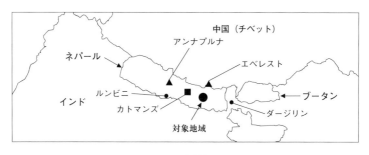

図 7-1 調査対象地域

るなか、宗教的、あるいはカースト的な価値観が変化しつつある（中川 2016）。このため、どの民族・どのカーストがどの家畜に対し、どのようなタブーを有するのかは一概に言えなくなり、各地で争点となっている（渡辺 2020）。

本研究では、ネパールの一農村における家畜飼養のあり方を調査によって、①家畜種ごとに民族・カーストによる飼養方法や利用方法の違い、②出稼ぎが普及し、労働力不足が起きるなかで家畜飼養をめぐりどのような変化が起きているのかを明らかにする。また、これらの点をふまえたうえで、移牧と舎飼いの関係や今後変化する農村社会における家畜飼養のあり方について考察する。

調査は2009年から2015年まで東ネパールのルムジャタール村（標高1300 m）で行った。この村を選んだ理由の一つは、筆者がこれまで行ってきた移牧に従事する羊飼いの村であるためである。この村の家畜飼養のあり方を検討することで、移牧と舎飼いの関係を考察するのに都合がよいからである。もう一つの理由は、この村が低地に位置し、さまざまな民族集団やカーストが住んでいるためである。この村には、ネパール高地の村のように、ヤクを飼養するチベット系の民族はいないが、ネパールの低地に典型的にみられるウシ、スイギュウ、ヤギ、ニワトリに加え、ブタを飼養するチベット・ビルマ語系の先住民やネパール系のカーストも住んでいる。なお、本稿では、水田稲作が可能な高度を低地、不可能な高度を高地としている。水田稲作の上限は、地域によっても異なるが、東ネパールに位置する調査村周辺では、標高2000 m前後であった。

調査は、次の手順で行った。まず、民族・カーストによる家畜頭数の違いを調べるため、2009年に村の第5区において世帯調査を行った。飼養する家畜

写真7-1 ルムジャタール村(標高1300m)(筆者撮影)

の性別、飼養形態(舎飼いか日帰り放牧か)、飼料は何をどのくらい与えているかなどを聞き取りした。また、2009〜2012年には、これらの世帯で飼養する家畜頭数の変動を聞き取りし、3年間の推移を調べた。これによって、出産・死亡による再生産に加え、儀礼的な消費や経済的な売買での変動が明らかになった。さらに2013〜2015年には、2013年以降、この村に急速に普及した改良品種の種類と飼養方法について、飼養者に聞き取り調査した。

　ルムジャタール村は標高1300m、ネパールの山地のなかでは低地に位置する(図7-1)。温暖な気候に恵まれるため、村の畑では、トウモロコシとシコクビエを二毛作し、水田では稲作もできる(写真7-1)。宗教でみれば、村人のほとんどがヒンドゥー教徒である。民族でいうと、村では、グルンが半数を占めている。グルンはチベット＝ビルマ語系の先住民族であり、カーストでは高カーストと低カーストの中間に属している。この村の主生業は、農業と羊飼いであった(渡辺2009a)。しかし、近年では全国的に出稼ぎ経済が増加するなか、マレーシアや中東諸国に出稼ぎに行く人が成人男性を中心に増えている(表7-1)。1990年代終わりには、海外に出稼ぎに行く人は男性の14.5％程度だったが、2006年には25.7％程度にまで増え、4人に1人の男性が出稼ぎにゆくようになった。また、首都カトマンズに住む男性も9.3％から18.9％と2倍に増えた。ちなみに女性の場合、海外に出稼ぎに行く人はまれである。しかし、カトマンズの大学に進学したり、卒業後に働く女性は、男性と比べるとまだ少ないが、それでもこの10年で3.8％から8.1％に増えている。また、このほかに婚出女性の半数が村出身者と結婚し、カトマンズに住んでいるため、実質的にはカトマンズ在住の村出身女性は13.5％から18.5％まで増えており、5人に

第7章　出稼ぎと手のかからない家畜飼養

表7-1　ルムジャタール村(第5区)出身者の居住地内訳

	1998年			2006年		
	男性	女性	合計	男性	女性	合計
村内	150	165	315	130	183	313
羊飼い	7	0	7	2	0	2
国内	10	14	24	11	15	26
カトマンズ	23	9	32	29	23	52
海外出稼ぎ	36	1	37	68	0	68
婚出	0	44	44	0	60	60
合計	247	233	480	264	281	545

＊村外に移動し独立した者の家族(妻子)は人数に含めていない。
＊婚出女性の半数はカトマンズに居住する(1998年44人中23人、2006年は60人中29人)。

1人の女性が村を離れるようになった。

2. 村におけるウシとスイギュウの飼養 ── 家畜とカースト ──

　南アジアに住む人々にとって、ウシとスイギュウは重要な家畜である。インド同様、ネパールでもウシは聖なる動物とて祀られている。オスの去勢牛はナンディーと呼ばれ、ヒンドゥー教の荒ぶる神シヴァ神の乗り物として崇拝されている。シヴァ神を祀った寺院には必ず本殿の前にオスウシの像がある。それは天神様を祀った日本の神社の境内に、オスウシの像があるのと似ていて興味深い。また、日本の神社で流鏑馬に使うウマを神馬として飼うように、ヒンドゥー教の大寺院では、寺院の儀礼で使うバターやヨーグルトや牛糞を得るために、境内で寺院のウシを飼う所もある(**写真7-2**)。

　実際、ウシは非常に有用な家畜である。古来、去勢したオスは犂を引かせて田畑を耕

写真7-2　寺院で飼養するウシ(タライ平原の街ジャナクプール)。ラーマ王子とシータ姫を祀る寺院
(筆者撮影)

写真7-3 スイギュウの肉の売買風景(ルムジャタール村)
村の仲買人が家畜を購入し、解体する。1kgごとの肉の山に分け、購入者を募り、村人に売る(筆者撮影)

作するのに用いてきたし、現在でもトラクターの普及していない山地の村ではそのような風景をみることができる。メスは繁殖用に用いると同時に、その乳からヨーグルトやバターなどの畜産物を得ることができる。牛糞は藁と混ぜ、堆肥に用いるだけでなく、薪のない高山では牛糞を乾燥させ、燃料にもする。また、牛糞をかまどの灰と水に混ぜて土間の掃除にも使う。ヒンドゥー教徒の場合、宗教的なタブーから牛肉を食べることはできないが、殺して肉を食べるには惜しい家畜なのである。

　ウシが聖なる動物であるのに対し、スイギュウはどちらかというと、経済的な色彩の強い家畜である(**写真7-3**)。村の定期市に行き、最も多く売られている肉はスイギュウの肉である。ウシを食べることができないヒンドゥー教徒の場合でも、スイギュウの肉を食べることに対するタブーはない。秋のヒンドゥー教の大祭では、ドゥルガ女神への生け贄として、スイギュウの首をはね、その血を捧げる。そして、親族を招き、家族みなで肉を食べるのである。

　また、スイギュウはウシよりもたくさん乳を出す。近年、インドでは白い革命といって、改良品種の家畜を飼う人々が増えている。白い革命というのは、緑の革命の畜産版に相当する。乳をたくさん出す改良品種のウシやスイギュウを導入することで、乳を売り、農村の収入増加につなげるのである。たしかに改良品種は在来種よりもよく乳を出す。しかし、改良品種を飼うためには濃厚飼料を購入したり、コストもかかる。このため、結局、改良品種を導入できる資本力のある人しかその恩恵を受けることができないなどの問題も残る(篠田・中里2001；池谷2006；中谷2008)。

　こうした白い革命の余波は、ネパールにも押し寄せているのだろうか。**図7-2**は、ネパールで飼養されている家畜の推移を示したものである。まず、大

第 7 章　出稼ぎと手のかからない家畜飼養

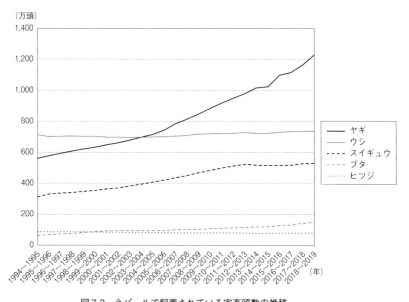

図7-2　ネパールで飼養されている家畜頭数の推移
出所：Statistical Year Book of Nepal 2013: 206-207, 2019: 208.

型家畜でみると、近年、ネパールではウシの頭数がほとんど変わっていないのに対し、スイギュウの頭数は増えていることがわかる。ただし、スイギュウの頭数は2012〜13年を境に増加を止め、その後はやや減少、もしくは横ばいとなっている。大型家畜以外では、ヒツジの頭数がほとんど変わっていないのに対し、ヤギの頭数が毎年急速に増加している。また、ブタの頭数も毎年少しずつであるが、増えている。近年増加している家畜のなかには、肉の消費の増加に伴う飼育頭数の増加もあると思われる。そこで、**図7-3**には、搾乳用の大型家畜の推移を示した。これをみると、2011〜12年頃を境に、搾乳用のスイギュウは伸び悩むようになり、代わって搾乳用のウシがわずかに増えている。ちなみに、この統計にある「搾乳用」(milking)というのが、白い革命によって近年普及した改良種の乳牛のみをさすのか、それとも在来の乳牛も含むのかは、定かではない。また、これは全国レベルでの統計であり、かなり地域差があるものと思われる。実際、私の調査した山地の村では、スイギュウはあまり人気なく、ウシを飼う人が増えていた。

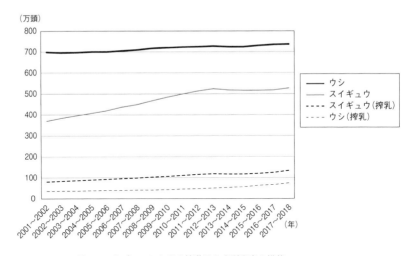

図7-3 ネパールにおける搾乳用の大型家畜の推移
出所：Statistical Year Book of Nepal 2013: 206-207, 2019: 208.

　そこで、以下では、ネパールの山地ではどうしてスイギュウが減り、ウシの人気が高まっているのか、2009年の現地調査を踏まえて報告したい。

　表7-2には、ルムジャタール村で飼養する家畜の飼養頭数を、カーストごとにオスとメスに分けて示した。これをみると家畜の飼養用途がかなり多様であることが伺われる。ウシの場合、去勢牛は耕作用、メスは搾乳用である。メスウシ、去勢牛の比率は全体で111:24であり、圧倒的にメスの数が多く、おもに搾乳用に飼われている。カースト別にみても、搾乳用のメスウシはどのカーストでも広く飼養されているのに対し、耕作用の去勢牛が多いのは中間カーストのグルンと低カーストのダマイである。メスウシと去勢牛の比率をみると、前者が59:10であるのに対し、後者は11:10である。つまり、低カーストのダマイの方が中間カーストのグルンよりも、耕作用の去勢牛を自前で持つ割合が高い。

　スイギュウの場合、メスは搾乳用、オスは肉用である。メス、オスの比率は全体で29:11であり、やはり搾乳用のメスに対する需要が高い。カースト別にみると、搾乳用のメスは中間カースト、低カーストで広くみられるのに対し、高カーストのチェトリ、中間カーストのブジェルやタマンでは、搾乳用のメス

第7章 出稼ぎと手のかからない家畜飼養

表7-2 カースト別にみた家畜頭数

カースト	世帯数	ウシ(♀)	(去勢)	計	スイギュウ(♀)	(♂)	計	ヤギ(去勢)	(♂)	(♀)	計	ヒツジ(♂)	ブタ計	ニワトリ計
●高カースト														
バフン	2	4		4			0	1		2	3	0	0	0
チェトリ	3	3		3	1	2	3	1	2	3	6	0	0	15
●中間カースト														
ネワール	1		1	1			0				0	0	0	
グルン	47	59	10	69	12	1	13	69	19	75	163	2	0	314
ブジェル	6	7	1	8	1	2	3	2	2	5	9	0	0	14
ライ	2	8		8			0	3		3	6	0	1	22
マガール	2	1		1	1		1	4		2	6	1	0	7
タマン	4	6		6	2	3	5	3	1	5	9	0	0	32
●低カースト														
ダマイ	17	11	10	21	8	3	11	5	1	7	13	0	15	88
サルキ	10	12	2	14	3	0	3	1	2	1	4	0	0	51
カミ	1			0	1		1	1		1	2	0	1	2
合計	95	111	24	135	29	11	40	90	27	104	221	3	17	545

調査：ルムジャタール第5区にて2009年9月に実施。

よりも肉用のオスの数が多い。これらの人々は、搾乳をしながら繁殖させるよりも、肥育して肉として売ることを選んでおり、より投機的な目的でスイギュウを飼養していることが予想できる。ただ、飼養目的の違いについては、同じ階層のカースト間でも違いがみられた。おそらくは、民族・カーストの違いよりも世帯ごとの飼養目的が異なるものと思われるが、この点については後述する。

さてウシは、おもに家の畜舎につないで舎飼いするが、放牧に出すこともある(**写真7-4**)。オスは去勢し、耕作に使う。この村では2012年頃までの調査では、トラクターを農耕に使用していなかった。このため、2頭立てのウシで犂をひいていた。メスは搾乳

写真7-4 ルムジャタール村で飼養するウシ
オスは耕作に、メスは搾乳に利用する。ヒンドゥー教徒は牛肉を食べない(筆者撮影)

写真7-5 近年導入された改良品種の種牛
村の在来種のウシと交配するが、草をたくさん食べるから面倒とのこと(筆者撮影)

写真7-6 スイギュウはもっぱら舎飼いする
この村ではスイギュウを耕起には使用しない(筆者撮影)

に利用する。なお、この村では、牛肉を食べる人はいない。1990年代には、死んだウシを皮なめしカーストの職人が解体し、その皮を加工していたが、2000年代に入ると、皮なめしカーストの人も出稼ぎに行くようになり、この仕事をする人もいなくなった。また、村では、2010年頃に政府から改良品種の種牛が支給され、無料で村の在来種のウシと交配できるようになった(**写真7-5**)。しかし、改良品種のウシは草をたくさん食べるから面倒だと人気がない。

スイギュウはもっぱら舎飼いする(**写真7-6**)。この村ではスイギュウを耕作には使用しない。また、この村には改良品種のスイギュウはいない。在来種のスイギュウでも、メスはウシよりも乳を出し、オスは肉になる。肉は村内で解体して売る場合と、仲買人に売って定期市に売る場合がある。

飼養頭数をみると、ウシに比べて、スイギュウの方がはるかに少ない(**表7-3**)。ウシが69世帯で135頭飼養されているのに対し、スイギュウは26世帯で40頭にすぎない。飼養世帯あたりの平均頭数をみると、ウシは世帯あたり2.0頭に対し、スイギュウは1.5頭である。いずれも1〜2頭程度であり、ウシの方がスイギュウよりもより多くの世帯で飼養されている。民族・カースト別

表7-3 カースト別にみたウシとスイギュウの平均飼養頭数

カースト	世帯数	ウシ 頭数	飼養世帯	%	飼養世帯 平均頭数	スイギュウ 頭数	飼養世帯	%	飼養世帯 平均頭数
●高カースト									
バフン	2	4	1	50	4.0	0	0	0	0.0
チェトリ	3	3	2	67	1.5	3	1	33	3.0
●中間カースト									
ネワール	1	1	1	100	1.0	0	0	0	0.0
グルン	47	69	35	74	2.0	13	9	19	1.4
ブジェル	6	8	6	100	1.3	3	3	50	1.0
ライ	2	8	2	100	4.0	0	0	0	0.0
マガール	2	1	1	50	1.0	1	1	50	1.0
タマン	4	6	3	75	2.0	5	2	50	2.5
●低カースト									
ダマイ	17	21	10	59	2.1	11	7	41	1.6
サルキ	10	14	8	80	1.8	3	2	20	1.5
カミ	1	0	0	0	0.0	1	1	100	1.0
合計	95	135	69	73	2.0	40	26	27	1.5

調査：ルムジャタール第5区にて2009年9月に実施。

にみても、ウシの方がスイギュウよりも広く、どのグループでも飼養されている。民族・カースト別の平均頭数をみても、ウシの場合、高カーストのバフンと中間カーストのライが多く、スイギュウの場合、高カーストのチェトリと中間カーストのタマンが若干ほかのカーストよりも多くなっているが、低カーストでも1頭以上のウシまたはスイギュウを飼うことには変わらない。いずれにせよ、今やどの民族・カーストでも大型家畜を飼養しており、土地を多く所有する高カーストの人々が大型家畜のほとんどを独占しているわけではない。

　ちなみに大型家畜であるウシとスイギュウ以外の家畜についても、民族・カースト別に所有状況をみておきたい（**表7-2**）。まず、ヤギ、ヒツジ、ニワトリについては、特に民族・カーストによる禁忌はない。基本的にどの民族・カーストも飼養できるし、菜食主義者でない限り、肉を食べることができる。実際、ヤギとニワトリについては、高カーストから低カーストまで、ほぼどのカーストでも飼養している。ヒツジについても、基本的に同様だが、ヒツジは移牧で飼うことが多い。**表7-3**には移牧で飼養している羊の数は抜いてある。このため、**表7-3**に表れているのは、移牧に従事する中間カーストのグルンが家で舎飼いする目的で連れてきたヒツジに限られる。羊飼いは冠婚葬祭やヒン

ドゥー教の秋の大祭の時などに供犠に用いるヒツジやヤギを移牧の放牧キャンプから連れてくることがある。この場合、自家消費用であることが多いが、時には近隣の知り合いの農民に頼まれ、売ることもある。

　一方、ブタの場合、ヤギ、ヒツジ、ニワトリとは異なり、飼養するカーストは限られる。ルムジャタール村でブタを飼うのは、先住民のライと低カーストのダマイ、カミ、サルキだけである。ヒンドゥー教徒の間では、ウシは神聖であるがゆえに食べることが禁じられているが、ブタは穢れているがゆえに、食べたり、触ったりできるカーストが限られている。中間カーストのグルンの家では、ブタ肉を食べることは禁止されていないが、非常に忌避されている。

3. 家畜の経済 ── ウシとスイギュウの比較 ──

　この村ではなぜスイギュウよりもウシが好まれているのか調べてみた。経済的な点では、スイギュウはウシよりも儲かる。スイギュウはウシより乳を出す。スイギュウの搾乳量は朝夕あわせて約6リットルになる。これに対し、ウシの搾乳量は朝夕あわせて3リットル程度である。ウシの場合、出産後6か月から10か月まで乳を出すのに対し、スイギュウだと出産後1年半は出す。ちなみにウシでもスイギュウでも乳の値段は変わらない（1リットル＝40Rs。2009年時点で1Rsは1.2円）。

　さらにスイギュウは肉としても売れる。オスのスイギュウの幼獣は、生後12～18か月の段階で6000～7000Rsで売ることができる。これを3～4歳まで肥育して売ると23000Rsにまでなる。スイギュウの肉は1kg 200Rs、骨が多い所は1kg 150Rsになる。これに対し、ウシの場合、幼獣は1頭6000Rsなのに、大きくなると、逆に5000Rsに落ちる。ウシは、スイギュウと異なり、肉として食べたり、売ったりすることはできない。ネパールでウシを食べるのは、ムスリム、チベット仏教徒などの一部宗教・カーストの人々に限られるが、この村の周辺に住むのはほぼヒンドゥー教徒で、牛肉を食べる人々はいない。にもかかわらず、なぜスイギュウを飼養する人は少ないのだろうか。その理由は草刈りが大変だからとのことである。スイギュウはウシの2倍も草を食べる（**表**7-4）。だから草刈りの量も2倍必要になる。緑飼料に加えて、コレといっ

表7-4 放牧の有無と1日に与える飼料の量

家畜	放牧の有無	頭数	緑飼料	コレ	トウモロコシ
ウシ	することもある	1頭	1バリ	1〜2マナ	×
スイギュウ	しない	1頭	2バリ	2マナ	×
ヤギ(去勢)	しない	1頭	1〜2束	0.5マナ	1マナ程度
ヤギ(♂♀)	することもある	1頭	1〜2束	0.5マナ	1マナ程度
ヒツジ(♂)	しない	1頭	1バリ	1〜1.5マナ	?
ブタ	することもある	1頭	×	1〜18マナ(3か月まで)	8マナ(4か月以降)
ニワトリ	庭に放つ	10頭	×	×	1〜2マナ

注)2009年ルムジャタール村にて聞き取り。
1バリは背負いかご1つ分の草。1〜2束はその半分から1/4程度。1マナは約0.5ℓ。

て、稲わら、麦わら、ヒエわら、酒かす、蒸留酒のかすなど、さまざまなものをトウモロコシと混ぜて1日2回、家畜に与えている。その量もスイギュウの場合、ウシの2倍与えることになる。

2000年から2010年までの10年でネパールでは山地の村を中心に海外へ出稼ぎに行く成年男子が多くなった。こ

写真7-7 舎飼い家畜を飼うには、草刈りが毎日の日課となる(筆者撮影)

のため、村に残った女性や子供や年寄りだけで、農作業や家事をこなさねばならならず、草刈りまでは十分に手が回らない(**写真7-7**)。それで、草刈りの手間が少なくて済むウシを1〜2頭だけ飼う人が増え、スイギュウを飼う人が減っているという。2010年頃、この村でも乳をよく出す改良品種のウシが導入されたが、手間がかかるので面倒だと、あまり人気がない。

4. 世帯別にみる飼養目的の違い

世帯別に使用目的を詳しく調べると、かなり飼養目的に違いがみられた。そこで、次にインタビューした四つの世帯の事例を比較してみたい。

4.1. 事例1　O氏（グルン）

　O氏は50代後半。カーストは、中間カーストの民族集団グルンである。彼は元羊飼いで、1998年頃に引退した。以来、家で農業しながら、ウシ3頭、スイギュウ1頭、ヤギ3頭を飼う。彼は朝夕2回の乳絞りを毎日の日課とし、ウシの乳からギュー（バター）を作る。2009年時点で、彼は夫婦2人暮らしである。息子はグルカ兵（イギリスの傭兵）としてイギリス国内に勤務する。息子はカトマンズに家を建て、嫁と孫はカトマンズに住む。娘はカトマンズの大学を卒業し、カトマンズで同じルムジャタール村の出身者と結婚した。村での農作業や草刈りは主に農業労働者を雇ってする。なぜスイギュウをもっと多く飼わないのかと聞くと、「ウシの方が楽だから」という。スイギュウだと、草がたくさん必要になるから、ウシで十分なのだそうだ。

4.2. 事例2　KC氏（グルン）

　KC氏は60代前半。カーストは、中間カーストの民族集団グルンである。彼も元羊飼いである。1995年頃からヒツジの放牧は牧夫にまかせて、自身は村で農作業をしていた。2000年頃、ヒツジを売って羊飼いを辞めた。2009年時点で、家畜はウシ1頭のみ飼う。彼は、村では一人暮らしである。奥さんは子供夫婦とカトマンズに住んでいる。KC氏自身も農作業をしない。農地はすべて小作に出し、収穫物の半分をもらって生活している。一人で暮らすにはそれで十分とのことである。KC氏はもっぱらヒンドゥー教の寺院の世話役として、礼拝と奉仕をして過ごしている。

　この2世帯の事例は、いずれも生活にかなり余裕のある点で共通している。その一方で労働力は不足している。そこで、農作業は農業労働者や小作人に任せ、ウシ1頭だけを自身で飼っているのである。
　次に、家畜を積極的に生計手段として用いている世帯の例をみてみたい。

4.3. 事例3　BR氏（ダマイ）

　BR氏は40代。カーストは一番下の階層に位置する仕立屋カーストのダマイである。彼はオスウシ2頭を持ち、他人の田畑を耕作して稼ぐ。スイギュウは

オスを1頭、肥育用に持つ。大きく育てて肉として売るのである。彼はまた、家畜の仲買の仕事をする。近隣の村からスイギュウやブタを買い付け、定期市で売る。ほかに、ブタ3頭、ニワトリ8羽を飼う。これ以上飼うと、飼料とするトウモロコシ代がかかるのでこの頭数が限界という。農業は自分の畑のほかに、小作をして収穫物を半分もらう。

4.4. 事例4　Mさん（グルン）

　Mさん（女性）は50代。カーストは、中間カーストの民族集団グルンである。彼女はスイギュウ1頭、ヤギ1頭、ニワトリ12羽を飼う。スイギュウは母の実家から子をもらって大きく育てた。ヤギは羊飼いの夫が放牧キャンプから持ってきた。肥育して売るか、ヒンドゥー教の秋の大祭ダサインで供物として生け贄を捧げ、その肉を食べるのに使うという。自分の田畑は売ってしまってないので、親族や近所の人の田畑で小作をする。彼女は、副業として、織物や焼酎を作り、それらを売って生計を立ててきた。夫は羊飼いで家にはほとんど帰ってこない。息子はカタールへ出稼ぎに行って、時々金を送ってくる。家に残る娘と近所に嫁に行った娘が農作業や草刈りにゆく。2009年に、「どうしてスイギュウなのか」という問いに対し、彼女は「ウシよりもスイギュウの方が儲かるから」と答えた。

　以上にみるように、ネパールでは近年全国的にウシよりもスイギュウが増加しているのに対し、山地のルムジャタール村では海外への出稼ぎと都市への移住が進行し、スイギュウよりもウシが好まれるようになった。その背景には、村で労働力不足が生じるのに伴い、草刈りの手間のかかるスイギュウよりも少ない飼料で住むウシが好まれていることがある。このため、スイギュウの舎飼いはこの村では困難になりつつある。また、ウシの改良品種の導入も進むが、草刈りが面倒であまり好まれない。

　一方で、この村でウシよりもスイギュウを好むのは、生活に余裕のない世帯が中心であり、これらの世帯では草刈りの手間をあえてしてでも、家畜飼養を農業の不足分を補う生計手段として積極的に用いている。ただし、経済的な点からみれば、海外への出稼ぎは今やこの村でもどのカーストにも及んでいる。

事例3や4のような世帯でも、今後子供たちが出稼ぎに行くなかで労働力が不足し、生活に余裕が出てくることで、事例1や2のようにスイギュウからウシへ転換したり、都市に移住して家畜飼養そのものを辞めてしまう可能性もある。

　また、経済的に余裕がある世帯でも家畜ゼロとはなっていない。事例1や2のような生活に余裕のある世帯でも、農作業は農業労働者や小作人にまかせても、家畜はウシ1頭だけでも飼い続ける所に彼らが長年慣れ親しんだライフスタイルをかいまみることができる。この点で、事例3や4の世帯でも、親世代であるBR氏やMさんが村に留まるあいだは、スイギュウを飼い続ける可能性があるともいえる。

5. 低カーストが飼うウシが増えるのはなぜか

　事例3のように、低カーストのなかでも現在ではウシやスイギュウなどの大型家畜を飼う人は少なくない。彼らが大型家畜を飼うようになった背景には出稼ぎによる影響があることは否めない。つまり、低カーストのなかからも出稼ぎに行く人が現れ、その送金をウシやスイギュウなどの大型家畜に投資する人々がみられるようになったものと思われる。ただし、それに加えて、出稼ぎには行っていない人々のなかにも大型家畜を飼養する人々がみられる。その方法として重要なのが、委託と寄進牛の払い下げである。

　表7-5には、低カーストのダマイとサルキがいかに大型家畜を入手したのか、その経緯を聞き取ったものを示した。このなかでサジャ(sājhā)とあるのが委託、つまり、他人(委託者)の家畜を預かって飼養することをさす。この場合、委託の条件は個々の契約によって異なるが、おおむね被委託者は謝礼として所有者から委託された家畜の乳や糞などの畜産物を受け取ることができる。委託された家畜の産んだ幼獣を、所有者のものにするか、被委託者のものにするかはまちまちだが、15番の例のように被委託者のものになる事例もある。また、委託された家畜についても、のちに買い上げている例が散見される。

　寄進というのは、儀礼などの際に、ヒンドゥー教の司祭であるバフン(ブラーフマン)を呼んで祈祷をしてもらった謝礼として寄進(dān)することをさす。通常は穀物や現金で謝礼をするが、司祭にウシを寄進することがある。司

祭はのちに寄進されたウシを転売しており、このことが通常よりもはるかに安くウシを入手できる機会となっているのである。通常、ウシは2歳に達すると7000 Rsから9000 Rsになるのに対し、委託していたものを買い上げる場合は7000 Rs程度だが、司祭に寄進したものを買うと1000 Rs以下と格安になっているのがわかる(**表7-5**)。

このような方法は出稼ぎが低カーストにまで拡大する以前からある方法であるが、こうした方法によってウシを得ている人が増えている背景にはおそらく出稼ぎによる影響がある。つまり、中間カースト以上の人々のなかで出稼ぎに行く人が増え、自分の家では飼いきれないウシを委託に出したり、司祭に寄進したりする例が近年増えており、そのことによってこれまではあまりウシを飼えなかった低カーストのなかからもウシを入手する機会が増えていることを伺うことができる。

6. まとめと考察 ── 家畜と社会とのかかわり方 ──

本稿の目的は、家畜種ごとに民族・カーストによる飼養方法や利用方法の違い示すこと、また、出稼ぎが普及し、労働力不足が起きるなかで、家畜飼養をめぐりどのような変化が起きているのかを明らかにすることだった。以下では、以上の結果をふまえ、また2023年以降に村で起きた変化を補足しながら、変化する農村社会における家畜飼養のあり方について、考察したい。

6.1. 民族・カーストによる家畜ごとの飼養目的の違い

まず、言えることは、どの民族・どのカーストゆえにウシやスイギュウをたくさん持つということではなくなってきている。一昔前のインドの農村やネパール低地の農村のように、高いカーストゆえに集中して大型家畜をたくさん飼うわけではない(篠田・中里 2001；池谷 2006；中谷 2008；佐々木 1978；石井 1980)。どのカーストも大型家畜を飼える状況になってきている。また、インドのように改良品種を導入し、ミルクを売ることに特化するわけでもない。2015年にはトラクターが普及しだし、二頭立てのウシで犂を引くのもこれからは少なくなるのだろう(**写真7-8**)。ウシは、スイギュウのように食べられず、

表7-5 大型家畜の増加に関する経緯(2011年3月)

#	世帯主	カースト	ウシ ♂	ウシ ♀	スイギュウ ♂	スイギュウ ♀	ヤギ ♂	ヤギ ♀	ブタ ♂	ブタ ♀
1	K. Tatar	Damai	1	1				1	1	1
2	A. Tatar	Damai							1	
3	N. Tatar	Damai		1					1	
4	J. Tatar	Damai					1			
5	P. K. Tatar	Damai							1	1
6	N. M. Tatar	Damai		3						1
7	G. Tatar	Damai	3	1			2	1	1	1
8	M. B. Tatar	Damai	2			1	1		1	1
9	B. R. Tatar	Damai	1	1			1		1	1
10	P. B. Tatar	Damai	1	2						1
11	B. B. Tatar	Damai	2	1	1				1	
12	M. K. Tatar	Damai			1				1	1
13	J. B. Tatar	Damai			1				1	
23	S. B. Tatar	Damai		2						
24	C. B. Tatar	Damai			1					
25	K. Tatar	Damai		1						
15	N. Bairkhuti	Sarki		3		1		1		
16	K. Bairkhuti	Sarki	1	1		1	1	1	1	1
17	V. Mangaranti	Sarki		1						1
18	T. Mangaranti	Sarki		1						1
19	E. M. Loka	Sarki		2						
20	S. B. Loka	Sarki	1	3		1				1
21	R. B. Loka	Sarki	5	2						1
22	G. B. Loka	Sarki		1						
26	V. Rai	Rai		1				1		
27	P. Chetri	Chetri		2	1		2	5		1
28	B. Chetri	Chetri		1			1		1	

＊1 Rs＝約1.2円(1＄＝85円＝71 Rsで計算)
＊サジャ(sājhā)は委託飼養のこと。1つめの子は小作のもの。2つめは主人のものとなる。
＊寄進(dān)とは儀礼の際にバフン(ブラーフマン)の司祭に寄進すること。他人が寄進した家畜を司祭から安く買い上げた。

肉にすることができない。にもかかわらず、どの民族・カーストにもウシは人気が高い。大型家畜を1頭だけ飼うのであればウシがいいという。やはり、スイギュウに比べると、飼いやすいのであろう。高いカーストでも農業や草刈りなどに割く労働力が少なくなり、中間カーストであるグルンをはじめとする先住民の民族や低カーストの人々でも同様の状態になってきている。

メスウシの増加に関する経緯	その他大型家畜の増加に関する経緯
ウシ♀(6か月)はナラヤンタン村より買う。母ウシは一緒に買うが死亡。	ウシ♂(11か月)はタルワ村より1600 Rsで買う。
ウシ♀(1.5才)はバフンの司祭に寄進したのを500 Rsで買う。	
ウシ♀(6才)は以前サジャだったのを7000 Rsで買う。 ウシ♀(10か月)と♂(7か月)は村内で8500 Rsで購入。 ウシ♀(3才)は夏に仲買人に売った。オス(7才と4才)は家で生まれる。 ウシ♀(4才)と♂(1才)はマムカ村から2つ8000 Rsで買う。 ウシ♀(9才と1才)はマムカ村から8か月前に8000 Rsで買う。 ウシ♀(7才)は2年前に村内で5000 Rsで買う。 ウシ♀(4才)は村内で2000 Rsで買う。	ウシ♂(9か月)×2はケウレニ村より9000 Rs×2頭で買う。 スイギュウ♀(2才)は1年前マムカ村から6000 Rsで買う。 ウシ♂(0才)は家で生まれる。 ウシ♂(1才)は家で生まれる。1.5才が古いのと交換。 スイギュウ♀(2才)は3か月前ケウレニ村から8000 Rsで買う。 スイギュウ♀(2才)は半年前1区から7000 Rsで買う。 スイギュウ♂(2才)はマムカ村から18000 Rsで買う。
ウシ♀(4才)はバフンの司祭に寄進したのを900 Rsで買う。	
ウシ♀(2才)サジャ。3才は6区より1000 Rsで買う。0才は家で生まれる。 ウシ♀(5才)は6区の人をサジャする。 ウシ♀(6才)はサジャしたのを買う。 ウシ♀(2才)はサジャ。 ウシ♀(4才と1か月)は家で出産。 ウシ♀(9才)は母が実家から持ってくる。2才と3才は家で生まれる。 ウシ♀(9才と3才)は家で生まれる。 ウシ♀(3才)は村内で買う。	スイギュウ♀(5才)は家で生まれる。 ウシ♂(0才)は家で生まれる。 スイギュウ♀(2才)は1年前6区より5000 Rsで買う。 ウシ♂(8才と5才と3才×2と1か月)は家で生まれる。
ウシ ウシ♀(2才)はバフンの司祭に寄進したのを400 Rsで買う。	スイギュウ♂(2才)はマムカ村から18000 Rsで買う。転売用。

6.2. 送金経済への移行と村に残った人々の生計手段

　村落社会の変化として、送金経済が進むなかで家畜飼養をめぐって二極化が進行している。一つは手間のかからない家畜が好まれることである。海外への出稼ぎや都市への移住が進み、村を離れる人が多くなるなか、残った人々で家の仕事をこなすようになった。そんななか、ウシを1頭、小型家畜を少々、ブタを飼う民族・カーストなら、ブタ1頭程度を飼う世帯が多くなっている。草刈りはかつて女性や子供の仕事であった。だが、出稼ぎが普及し、若い成人男

写真7-8 2015年には道路が開通し、トラクターでの耕起もはじまっていた(筆者撮影)

性が不在となり、女性はさまざまな仕事をこなさねばならない。子供もかつては学校に行く前と帰った後は草刈りをさせられた。だが、今では送金経済が普及し、私立学校もふえて、草刈りよりは宿題をするように親に言われるようになってきている。こうしたなかで、手間のかからない範囲で家畜を飼う人たちが増えているのである。

もう一つは家畜飼養が村に残った人たちの生計手段となっている点である。このタイプの人は出稼ぎに行かない選択をした人や出稼ぎから帰ってきた人の世帯でみられる。彼らは自分の土地は少なくても、労働力が不足する他人の農地を借りて請負耕作をしながら家畜を飼う。また、多少草刈りの労力が増えても、実入りのいい家畜を複数飼養する傾向にある。2013年になると、こうした人々のなかからヤギやブタやニワトリなどを飼う小規模なファームを始める人も出てきた(**写真7-9**)。彼らにとって、家畜飼養は今でも村に居ながら現金収入を得るうえで重要な副業となっている。

写真7-9 2013年にはブタのファームを始めた人が出た
オスブタとメスブタを1頭ずつ飼い、子ブタを繁殖する。エサの確保が大変だとぼやいていた(筆者撮影)

以上のように送金経済が普及し、手のかからない家畜が好まれるようになっても、家畜飼養はまだ持続している。その背景には、以上で述べたような家畜飼養が村に残った人たちの生計手段となっているからである。また、家畜飼養が続い

ている背景には、それ以外にもいくつかの理由が考えられる。まず、施肥である。家畜の糞、特にウシなどの大型家畜の糞は、農業を続けている限り、肥料として必要である。また、ウシ以外の肉として食べることのできる家畜の場合、儀礼などの文化的消費のために家畜を飼養していることがある。

施肥という点では、調査をした世帯では、ほぼすべての世帯で農業を行っている。村では老人が1人ないし、夫婦で住み、家畜の世話だけをしながら暮らす世帯も少なからずある。だが、そのような世帯も農業をまったくしないわけではない。農業は農業労働者や小作人に任せて、老人たちが家畜の面倒だけ見ているのである。また、農地がごくわずかしかないような世帯でも、屋敷地のなかの家庭菜園をしていることがある。さらに、調査をした世帯の場合、今の所、家畜のファームをはじめた人は、並行して農業も続けている。家畜飼養だけで生計を立てている世帯はない。したがって、家畜の飼養を続けることが施肥に役立っていることになる。肉、皮、ミルク、耕作、運搬、施肥、さまざまな畜産物の効用があるなかで、かつてあった役割が欠落したあとでも、施肥という役割は今でも果たし続けている。文化的に見て、ヒンドゥー教徒が聖なる動物という牛糞の聖性は現在でも有効なのである。

供犠による消費という点では、日常における肉の消費が増えたことが背景にある。これは、ヒンドゥー教徒には殺すことも食べることもできないウシではみられず、大型家畜ではスイギュウ、特に小型家畜のヤギや家禽（ニワトリ）、ブタなどでみられる現象である。1990年代中頃と比べると、日常生活のなかで肉を食べる機会はかなり増えている。送金経済の普及や道路の開通により、米を多く食べるようになり、人間の食料だったトウモロコシが家畜用の餌になった。その結果、村で飼養する家畜の肉付がよくなった。世帯によっても違うが、筆者の印象では、1990年代半ばに2週間に1度肉を食べていたとすると、今や3日に1度は肉を食べるようになった。また、近年では、道路の開通したルムジャタール村でも、ブロイラーの肉を村の商店で買えるようになった（**写真7-10**）。

一方、肉の日常的消費が増えるなか、付加価値を求める声が都市部を中心にではじめた。都市住民に言わせると、村で飼養する「ローカルな」家畜の肉は、「おいしい」ともてはやされている。その背景には、近年、村から都市に

写真7-10　2015年にはブロイラーを飼育する人も出た
これまで肉にするまで2年間かかっていた飼育期間が2か月に短縮された(筆者撮影)

移住した人が増えていることがある。都市でも村と同様の儀礼は必要である。都市では改良品種のヤギやブロイラーなどの安価な肉が普及し、肉食が日常的になるなか、非日常的な儀礼的消費では、村で飼養された「ローカルな」家畜が高付加価値なものとなりつつある。今の所、ルムジャタール村の場合、家畜の肉は村人が上京するときの手土産として持ってゆくだけで、商品化されていない。だが、都市の市場では、売れば高く売れる状況になっている。新しい改良品種による家畜飼養の方法が村に普及しつつあるなかで、伝統的な方法で飼養された在来の家畜が都市住民を中心に求められているのである。

6.3. 農牧林業の複合形態としての家畜飼養

　では、在来の家畜飼養のあり方を維持するにはどうしたらよいのであろうか。筆者は、どれだけ市場に特化した家畜飼養のあり方に変貌するにせよ、農牧林業の複合形態を維持することが重要な鍵となると考えている。というのも、改良品種を主体としたファームは餌資源の外部化につながりやすい。専用の牧草しか食べない改良品種を飼うには、牧草を栽培するか、飼料を購入するかとなる。前者の牧草の栽培は、手間がかかる。日本の酪農家では輸入飼料を購入する人の方が、自分で牧草を栽培する人よりも多い。牧草の栽培の分だけ手間がかかるからである。加えて、ネパールのような発展途上国の場合、先進国からの輸入飼料は高くつくことになる。インドの酪農地帯で見られるような市販の配合飼料もまだ調査村ではみられていない。その代わり、人々は稲わら、麦わら、ヒエわら、酒かす、蒸留酒の搾りかすなどをトウモロコシと混ぜたコレを家畜に与えている(**写真7-11**)。これは家畜飼養と並行して、農業を続けてい

るからできることである。

ルムジャタール村では、農牧林業の複合形態が今でも有機的に連関している。家畜の飼料は森林や田畑から得ることができる。一家で食べる分だけの農業を続けている限り、田畑の畔に生える草や除草で得られる雑草も家畜の飼料となるし、収穫後の残り株は乾燥して家畜の保存飼料となる。また、森林は放牧の場

写真7-11　舎飼い家畜に与えるエサ(コレ)
トウモロコシの粉、籾殻、どぶろくの搾りかす、蒸留酒の搾りかす、塩、水を混ぜたものを鍋で煮る。舎飼い家畜には1日2〜3回与える。日中放牧をしても、朝夕1回ずつ与える(筆者撮影)

ともなるし、森林の下草や急傾斜の草地は草刈りの場ともなる。田畑や屋敷地のまわりには家畜に与える飼料木がある。冬から春先にかけて、緑飼料が不足する季節になると、常緑樹の葉を刈り、家畜に与える。家畜を飼養することで、家畜の糞尿が大地に還る。家畜の糞は、放牧によって草地や森林の肥料と

なるし、収穫が終わった田畑は、家畜の放牧地となる(**写真7-12**)。畜舎で出た糞尿は堆肥作りに利用する。畜舎で家畜の寝床となる敷わらは農産物の残り株に加え、森林から枝葉や落ち葉を採集してくるものもある。佐々木が「モラウニ」、メッツが「ゴート・システム」と呼んだ有畜農耕の連環が、この村ではまだ保たれているのである(佐々木

写真7-12　冬にスイギュウを畑に繋ぐ
毎日繋ぐ場所を変えることで、畑の施肥になる。ちなみに畑の脇には飼料木が植えてある。緑飼料の不足する冬から春先にかけて枝下ろしして、家畜に葉を与える(筆者撮影)

1978；Metz 1989）。日本の畜産農家のように、家畜飼養だけに特化すると、家畜の糞尿の処理が問題となる。地域で農業を維持してこそ、堆肥作りや施肥という形で家畜の糞を有効利用できるのである。

6.4. 草刈りの手間と家畜飼養の形態：遊牧・移牧と日帰り放牧・舎飼いの交錯

では、労働力が少なくなるなかで、できるだけ手間をかけずに家畜飼養をするにはどうしたらよいのであろうか。筆者は放牧による補完こそが重要な手段だと考えている。

舎飼いというのは、じつは手間のかかる家畜飼養の方法である。というのも、人間が草刈りをする必要があるからである。遊牧や移牧のように、家畜を群れで飼養し、人間が家畜のあとについて移動すれば、草刈りの手間を省くことができる。移動する先々にある食草を食べさせられることができるからである。また、遊牧や移牧は、舎飼いや日帰り放牧をする農民に、健康で強壮な家畜を提供する役割を果たしてきた。移牧で飼養した家畜を村に持ってきて舎飼いで飼養したり、移動する先で売って、農民がその家畜を飼養することがある。移牧をする側からすると、群れでの飼養に向かなくなったオスや歩けなくなったメスの家畜を連れてくるわけであるが、定住する農民からすると、日帰り放牧をしたり、舎飼いをする分には十分に健康な家畜である。

また、篠田も述べるように、移牧は農民に対し、育種の役割をはたしている（篠田 2015）。移牧民と農民の関係は、日本の肉牛飼育でいう繁殖農家と肥育農家の関係と似ている。定住する農民の側からしてみると、移牧民から家畜を買うことで、繁殖の手間が省ける。種付けに必要な面倒なオスを自ら飼う必要もないし、幼獣を入手して、ウシやスイギュウを飼うエサを与えて、手間をかけずに肥育に専念できる。遊牧・移牧・日帰り放牧・舎飼いという異なる家畜飼養の形態が共存しているのは、それぞれが異なる役割を補完しているからなのであろう。

ただし、異なる飼養形態が共存するためには、家畜の種類にある程度の互換性を確保する必要がある。改良品種の家畜種のなかには、移動はおろか、放牧に適さず、なかには栽培した牧草のような専用のエサしか食べないものもある。そのような家畜では、とてもではないが、移牧や日帰り放牧のように、移動す

る先で森林の下草を食べる環境では生きられない。また、放牧に向かない改良品種を導入することは、男性労働力の減少が顕著な状況のなかでは、草刈りの労働力の増加につながり、村人の負担となる。さらに、改良品種の導入は、伝染病の蔓延にもつながりやすい。外部から導入した改良品種の家畜がもたらした病気が、免疫のない地元の家畜に伝染し、被害が広がる可能性もあるだろう。

　移牧や遊牧は、本来ならば、舎飼いや日帰り放牧を補完する役割を果たし得るのである。だが、移牧や遊牧を維持するためには、移動しながら放牧に従事する人が必要である。また、移動する先々で草地や森林にアクセスできる必要がある（この点については、詳しくは渡辺 2013 を参照）。こうした点がだんだんと困難となるなかで、移牧や遊牧は減ってきている。家畜の移動性が少なくなった結果、草刈りの手間が村人たちにのしかかってきているのである。

6.5. 手抜き放牧の再評価

　移牧や遊牧の継続が困難となるなかで、草刈りの手間を省くのに有効なのが日帰り放牧である。ルムジャタール村では、労働力不足から、村から遠い段々畑が放棄されるようになった。農業の空間が縮小し、森林化するなかで、家畜の放牧地は増えている（**写真 7-13**）。米を植えなくなった棚田では夏季でも家畜の食害を気にすることなく、放牧に専念できる。畑の食害に気を付けねばならないのは、放牧地に行くまでの間だけである。冬季には家の近くの畑も収穫を終えて休閑中なので、放牧に行く道も食害に気にすることない（**写真 7-14**）。このため、家の門のかんぬきをあけて、家畜を放しておくということも可能である。家畜には朝夕にエサ（緑飼料とコレ）を与えているので、夕方になったら勝手に家畜は戻ってくるのである。もちろん途中で家畜が事故にあったり、獣害にあう可能性はないとはいえない。

　こうしてみると、ルムジャタール村では、家畜を手抜き放牧するための工夫が古くからたくさんあることがわかる。石垣や竹囲いが多いこともその一つである。村の屋敷地は家畜よけの石垣で覆われている。家のなかでは、冬でも家庭菜園があり、野菜を作っているからである。また、畑の周囲も石垣で覆われる。この石垣を作る石は、標高差にして200ｍ下を流れる河原から担いできたものである。現在でこそ、自動車道路ができ、トラクターやダンプカーで運搬

写真 7-13 耕作放棄地が森林化したことで、家畜の放牧地は 10 年間で増えている。ウシとヤギはここで放牧する(筆者撮影)

写真 7-14 夕方に放牧地から家畜を連れ帰る。放牧に最も手をかけている例(筆者撮影)

することが可能となったが、2009 年には人間が背負いかごに入れて担ぎ上げていた。石運びの仕事は、薪刈り、塩の運搬などと並び、冬の農閑期の重要な仕事であった。石垣がない場合は、バカリと呼ばれる竹囲いが畑のまわりを囲っている(**写真 7-15**)。竹囲いを作る竹は村の周囲にたくさん生えている。問題は、竹細工をできる人が少なくなっていることである。かつては、この村では運搬に使う背負いかごは自分たちで編んでいた。家畜小屋のわら置場も、竹囲い同様、竹で編んだバカリを利用していた。こうした竹細工は、かつては男性なら誰でもできるものであったが、今では 50 代以上の人しかできなくなっている。それ以下の世代の人が出稼ぎに行ってしまっているからである。収穫前の田畑の脇を通り過ぎ、家畜を放牧地まで無事に往復させるには、何代にもわたる石運びのような地道なインフラ整備があるのである。

　以上のように、移牧や遊牧を維持するのはだんだんと困難になりつつある。また、送金経済が普及し、労働力不足から農牧林業で利用する空間が縮小化し、牧畜だけにかける手間を少なくする方法が重要となっている。だが、そんななかで、移牧を辞めた羊飼いでも日帰り放牧ならできる。出稼ぎ帰りの人でも、

草刈りをしながらファームはできる。ある程度の手抜き放牧なら家事や育児に忙しい女性にもできるであろう。

「村の家畜がうまい」と都市住民が評価する家畜飼養を続けるには、今ある農牧林業を辞めないことである。農家1世帯では不可能な場合、地域内で農牧林業

写真7-15 家畜よけの竹囲い(バカリ)。果樹の苗木を植えた場所を囲っている(筆者撮影)

の連関が完結するような形で分業の仕組みを模索してゆくのでもよい。日本のように、家畜を家畜飼養だけに特化したモノカルチャーで維持するのは、餌資源の外部依存や糞尿の問題などのコストがかかりすぎることになる。飼養頭数は少なくともよいので、農民が日々飼養できる範囲で行う家畜飼養のあり方が再評価されるべきなのである。

もちろん、今までのような形で、農牧林業の連関を維持し、家畜飼養を続けても、それだけで都市の需要をどれだけ満たせるかという問題は残る。個々の農民が飼養できる家畜には限りがあるし、今後さらにその数は縮小してゆく可能性もある。市場に売るほどの供給量を確保することはできず、出荷できたとしても、村の近くの定期市がせいぜいなのかもしれない。となると、現在のように、自家消費以外の余剰な畜産物は、潜在的には都市の市場で高く売れる可能性を秘めながらも、首都カトマンズに上京する際の手土産として、贈与交換や儀礼的消費のために、市場を介さず流通され続ける可能性もある。また、「村の家畜はうまい」と評する都市住民なかには、地方から都市に移住した「元村民」が少なくない。こうした価値観は、現在では、都市住民の多くに共有されつつあるものの、都会で生まれ育った彼らの子供世代まで共有されるとは限らない。

それでも、何らかの理由で村に残った人々にとって、家畜飼養はまだ生活のためにはなくてはならない手段の一つである。同じ価値観を共有する人々が生

きている限り、彼らの作った畜産物は高い評価で迎え入れられ続けるだろう。それがいつまで続くのかはわからないが、村の家畜飼養者たちが元気なうちは、今しばらくは続けることができるだろう。

● 文　献

池谷和信（2006）：『現代の牧畜民：乾燥地域の暮らし』、古今書院。

池谷和信（2012）：「バングラデシュのベンガルデルタにおけるブタの遊牧」、国立民族学博物館研究報告 **36**(4)：493-529。

石井　溥（1980）：『ネワール村落の社会構造とその変化：カースト社会の変容（アジア・アフリカ言語文化叢書14）』、東京外国語大学アジア・アフリカ言語文化研究所。

稲村哲也・古川　彰（1995）：「ネパール・ヒマラヤ・シェルパ族の環境利用：ジュンベシ・バサ谷におけるトランスヒューマンス」、環境社会学研究 **1**：185-193。

稲村哲也（2000）：「ジュンベシ谷を上り下りする家畜と人びと」、山本紀夫・稲村哲也（編）『ヒマラヤの環境誌』、八坂書房、182-198頁。

稲村哲也・本江昭夫（2000）：「多様な家畜と支配のシステム」、山本紀夫・稲村哲也（編）『ヒマラヤの環境誌』、八坂書房、171-181頁。

大石高志（2006）：「繋がり、広がり、逸脱：インドにおけるムスリム皮革・食肉商工業者のネットワークとその恣意的読み替え」、現代思想 **34**(6)：212-229。

押川文子（1995）：「原皮流通の変化と『皮革カースト』」、柳沢　悠（編）『叢書カースト制度と被差別民(4)』、明石書店、289-330頁。

鹿野勝彦（1978）：「ヒマラヤ高地における移牧」、民族学研究 **43**(1)：85-97。

鹿野勝彦（1979）：『ロールワーリン・シェルパの社会と経済（リトルワールド研究年報3）』、リトルワールド。

子島　進（2001）：「混合山地農業における家畜飼養：パキスタン北方地方の事例から」、篠田　隆・中里亜夫（編）『南アジアの家畜と環境』、文部省科学研究費・特定領域研究(A)「南アジア世界の構造変動とネットワーク」、研究成果報告書(8)：31-57頁。

佐々木高明（1978）：「モラウニの慣行とその背景：中部ネパールの水田村における刈跡放牧慣行・その事例研究」、加藤泰安・中尾佐助・梅棹忠夫（編）『探検・地理・民族誌：今西錦司博士古稀記念論文集』、中央公論社、351-408頁。

篠田　隆（2011）：「インド・グジャラート州における牛移牧集団の社会経済分析」、大東文化大学紀要（社会科学）**49**：133-167。

篠田　隆（2015）：『インド農村の家畜経済長期変動分析：グジャラート州調査村の家畜飼養と農業経営』、日本評論社。

第 7 章　出稼ぎと手のかからない家畜飼養　　　　　　　　　　　　　　　　*189*

篠田 隆（2021）：『インドにおける牛経済と牧畜カースト　グジャラート州牧畜カーストの新たな挑戦』、日本評論社。
篠田 隆・中里亜夫（編）（2001）：『南アジアの家畜と環境』、文部省科学研究費・特定領域研究（A）「南アジア世界の構造変動とネットワーク」、研究成果報告書No. 8。
杉江あい（2023）：『カースト再考：バングラデシュのヒンドゥーとムスリム』、名古屋大学出版会。
吉住知文（2002）：「森林保全か放牧権か：植民地期の西ヒマラヤの牧畜をめぐって」、篠田隆・中里亜夫（編）『南アジアの家畜と環境』、文部省科学研究費・特定領域研究（A）「南アジア世界の構造変動とネットワーク」、研究成果報告書（8）1-29頁。
月原敏博（1991）：「有畜農耕と家畜種」、人文地理 **51**(6)：41-61。
中川加奈子（2016）：『ネパールでカーストを生きぬく：供犠と肉売りを担う人びとの民族誌』、世界思想社。
中里亜夫（1989）：「西ガーツ山脈におけるウシ飼育」、地誌研年報 **1**：25-100。
中里亜夫（1997）：「インドの協同組合酪農（Cooperative Dairying）の展開過程」、福岡教育大学紀要 **47**(2)：101-116。
中里亜夫（2001）：「インド・グジャラート州の女性酪農協同組合の展開」、福岡教育大学紀要 **50**(2)：47-68。
中里亜夫（2005）：「イギリス植民地インドの主要都市における搾乳業：1920-30年代の英領インドを中心にして」、福岡教育大学紀要 **54**(2)：71-87。
中里亜夫（2006）：「パキスタンの都市搾乳業事情：カラーチー大都市圏を例にして」、福岡教育大学紀要 **55**(2)：79-95。
中谷純江（2008）：「インド・ラージャスターン農村の民族誌」、金沢大学大学院博士論文。
南真木人（1990）：「西部ネパールにおけるマガールの生計活動と生産共同」、アジア・アフリカ言語文化研究 **39**：29-68。
南出和余（2011）：「ムスリムとウシ：供犠として、家族として、ビジネスとして」、季刊民族学 **136**：24-26。
山本紀夫・土屋和三（2000）：「多彩な自然と変貌する環境」、山本紀夫・稲村哲也（編）『ヒマラヤの環境誌』、八坂書房、23-42頁。
渡辺和之（2009a）：『羊飼いの民族誌』、明石書店。
渡辺和之（2009b）：「ヒマラヤにおける放牧地利用の生態史：草地・森林への牧畜の影響」、池谷和信（編）『地球環境史からの問い』、岩波書店、190-206頁。
渡辺和之（2011）：「移牧と舎飼いの共存」、季刊民族学 **136**：36-37。
渡辺和之（2013）：「ローカル・コモンズから森林利用者組織へ：東ネパールの羊飼いにみる放牧地確保の戦術」、横山 智（編）『資源と生業の地理学（ネイチャー・アンド・ソ

サエティー研究第4巻)』、海青社、271-293頁。

渡辺和之 (2014):「移動のタイプとその変化：東ネパールの事例から」、宮本真二・野中健一 (編)『自然と人間の環境史 (ネイチャー・アンド・ソサエティー研究第1巻)』、117-149頁。

渡辺和之 (2020):「動物を神に捧げ、共食する：南アジアの祭礼と諸宗教間での肉食観の違い」、ビオストーリー34：46-58。

Baumgartner, R. (2015): *Farewell to Yak and Yeti?: The Sherpas of Rolwaling facing a Globalized World*, Vajra Books, Kathamandu.

Epstein, H. (1977): *Domestic Animals of Nepal*, Holmes & Meier Publishers, London.

Fürer-Haimendorf, C.von (1975): *Himalayan Traders*, John Murray, London.

Ikeya, K. (2010): "A preliminary Ethnological Report about Native Pigs and Humans in Bangladesh", *Report of the Society for Researches on Native Livestock* **25**: 105-109.

Kavoori, P. (1999): *Pastoralism in Expansion*, Oxford University Press, New Delhi.

Klatzel, F. (2001): *Natural History Handbook for the Wild Side of Everest: The Eastern Himalaya and Makalu -Barun Area*, The Mountain Institute, Kathmandu.

Macfarlane, A. (1976): *Resources and Population (Second Edition)*, Ratna Pustak Bhandar. (First Published in 1976 from Cambridge University Press), Kathmandu.

Nakai, S. (2008): "Reproduction Performance Analysis of Native Pig Smallholders in the Hillside of Northern Thailand", *Tropical Animal Health and Production* **40**: 561-566.

Nakai, S. (2009): "Analysis of Pig Consumption by Smallholders in a Hillside Swidden Agriculture Society of Northern Thailan", *Hum. Ecol.* **37**(4): 501-511.

Metz, J. (1989): "A Framework for Classifying Subsistence Production Types of Nepal", *Hum. Ecol.* **17**(2): 147-176.

Pignède, B. (1993): *The Gurungs, Sarah Harrison and Alan Macfarlane (trans.)*, Ratna Pustak Bhandar, Kathmandu.

第8章

農村を移ろうブタ、農村を追われたブタ
――ケニア・養豚フロンティアにおける経営変化と地域分業システム――

上田　元

1. はじめに

　本章は、ケニアにおけるブタの新家畜としての導入前線である「養豚フロンティア」を対象として、中小生産者が養豚の開始以来、とくに2009年から2012年にかけて経験した経営の変化を整理して捉えることを目的とする。そして、子取り経営、肥育経営、一貫経営の間の移動や、養豚からの撤退が起こる理由と、そうした変化を規定する立地条件、さらには養豚の地域分業について考える。養豚フロンティアでは試行錯誤によって経営変化がより多様にあらわれ、そこでの事例は、養豚の普及・持続の要因を検討する手がかりとなろう。議論は少数の事例研究に基づくが、養豚の現場を具体的に報告したい[1]。

　1990年代初頭以降、東・南部アフリカでは養豚が顕著に拡大してきた。これは小農が自発的に、①大型家畜を飼養する空間の不足に対処し、②より迅速に現金収入を確保し、また飼料代等へのインフレの影響を回避し、③外国人観光客の、そして都市部でのブタ肉需要の増加と価格上昇に反応した結果であることが指摘されている(Phiri et al. 2003)。ケニアの場合、養豚をテーマとする文献は、社会科学領域よりも、獣医学を中心として蓄積されてきたため、寄生虫による経済的ロスや、その人的被害可能性(Mafojane et al. 2003ほか)を扱ったものが多い。このため、養豚の全国的動向や社会経済的側面については、不明な点が少なくない。FAO(2012)も、事例を交えながら養豚の現状を全国的かつ多面的に報告しているが、経営の変化には十分触れていない。

　本章では、ケニアにおける養豚の歴史と地域分布を概観したのち、養豚フ

---

[1]　本章は、2009年から2012年にかけて行った文献調査および現地調査による。その後の研究動向・現地状況については割愛する。ご留意いただきたい。

ロンティアの事例としてニェリ(Nyeri)カウンティ(County)とホマベイ(Homa Bay)カウンティをとりあげ、中小養豚家の変化を追う。両地域とも農村でのブタ肉食は一般的でなく、さらに域内都市で消費される分も一部に留まり、域外に販路を求める必要のあることが、養豚が試行の対象であり続けてきた一因である。養豚の中核地域においてさえ、経営は小農世帯の金銭的必要に左右される。しかし、そもそも舎飼いについては飼料価格高騰が、放し飼いについては作物食害や衛生問題が主な理由となって、養豚は変化を余儀なくされている。本章では、そうした変化を整理して報告するとともに、変化には立地条件に応じた差があることを、そして、農村養豚と都市養豚の間には地域分業システムと呼ぶことのできる関係があることを指摘する。

2. ケニアにおける養豚の略史とフロンティア

2.1. 略史

Blench(2000)は、情報が部分的で信頼性に欠けるとしながらも、15世紀ポルトガル人のサハラ以南への来航以前に、小型で黒色かまだらの"在来"ブタの飼養がナイル川沿いに南下し、アフリカ中部・西部へと広まったことを言語学的にうらづける証拠があると述べている。その後、イスラーム化した地域では養豚は衰退したが、ほかの地域では、欧州産のブタがもちこまれて交配が進んだ結果、在来ブタの消滅が促されたという。Epstein(1971: 338)は、ケニアを含む東部アフリカにはもともと在来ブタがみられないとしている。東部の場合、ポルトガル来航以前に養豚がなされていた証拠は見つかっておらず、現在みられるのは19世紀以降に導入された欧州産であると考えられてきた。ただし、ポルトガル人がインド洋交易によって東南アジアからモザンビークにもたらしたブタが北上して、東部一帯に拡散した可能性も否定できないという(Blench 2000)。他方、FAO(2012: 32)によれば、"在来"ブタがケニアに存在したかどうかは知られていないが、現在、粗放的に飼育されているブタの多くは、とくにウガンダからもたらされた種と外来種の間の著しい近親交配によるものとの見解が一般的である。例えば、飼養頭数の多いケニア西部のブシア(Busia)地域では、17世紀、現ウガンダからのサミア(Samia)人の来住ととも

に養豚が始まったという(同: 29)。

　ケニアにおける外来種の養豚は、白人が1904年にセーシェルから、1905年にイギリスから、バークシャー種とラージブラック種を持ち込んで始まった(以下、FAO 2012)。植民地時代の1940年代にはブタ生産者組合とブタ産業ボードが設けられ、また20世紀初頭に設立されたアップランド・ベーコン工場(Upland Bacon Factory: UBF)は、1959年に国営企業となった。一方で、1963年のケニア独立後にはアフリカ人小農が養豚を始め、それはナイロビ周辺の地域に広がっていった。1972年、UBFはブタ製品の大規模な生産・販売に乗り出したが経営に失敗し、1990年代末に民営化された。UBFは、国内最大の需要者であるファーマーズ・チョイス社(Farmer's Choice)にブタ肉とベーコンを供給しており、養豚家の70％近くを占める中小生産者(FAO 2012)と、競争状態にある(Mwangi 2008: 12)。ケニアで飼育されている家畜の多くはウシやヤギ、ヒツジであり、ブタの比重は非常に小さいが、1990年代初頭以降、ほかの家畜と同様に、ブタの飼育頭数、ブタ肉の輸出は顕著に増加している(**図8-1**)。飼育されている外来種は、ラージホワイト(ヨークシャー)種、ミドルホワイト種、バークシャー種、ウェセックス・サドルバック種、ランドレース種と、それらの交雑種である(Export Processing Zones Authority 2005)。

　上述のファーマーズ・チョイス社(以下、FC社)は、ケニアのブタの70～80％を加工する中心企業であり(Kagira et al. 2008)、頭数の増加に深く関わっている。同社は在住欧米人向けにベーコンなどを生産してきた前身企業をもとにして1980年に設立された。1986年に自社養豚を開始、1990年には新たな加工プラントを開設して製品の輸出にも着手した(以下、Farmer's Choice 2007, 2010, 2011 ; FAO 2012による)。そして2000年代に入り、国内については、ブタ肉製品の約35％をホテル等に、15％を大規模店に、50％を大衆市場に供給し、また毎年生産量の1/3、2000トン近くを輸出するようになった。輸出の多くはタンザニアほか東南部アフリカ市場共同体(COMESA)諸国向けだが、販路はアラブ首長国連邦などペルシャ湾岸諸国やインド亜大陸にも達している。ケニアという熱帯アフリカの一国における家畜飼養の拡大には、このようなグローバルな意味があるといえよう。2007年大統領選挙・総選挙後の暴動のため、ケニアは観光不振に陥り、外国人客のブタ肉需要は一時的に減少したものの、復

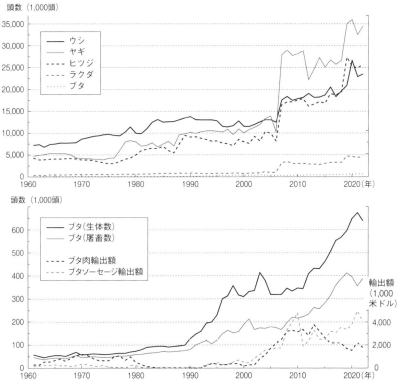

図 8-1　ケニアにおける家畜頭数とブタ肉製品輸出の動向(出所：FAOSTAT)

調後、さらに地方小売やファストフード需要の拡大により、2010年第1四半期のFC社の売上は好調であった。FC社は自社養豚場のほか、全国120ほどの契約養豚家を含む約300の養豚業者から、年間4万頭のベーコン用ブタの供給を受けており(**写真8-1**)、ま

写真 8-1　ナイロビのカハワ・ウエスト地区にあるFC社の屠畜場(2009年10月29日、筆者撮影)

た輸入した外来種の繁殖用ブタを契約養豚家に提供している。

ブタが増加し始めた1990年代初頭、ケニア政府はブタ産業に高い政策順位を与えていたわけではなかった。第6次全国5カ年計画(1989～1993年)を支えるために1989年にアフリカ開発銀行が承認したプロジェクトには、ケニア家畜(ブタ)プロジェクト(Kenya Livestock (Pig) Project)が含まれている(1992～2000年)。この貸付策は、外国人観光客やホテルの増加するブタ肉需要に応えるための生産振興策として始まり、小農をターゲットとするものであった。期間中、328名に貸し付け、70％ほどの回収率を実現したが、目的を十分に達成できずに終わったとされており(African Development Bank 2005)、このプロジェクトが小農養豚を大きく促進したとは考えにくい。また、これ以降、2012年まで養豚関連の目立った開発プロジェクトはみられない(FAO 2012: 47)。他方、観光産業の振興とともにブタ肉価格は上昇し、農村部の食肉店でも徐々にブタ肉が取り扱われるようになり(African Development Bank 2005)、さらに都市化・所得上昇につれてブタ肉消費の増加を見込む政府予測もある(Wabacha et al. 2004a)。

2.2. 類型と対象地域

2008年時点で、ケニアにおける養豚の中心地域は西部のウエスタン(Western)州と中央部のセントラル(Central)州であり、西部のなかでもニャンザ(Nyanza)州はフロンティア的性格が濃かった(図8-2、図8-3)。その後、セントラル州(2009年のブタ頭数対全国比27.5％、2019年のカウンティ・データを旧州単位に集計して得た全国比38.1％)がウエスタン州(同26.2％、同

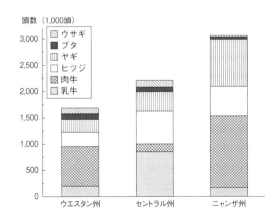

図8-2　養豚上位2州およびニャンザ州の飼育家畜構成(2008年)(出所：Kenya n.d. a, n.d. b, n.d. c)

196　　　第Ⅱ部　文化に根ざした家畜・家禽飼育

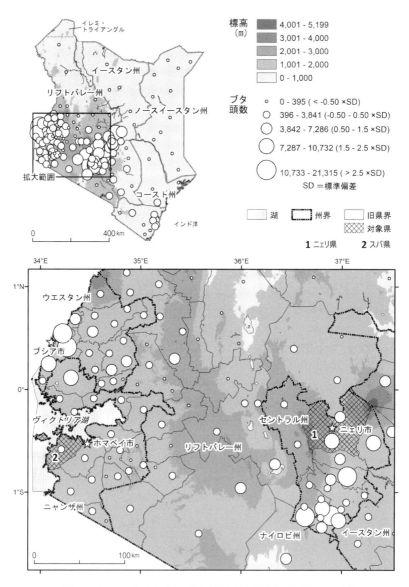

図8-3　ケニアにおけるブタの分布と調査対象地域（旧州・県、2009年）
旧県別にブタの飼育頭数を円の大きさで示す。一部は分県前の県境であることから、一つの県に複数の円が含まれる場合がある（出所：KNBS 2010）

24.0％)と入れ替わって首位となり、続いてリフト・バレー州(Rift Valley)(同14.5％、同11.8％)とイースタン(Eastern)州(同13.0％、同13.7％)が拮抗している。他方、ニャンザ州は全8州のなかでは下位(同8.3％で第6位、同6.6％で第5位)で、ナイロビ(Nairobi)州(同9.0％、同3.7％)と同水準にある。残るのはインド洋沿岸のコースト(Coast)州と、大部分が半乾燥地域であるノース・イースタン(North Eastern)州であり、いずれもムスリムが多い(KNBS 2010, 2019)。

　統計資料の制約から全国の養豚家を飼養規模で分類して地域分布を示すことはできないが、ケニア養豚には三つの類型が認められている(Ilatsia *et al.* 2008)。①小養豚家による集約的・半集約的舎飼い、②放し飼い、③生産性の高い外来種による企業的舎飼い、である(群としての放牧管理はみられない)。本章では、これらのうち市街地で行われているもの、あるいは食物残渣など都市の与える資源への依存度が高いものを都市養豚と呼ぶ。企業的舎飼いを除き、いずれもブタの飼養は女性の、購入・売却は男性の役割との通念がある(FAO 2012)。農村養豚は畜舎において毎年免許を更新しながら行うこと、家畜病発症の報告義務、必要に応じた家畜移動制限などが、法律によって定められている。また、都市養豚には特別の免許が必要である。しかし、これらを遵守しているのは企業的養豚者のみである(FAO 2012: 37-38)。以下、それぞれの類型について先行研究から明らかなことをまとめ、また養豚が比較的普及しておらず、導入が試行されている地域をフロンティアとして選び出す。

　現地調査後半の2011年、ケニアでは地方行政改革が行われた。これによって、州(Province)と県(District)が廃止され、カウンティ(County)制が導入された。この改革前には各地で分県が進んでおり、家畜を管轄する部署を含めて行政組織は移行期にあった。本章では、廃止されたかつての州・県(場合により、分割前の県)の名称を、「旧」を付さずそのまま用いることとし、必要に応じて改革後のカウンティ名を併記する。

2.2.1　小養豚家による集約的・半集約的な舎飼い

　Wabacha *et al.*(2004a)によれば、セントラル州、ナイロビ州、さらにリフト・バレー州では(**図8-3**)、80％程度のブタがナイロビ市場向けに舎飼いされている。また60％は小農生産だが、その管理方法・畜舎は貧弱で、標準的な寄生

虫対策も行われておらず、これらが生産を制約していることが指摘されている（Kenya 1995, Nganga et al. 2008による引用）。セントラル州のなかで養豚が盛んなのは、ナイロビに近い南部の地域（北からムランガMurang'a県、ティカThika県、キアンブKiambu県を経てナイロビに至る）である（**図8-3**）。

　キアンブの村では、農場規模の中央値は1エーカーで、耕種・乳牛・家禽にラージホワイト種・ランドレース種のブタをあわせた混合農業が行われている（Wabacha et al. 2004a）。飼養頭数の中央値は9頭、母ブタ数の中央値は1頭で、子ブタの分娩から肥育までの一貫経営が多い。すべて自然受精だが、60％は種ブタを飼っていない。養豚は、インフレによる資産目減りを回避し、現金獲得手段を確保するために行われている。経営の制約要因としては、①高い飼料費用、②信用供与の不足、③遺伝的に高品質な種ブタの不足、ないし適時借用の困難、④疾病が指摘されている。離乳－種付間隔（3か月）や分娩間隔（6.4か月）は企業的舎飼いの場合よりも長く、メスブタ1頭当たりの年間子ブタ出産数も8頭前後と企業的生産に比べて少ない（Wabacha et al. 2004b）。排泄物は、80％近くが採肥のために回収されている（Sheldrick et al. 2003）。特徴的なのは、養豚家の30％が世帯の金銭的必要のため1年以内に全頭売却・換金して生産から撤退し、高い流動性がみられることである（Wabacha et al. 2004a）。

　本章では、こうしたセントラル州中核地域の外にある養豚フロンティア農村の実態を捉えるために、ニェリ・カウンティ南部（セントラル州北部のニェリ・サウスNyeri South県）を選び（**図8-3**）、中核地域で指摘されている経営の流動性を含めて、検討の対象とする[2]。

　小養豚者による舎飼いは、都市部でも行われている。中核地域の一つであるウエスタン州（**図8-3**）では、例えばブシア市街地の畜舎で集約的な都市養豚が行われている（以下、2009年11月3日および2012年8月18日の聞き取りによる）。学校教師を務めるある女性は、宅地に豚舎を建設して農民からメスブタを購入、労働者を雇い、2009年11月には10頭を超える外来種を飼育していた（**写真8-2**）。しかし、2006～2007年のアフリカ豚熱（ASF、旧名称：アフリカ

---

[2] ニェリ南部での調査においては、ブタの生産・流通を把握するために旧県の郡レベルでまとめられた政府畜産報告書（2001～2009年分）の収集に努めたが、分県によって散逸したり、入手できても記載内容に疑問のある場合が少なくなかった。ここではその内容は割愛する。

豚コレラ)の流行がブシアに始まったとされることも関係してか(FAO 2012: 35)、契約相手であるFC社の来訪が疎らになってきた。飼料価格も高騰したため、2010年10月、全頭をFC社に売却して養豚から撤退してしまった。ほかにも、2009年には塀で囲まれた屋敷地で数十頭に及ぶブタを放し飼いし、市販飼料と街中の食堂等から出る食物残渣で給餌していた例があるものの(**写真8-3**)、こちらも2012年までに完全廃業していた。

本章では、小生産者による同様の集約的な都市養豚の変化について報告するために、フロンティアとして特定したニェリ・カウンティの行政中心地ニェリ市での事例、そし

写真8-2 ブシア市内の住宅地に設けられた養豚場
(2009年11月3日、筆者撮影)

写真8-3 ブシア市内の屋敷地内で放し飼いされるブタ
(2009年11月3日、筆者撮影)

てケニア西部、ホマベイ・カウンティの行政中心地ホマベイ市での事例をとりあげる(**図8-3**)。ホマベイ市は、その周辺のフロンティア生産地域を大消費地ナイロビにつなぐ集出荷者の役割を果たす小養豚家が拠点としている場所であることから、その活動実態を紹介する。

2.2.2 小養豚家による放し飼い・食物残渣あさり

ウエスタン州のブタの多さは全国有数であり(**図8-3**)、すでに述べたとおり、養豚史も17世紀に遡るといわれる。この一帯では世帯の生存戦略の一つとしてブタが放し飼いされていることが指摘されてきた(Kenya 1995；Nganga

写真8-4 ブシア県・アスィンゲ(Asinge)交易センター脇の屋敷地に繋がれたブタ(2009年11月3日、筆者撮影)

写真8-5 ブシア市内にあるブタ肉専門店
(2009年11月3日、筆者撮影)

et al. 2008による引用。Phiri *et al.* 2003；Ilatsia *et al.* 2008)。いまだ数少ない研究によれば(Kagira 2010；Kanyari *et al.* 2010)、同州のブシア県12集落の養豚家の平均所有地面積は1エーカー、ブタの飼育頭数は3.6であり、家畜の41％をブタが占める。養豚家サンプルの61％が畜舎を持たず、作物食害を避けるために、65％が繋ぎ縄で飼育し(**写真8-4**)、33％が乾季に放し飼い、雨季に繋ぎ縄を用いている。人々はこれを残飯の給餌で補っている。市販の飼料はほとんど与えておらず成長に時間がかかり、屠畜業者に売る際、ブタは生後9か月を超えている。子取り経営が12％、肥育経営が36％、一貫経営が7％、これらの混合経営が46％である。89％が地元屠畜業者に販売しているのに対して、アフリカ豚熱や寄生虫病の罹患を懸念するFC社への販売は1％のみである。ブシア市街地にはブタ肉専門店があり(**写真8-5**)、周辺農村の交易センターにも同様の店がみられ、ブタの多くは地元で消費されている。

本章では、より長い養豚歴をもつこうした中核地域ではなく、ニャンザ州・スバ(Suba)県(現ホマベイ・カウンティの一部)を養豚フロンティアのもう一つの例として選ぶ(**図8-3**)。この一帯の農村部では、ウシなどは放牧されており、

舎飼いはほとんどみられない。しかし、ブタの放し飼いは隣家の作物を食い荒らすため長続きするのが難しい。2011年、キリスト教会系の学校がコンクリート製の豚舎を建設し、生徒給食用に"地元"種の養豚を始めた例があるものの、周辺農家は資金不足のためにこれを模倣するには至っていない。そうしたなか、ブタの多くは、農村部ではなく、例えばスィンド（Sindo）街で放し飼いされている。本章では、その実態について検討する。

2.2.3 企業的舎飼い

ナイロビと隣接するセントラル州、イースタン州、リフト・バレー州には、5000～3万頭に達するFC社の大養豚場があり、またFC社に供給する企業的な養豚家もみられる（FAO 2012）。例えば、セントラル州のティカ県は、1995年には国産ブタの23％を占め全国一であった（Kenya 1998; Kagira *et al.* 2003による引用）。同県で操業していた飼育頭数30を超える35農場（計9902頭）のうち、2大農場が全体の72％を飼育していた（Kagira *et al.* 2003）。本研究では、こうした大規模な企業的養豚は対象としない。

2.3. 養豚をめぐる状況と経営変化の要因

選び出した養豚フロンティアでの事例紹介に入る前に、本節ではニェリ市街地初のブタ肉専門店Xの経験を軸にしながら、2009年から2012年にかけての養豚を取り巻く状況の変化について概観し、養豚経営を変化させうる要因について考えを述べておく（以下、2009年10月30日および2012年8月4日の聞き取りによる）。ニェリ市周辺では、1990年代に入って食物残渣と市販飼料による舎飼いの養豚が増加し始めた。もっとも、その動向は市況や家畜病、飼料価格に左右される側面が色濃い。X店は1996年に創業し、地元客向けに販売と食堂営業を始めた。当初、養豚家からの仕入れの際にはFC社と競合しなければならないほど、ブタの供給は不足していた。その後、2006年前後に口蹄疫がはやり、ブタ肉の販売が困難となり、また飼料価格も高騰して、これらは養豚家の経営を圧迫した。しかし、2007年にかけてのウシの間でのリフトバレー熱の流行は、地元民キクユ（Kikuyu）の人たちを牛肉食からブタ肉食へとシフトさせたといわれており、この年はX店の従業員によって、売上のピークとして記憶されている。当時、X店は1日5頭分の肉を売りさばいており、仕入

れ値はキロ当たり110ケニア・シリング（以下、KShsと略記）で、小売価格はKShs 220であった。

これを峠として、2009年までにX店の取り扱いは1日1頭に減少したが、仕入れ値はそれほど上昇せず、キロ当たりKShs 135、小売価格はKShs 260に留まった。これは、ブタ肉の地域需要の伸び悩みを示していると考えられる。また、2007年末の大統領選挙後の暴動、翌2008年のメイズ（トウモロコシ）不作、そして世界食料価格危機によって、飼料価格はさらに高騰して養豚家は苦境に立たされ、地域によっては経営の放棄が続出し、供給も減った。さらに2009年のメイズ不作と飼料不足、人へのブタインフルエンザの感染報道、そしてセントラル州での口蹄疫の発生と2010年初めまでのブタ・ブタ肉の移動禁止（FAO 2012: 36）とが、やはり地域によっては養豚離れを加速した。FC社も、ニェリ地域には買い付けに来なくなった。

同社が買い付けを再開したのは、2011年、今度はアフリカ豚熱によりブタの取引価格が低下するなかでのことである。そして、2012年には一転してブタ肉価格が上昇し始め、X店の仕入れ値はKShs 220、小売価格はKShs 360となった。これは、養豚家数が減少し、ブタ肉が品薄となったことを反映していると考えられる。同時に、ニェリ市街地に新たに二つの販売業者が開店し、ブタ肉取扱店はあわせて4軒となった。同様の店は、近隣の比較的大きな街ムウェイガ（Mweiga）でも営業している（**写真8-6**）。

先行研究が述べているように、小生産者は収入を得ようとして、養豚への参入と撤退を頻繁に繰り返しうる。しかし、そうした金銭的必要の有無にかかわらず、フロンティア地域での養豚経営を流動的にする要因が、ほかにも存在しているのではないだろうか。本節で概観した養豚をめぐる状況変化のなかでも、例えば

写真8-6 ニェリ県・ムウェイガのブタ肉専門店
（2010年3月10日、筆者撮影）

飼料価格の変動は、経営を圧迫し、流動的にする基本的な要因であり、無視するわけにはいかない。本章で示す事例からわかることを先取りすれば、価格上昇した飼料の使用を控えれば肥育期間が長くなり、迅速現金化が実現しないだけでなく、結局は飼料代がかさんで利益が縮小し、さらに損失の恐れも膨らむので、養豚からの迅速な撤退が必要となるのである。あるいは、飼料価格高騰に直面した養豚家は、一貫経営から子取り経営ないし肥育経営に移行して、収益確保を試みることになる。そして、こうした経営変化は、養豚の立地に左右されること、また養豚の地域分業システムの枠内で生じることを指摘するのが、本章の主旨である。

3. 農村での中小舎飼い養豚 ── ニェリの事例 ──

　ニェリ・カウンティ南部では、表8-1に示す4事例を得た。これらのなかで、FC社の集荷圏に含まれるのは、事例2を除く3つである。この地域は標高1800m前後の高地に拡がっており、より高く、ナイロビに向かう幹線道路から離れた場所にある事例2の村では、低温のためにブタの生育が思わしくないだけでなく、FC社への販路を確保しにくい。さらに、ニェリ市から十分な市販飼料や食物残渣を搬入する費用もかさむので、飼料価格の高騰によって多くの農家が養豚から撤退し、それがさらにFC社による集荷を遠のかせるという悪循環に陥った。これに対して、ほかの3事例の村は、立地の制約が緩く、養豚家もより多く、FC社の集荷費用も低く抑えられるので、同社への販路が維持

表8-1　農村での中小舎飼い事例(ニェリ、筆者調査)

飼養者事例	地区	開始年	頭数	畜舎	経営変化	給餌法	出荷先
1　A夫妻	キアンドゥ	1998	8	木造	一貫⇒子取り	市販飼料	都市養豚家、FC社
2　B夫妻	ムヌンガイニ	1998	1	木造	一貫⇒(中断)⇒肥育	市販飼料	地元豚肉店(FC社へは中断)
3　C夫妻	チャカ	2006	68	ブロック造	一貫⇒(中断)⇒一貫	市販飼料	FC社、地元豚肉店
4　D夫妻	キグワンディ	2008	3	木造	肥育⇒子取り	市販飼料	近隣養豚家

されやすいといえよう。だが、これらの事例においても、飼料価格高騰は養豚経営の内容を変化させる要因となっている。

3.1. 子取り経営への部分的移行と都市養豚との結びつき

　FC社の集荷圏内にあるキアンドゥ(Kiandu)村のA夫妻は、家族9人で2エーカーの土地を利用している(以下、2012年8月4日の聞き取りによる)。木造畜舎で行っている養豚は収入源の第1位であり、これによってガラス窓のあるコンクリート造りの電化された家屋を建てることに成功した。ほかに、養鶏、乳牛飼育・牛乳販売、コーヒーが収入源である。農外就労は行っていない。1998年の養豚開始時には近隣に3軒ほどの先行例があり、2012年にも周囲に5軒ほどの養豚家があった。

　A夫妻は近隣村の農民から離乳直後のメスブタを2頭(1頭KShs 1500)購入して肥育を始め、その後も中断することなく養豚を続けてきた。母ブタ数が最多であったのは、2005年の5頭であった。2012年8月のストックは、キアワイザンジ(Kiawaithanji)村などから購入して育てた母ブタ4頭、別途入手した種ブタ1頭、それに生まれた子ブタ3頭であった。いずれも、知り合いではない養豚家を自ら探して得た。

　2006年には飼料価格が高騰し始め、肥育のために飼料をつぎ込んでも赤字になりかねないため、A夫妻は一貫経営から子取り経営へと重心を移した。すなわち、カウンティ南部のオザヤ(Othaya)やカラティナ(Karatina)などの市街地縁辺で残飯等を給餌しながら低費用で肥育する都市養豚家に対して、離乳子ブタを販売することが中心となっている。先方が聞きつけて来訪するほど、夫妻の住むキアンドゥ村の名は養豚と結びつけて理解されている。彼らは、2011年12月に25頭の子ブタを1頭当たりKShs 3000で販売し、また2012年7月には12頭の子ブタをそれぞれKShs 3500で販売した。

　2008年はFC社による肉ブタの買取価格がとくに低く、さらに2年ほどは買い付けに入ってこなかった。このことも、A夫妻を子取り経営へと向かわせる一因となったかもしれない。FC社が戻ってきたのは2010年のことであり、同社はその後、月に2回ほど養豚家を巡回して集荷している。A夫妻も年に3回ほどはFC社にベーコン用ブタを売り渡しているという(キロ当たりKShs

200)。2012年、市販の飼料は1袋70 kgがKShs 2350であった。FC社はより廉価で供給するが、10袋単位でしか売らないので、夫妻はFC社からは入手していない。養豚家を組織して飼料共同購入、肉ブタ共同販売の可能性を模索する動きはない。ほかに、ニェリ地域における商取引の一大拠点であるカラティナ市のブローカーに売却する場合もあるとのことである。

3.2. 養豚からの完全撤退と再開

ムヌンガイニ（Munungaini）は、立地条件の悪さのために、徐々にFC集荷圏の外に追いやられた村の例である。この村のB夫妻は、3エーカーの土地を所有しており、2012年時点の収入割合は、乳牛酪農（2頭）、野菜生産（トマト、ピーマン、キャベツ）、養豚、養鶏の順に大きかった（以下、2009年10月30日および2012年8月4日の聞き取りによる）。養豚は回転が速く迅速現金化が可能なために、1999年にコンクリート床・木造の乳牛舎を転用して、ランドレース種を中心とした養豚を開始した（**写真8-7**）。当時は周辺で養豚が流行し始めたころにあたり、彼らの養豚は2005年前後まで、近隣小農に子ブタを販売する子取り経営の色彩が濃かった。妊娠期間は「3か月＋3週間＋3日間」と覚えられている。1頭の母ブタは、毎回10〜15頭を出産し、一生のうち5〜6回出産できる。子ブタへの授乳期間は2か月であり、その後は肥育して4か月で売り物となるので、母ブタに年2回出産させる計算となる。3〜4月齢の子ブタ1頭ならば、一袋60 kgの市販飼料で1か月の給餌が可能であり、朝夕2回、十分に与え

写真8-7　ムヌンガイニ村・B夫妻の豚舎
（2009年10月30日、筆者撮影）

---

3) 生きた豚を売買する家畜市は存在せず、農民間取引や仲介者への売却は農場で行われ、その場合、価格はキロ単位では決まらない。食肉店からの注文を受けて肉豚として売る場合には、屠畜してキロ単位で販売する。他方、FC社には生きたまま搬入し、同社はさばいて皮・臓物等を除いた屠畜後重量（CDW）に対して支払う（FAO 2012）。

れば5〜6月齢で出産可能となる。もっとも、雨季になると街から市販飼料を搬入するのが困難となるので、多数の飼育は難しいし、給餌が不十分だと肥育に時間がかかってしまう。虫下し等は薬剤を購入して行っている。

　2009年、B夫妻は21頭を一貫経営していたが、FC社は「十分な頭数を確保できる見通しがない限り農村部には入ってこない」ので、立地条件に恵まれない彼らの豚舎への来訪頻度は低く、同社に売却したのは2008年前後が最後であったという。また、地元市場も拡大せず、販路に苦しんでいた。ニェリ市街から西方の地域では、ブタ肉を扱う食肉店は少なく、養豚家は都市需要あるいは域外需要に依存している(図8-4)。さらに、供給過多によるブタ肉の値崩れと飼料価格高騰が重なって、飼育を続けると損失が膨らむため、近隣では10軒ほどの農家が飼育を放棄してしまい、養豚は人々の間で「触れたくない話題」になり下がってしまった。養豚家の減少はFC社の来訪をさらに遠のかせ、B夫妻も、2011年12月に18頭のブタをすべてニェリ市のX店に売却した(50

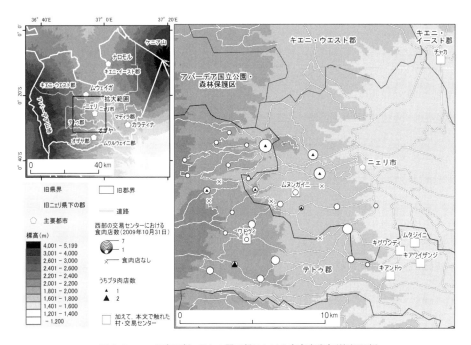

図8-4　ニェリ市西部・テトゥ郡西部における食肉店分布(筆者調査)

〜60kg、キロ当たりKShs 220)。そして、乳牛飼養に回帰した。

その後、逆に供給過少となりブタ肉の価格が上昇に転じることを見越して、B夫妻は再び2012年に3月齢の子ブタ1頭を飼育し始めた。これは、ワドヴィ（Wadovi）村よりKShs 3500で連れてきたものである。このように、彼らは需給関係を踏まえ、損益を考えて養豚を生計に着脱させているが、再開後、肥育経営に留まるか、一貫経営にまで戻るのかの判断は、飼料費用と子ブタ・肥育豚売値のバランスによるだろう[4]。

3.3. FC社に出荷する中規模一貫経営

ニェリ市北東部の交易センター・チャカ（Chaka）周辺には、少数ではあるが、300〜400頭近くを飼養する中養豚家があるという。それに比べれば規模は小さいものの、子取りと肥育を組み合わせた一貫経営の養豚を行っているのが、C夫妻である（以下、2009年10月29日、2012年8月4日の聞き取りによる）。夫はカラティナ出身の畜産官であり、養豚についての知識と飼育者の知り合いを持つ。2006年にコンクリート造りの畜舎を設け、公務員を早期退職した妻が、乳牛飼養用の労働者1名を使いながら養豚を始めた（**写真8-8**）。夫の賃金収入に次いで、乳牛飼養収入が多いものの、養豚収入もこれに匹敵するという。自給用メイズを生産するほか、所有地の多くはネピア・グラスなどウシの飼葉生産に使われている。だが、養豚開始早々の2006年前後には口蹄疫がはやり、ブタの販売ができなかった。また、過剰供給による値崩れと、低品質の市販飼料が肥育期間を長期化して経費を増やしたために、2009年の訪問時には、3頭の

写真8-8　チャカ周辺・C夫妻の豚舎
（2009年10月29日、筆者撮影）

---

4) 2012年、一袋60kgの飼料価格はKShs 1,800、70kgの場合はKShs 2,300〜2,400であった。近隣には種豚をもつ農家が2軒ほどあり、KShs 2,500で種付けに応じていた。

成獣と6頭程度の4月齢子ブタの飼育に留まっていた。そして、2010年に入るとすべてを売却し、1年間の生産休止に入った。

　その後、地域においてブタが減少し、供給過少が予想されたので、C夫妻は2011年3月に生産を再開した。ラージホワイト種とランドレース種(乳頭数14～16)を飼育し、キアンドゥ村の農民から妊娠中のメスブタを1頭、KShs 2万5000で、2月齢の離乳子ブタ6頭(オスメス半々)を別の農民から1頭当たりKShs 3400で購入した。そして、これらの生んだなかから母ブタ7頭を選定した。種ブタは、ムクルウェイニ(Mukurweini)の農民から4月齢をKShs 1万で調達した。2012年時点のストックは、0～1月齢の子ブタが25頭、1～2月齢の子ブタが20頭、3～4月齢が6頭、6～7月齢が9頭、母ブタが7頭、種ブタが1頭の、合計68頭であった。近隣農民から種ブタの注文がないかぎり、すべて去勢する。貧血症にならないよう、子ブタには鉄分補給を2回行っている。

　販売は、7か月程かけて70kg程に肥育した段階で行う。主な相手は、FC社である。同社は養豚家を巡回調査して生産・肥育動向を把握しており、C夫妻の2012年8月ストックについても、6～7月齢の9頭が残り1か月足らずで出荷可能になるとの予測を記入用紙に残していた。FC社のブタ肉の買い取り価格は、2012年時点でキロ当たりKShs 220であり、カフィナの屠畜業者の場合と同様である。FC社との取引の利点は、同社が飼料を比較的廉価で供給することにある。市販価格が一袋KShs 2000～2300である飼料を、FC社はKShs 1400で販売している。C夫妻の場合、入手した飼料に所有地で栽培したウシ用の飼葉やサツマイモの茎葉を加え、与えている。FC社のほか、チャカにあるブタ肉専門店への販売経験もあった。2008年に創業したブタ肉店の場合、2009年5月までの小売価格はキロ当たりKShs 200、以降は飼料価格高騰で仕入れ値が上昇したためにKShs 220であった。1頭50kg程度の肉を2日で売り切るとのことであった(2009年10月30日聞き取り)。

3.4. 肥育経営から子取り経営への移行

　キグワンディ(Kigwandi)交易センターの一角で食堂を経営する26歳の男性D氏は、妻と子供2人を養うために、養豚を副業的に行っている(以下、2012年8月4日の聞き取りによる)。木造豚舎は、店兼住居のブロック家屋の外壁

に併設されている。親の土地は2エーカーであり、自分の世帯以外に妹・弟もそれに依存している。2008年にムタジイニ(Mutathiini)村からオスブタ1頭を、別の村からメスブタ1頭と去勢ブタ1頭を、いずれも離乳子ブタとしてKShs 3500で購入したのが、D夫妻の養豚の始まりである。2011年7月には、オスブタ1頭を生きたまま、種ブタとしてカラティナのブローカーにKShs 1万8000で売却した(仮に屠畜して肉として販売した場合には、KShs 1万2000程度)。FC社の集荷圏内にはあるものの、「頭数がそろっていないと買い取ってもらえないため」、同社への販売経験はない。2012年8月時点では、オスブタ1頭、メスブタ1頭、子ブタ1頭を飼育していた。このメスブタはこれまで子ブタを4頭しか生んでおらず、それらは1頭KShs 3500で近隣に売却した。市販飼料で給餌して肥育する資金がなかったためであり、子取り経営を行おうとしていることがわかる。また、現有の子ブタ1頭は、ムタジイニ村で購入した乳頭数16のメスブタであり、すでに飼っていた乳頭数14のメスブタよりも多産であることを期待して、所有するオスブタと交配しようとしている。1袋70kg、KShs 1500～1650の飼料に残飯等を混ぜて給餌している。

4. 都市養豚 —— ニェリとホマベイの事例 ——

食物残渣など都市の与える資源への依存度が高い市街地での養豚については、**表8-2**にある5例を収集した。事例5～7は集約的な舎飼い、事例8、9は放し飼いであり、いずれも販売におけるFC社への依存度は低い。市街地、あるいはその周辺は、大量の食物残渣を入手できるだけでなく、市販飼料を豚舎へと

表8-2 都市における舎飼いと放し飼いの事例(ニェリ、ホマベイ、スバ、筆者調査)

飼養者事例	地区	開始年	頭数	畜舎	経営変化	給餌法	出荷先
5 E夫妻	ニェリ市	1978	70～200	木造	なし(一貫/子取り)	食物残渣	観光ホテル、FC社
6 F夫妻	ニェリ市	2006	3	木造	一貫⇒肥育	食物残渣	地元豚肉店
7 G氏	ホマベイ市	1998	約40	木造	なし(一貫、集出荷)	市販飼料	ナイロビ屠畜場、豚肉店自営
8 H翁	スィンド街	1970年代末	45	小屋	なし(一貫、子取り)	放し飼い	域外商人
9 I夫妻	スィンド街	2002	35	なし	なし(一貫、子取り)	放し飼い	域外商人

容易に搬入することのできる立地条件を備えている。そうした条件のもと営まれている都市養豚は、高騰する市販飼料にかえて、無償で得られる食物残渣の割合を高めて給餌できるため、販路さえ確保すれば、農村養豚に比べて持続可能でありうる。

4.1. FC社への依存を脱却しようとする中規模舎飼い

　E夫妻は、ニェリ市・カンゲミ(Kangemi)地区の中養豚家であり、飼養頭数が200頭に達したこともある(以下、2009年10月30日、2012年8月3日の聞き取りによる)。妻は、市内の病院で看護師として働いていた。病院から出る残飯等をエサとして貰い受け、1978年に数頭から養豚を始め、夫も20年弱、飼育に関わっている。市街地縁辺部に木造の豚舎を数軒配置し、労働者を2名雇っている(この事業は取締当局との関係が微妙であり、写真の撮影は許されなかった)。2006年から翌年にかけて、蚊が媒介するリフトバレー熱が流行した際、牛肉にかわってブタ肉への需要が高まったという。しかし、2009年はメイズが不作となり、それを原料とする飼料の価格が1.5倍から2倍に高騰したため、飼養頭数を70頭に減らさざるをえなくなった。2012年時点では、市内の国際的に著名な観光ホテルに廃棄物コンテナを置き、毎日、小型ピックアップ車2台分の残飯等を無償で回収し、それを煮沸して給餌している。基本的には母ブタを飼育しながら子ブタを肥育して販売する一貫経営を行っているが、肥育しようとする小農に離乳子ブタを供給することも多いとのことである。かつてはFC社以外に大量に収める先がなく、販路確保に苦心していたが、1997年頃より上述の観光ホテルに納入しており、近年ではそれがFC社への売却を上回っている。

4.2. 肥育経営に移行した小養豚家と農村養豚との結びつき

　ニェリ市・キアワラ(Kiawara)スラムに暮らすF氏はカラティナ方面の出身であり、客を求めてニェリ市に来住した家具製造職人である。そして、子供の学資捻出のため、2006年に2頭を購入して養豚を始めた(以下、2009年10月30日、2012年8月3日の聞き取りによる)。木造の小規模な豚舎を庭先に建て(**写真8-9**)、カンゲミ地区のE夫妻(事例5)に学びながら、妻が飼育している。

彼女は、街中のホテル・食堂、学校から排出されるジャガイモの皮などを無償で入手し、それらを煮て、若干の市販飼料を混ぜて与えている(**写真 8-10**)。子ブタの生後 3 か月目に市販の虫下し(2012 年、1 頭当たり KShs 60)を飲ませている。ウシほど手間と飼料代がかからず、手狭な庭先で飼うことができ、分娩回転が速いことを理由に養豚を続けており、これに養鶏を組み合わせて生計の足しにしている。2006 年に養豚を始めて数か月後に 10 頭をキロ当たり KShs 130 で売却した(1 頭 40 ～ 70 kg)。ニェリ市中心部のブタ肉専門店に納入することが多かったが、2012 年 3 月にはより高く買い取るカラティナの屠畜業者に 1 頭

写真 8-9　ニェリ市・キアワラ地区・F 夫妻の豚舎
(2009 年 10 月 30 日、筆者撮影)

写真 8-10　ニェリ市・キアワラ地区・F 夫妻のブタとエサ
(2009 年 10 月 30 日、筆者撮影)

(80 kg)をキロ当たり KShs 220 で売却した(ニェリでの売値は KShs 200)。これは、カラティナ東方のキリニャガ(Kirinyaga)県において、ブタ肉食がより根づいており、需要が多いといわれていることを反映しているのであろう。

F 夫妻が養豚を始めて以来の大きな変化は、一貫経営から肥育経営への転換である。母ブタの飼育は費用がかかり、また適切な管理が難しいので、2012 年までに取りやめた。そして、ニェリ県のキアンドゥ村民や E 夫妻(事例 5)から子ブタを購入し、肥育経営を行っている。現在は 3 頭のみだが(肥育段階にあるのは 1 頭)、それらは、2 か月の授乳期間を終えた 2.5 月齢の時点で、KShs

3500で購入したものである。そして、購入後7か月、9月齢にまで肥育したところで売却する予定である。メスブタは生後1年で出産可能となり、最大で年3回出産できるとのことである。都市養豚にみられるこのような肥育経営への移行は、キアンドゥ村のA夫妻(事例1)のような子取り経営に移行した農民との結びつきによって支えられているといえよう。農村子取り経営と都市肥育経営の地域分業システムである。

4.3. フロンティア小養豚家をナイロビにつなぐ複合経営

次は、ケニア西部、ホマベイ市での事例である[5]。ニャンザ州・キスィイ(Kisii)県出身のG氏は、20年近く前に当地に来住し、イースタン州のメル(Meru)県で見知った養豚を1998年に始めた(以下、2010年3月16日に聞き取り)。豚舎は木造である(**写真8-11**)。市販飼料に小魚ほかを加え、40頭程度の改良雑種("Grade")に給餌しているが、FC社の求める体重50〜80kgに達しないまま売却の判断に至ることが多く、同社への納入は見合わせている。また、調査時点ではナイロビ市況が思わしくなく、飼料代がかさみ利益が出ないので、飼育頭数を減らし、ナイロビの屠畜場への輸送もかつての月4回から1〜2回に絞っていた。輸送の際には、自らのストックに加え、近隣のスバ県にあるスィンドの街や、ヴィクトリア湖に浮かぶリンギティ(Ringiti)島など、フロンティアの養豚家を訪問して仕入れる。彼らは仲間からも集荷して数を揃え、G氏の携帯電話に買い取りを要請してくる。スィンドは買

写真8-11 ホマベイ市中心部・G氏の豚舎
(2010年3月16日、筆者撮影)

5) ホマベイ県(スバ県他とともに現ホマベイ・カウンティの一部)はニャンザ州のなかで養豚が最も盛んであり、ブタ飼育頭数は、23,610(2003年)、26,075(2004年)、27,540(2005年)、27,890(2006年)、28,420(2007年)、24,000(2008年)のように推移してきたとされるが(Homa Bay District Livestock Production Office n.d., 2009)、センサスによる値(3,239頭、2009年、KNBS 2010)とは大きな開きがあり、注意を要する。

い付けの中心地の一つであり、そこで1回につき20頭ほどを調達し、さらに20頭ほどを別の地域で仕入れ、合計1500 kgほどのブタをトラックでナイロビに運ぶ。このような養豚と輸送業に加え、G氏は豚舎の表に構えている食肉店で、ブタ肉をキロ当たりKShs 200（2007年ごろはKShs 150ほど）で小売している

写真8-12　ホマベイ市中心部・G氏経営の食肉店
（2010年3月16日、筆者撮影）

（**写真8-12**）。しかし、地元市場はそれほど大きくなく、食肉販売は順調とはいえないようである。また、養豚関連の法律・条例を施行しようとする当局を事業の障害と捉えており、それへの不満を多く抱えている。

4.4. 放し飼いのパイオニア

ホマベイのG氏（事例7）が集荷に訪れる先の一つ、スバ県のスィンド街ほかでブタの放し飼いを行うH翁は、1970年代初頭、ニャンザ州・キスム（Kisumu）方面で養豚を知り、ウシよりも迅速に現金化できる家畜であることに関心を持った（以下、2012年8月11日の聞き取りによる）。彼は、1970年代末、スィンド街周辺ですでに飼育を始めていた農民から1つがいを購入して、養豚を開始した。当時は囲いのなかで食堂残飯を与えていたが、その後の増殖に給餌が追いつかず、1981年には街で放し飼いを始めた。すなわち、この地域におけるブタの導入は、40年近く前に、街での放し飼いは30年近く前に遡ることになる。すでに1985年には、当局から病害等、放し飼いの問題に対して警告を受けていた。しかし、3人の妻とその子供の生計や学資を支える必要があり、また豚舎建築と飼料購入の資金がなく、警告を無視して放し飼いを続け、1990年代に入ると80頭近くに達した。並行して、ナイロビでも場所を探し、囲って市販飼料での養豚を始め、屠畜場に持ち込み肉にして、外で待つ業者に売却するか、自ら食肉店に販売した。その後、スバ地域に事業を一本化し

写真8-13 スィンド街中心部，ブタ小屋。H翁とは別人の小屋。首輪はGPS受信機
（2012年8月15日、筆者撮影）

たのは2000年ごろのことである。当時、スィンドでは10人くらいが市街地で養豚をしていた。

2012年8月現在の飼育頭数は45頭であり、うち成獣のオスブタは3頭、メスブタは5頭である。いずれも外来種との"ハイブリッド"ではなく、"地元"種であるという。それでも速く増殖し、一度の出産頭数は6〜13頭程度である。現在は、オスブタすべてを去勢しており、メスを追う無駄な動きがなく、よく太るという。H翁は街なかにブタ小屋を設けており、朝、頭数と健康状態を確認したのちに放つ（**写真8-13**）。小屋で若干の餌付けを行っているため、毎夕、ブタは戻ってくるが、帰着を確認して施錠するわけではない。ブタは捕獲しようとすると激しく鳴き、盗まれにくいとされる。放し飼い例をGPS首輪で計測したところ（事例9の友人が持つ母ブタとその子ブタ1頭）、7時間弱の間に、母ブタは約5.5km（市街北縁に達して小屋に戻る途中）、子ブタは約8.5km（小屋と市街北縁の間を1.5往復）、それぞれ採食して回っていた（**図8-5**）。

H翁の売却先はリフト・バレー州・ナクル（Nakuru）、キスム、ナイロビなどであり、事例7のG氏のような業者が来訪することもあれば、H翁自ら買い取りを要請することもある。大きさや健康状態を目視評価しつつ、小型ブタでKShs 2000、大型ブタでKShs 8000〜1万3000程度で販売する。他方、農民の求めに応じて離乳子ブタを供給することもある。H翁は、ブタの放し飼いに対する苦情を避けるため、耕地のないリンギティ島に40頭ほどを移動させており、島で十分に肥育したのち、スィンドからトラックで多数出荷して収益を上げている。島には同様の飼育者が5人ほどいる。スィンドのブタは近隣農家の耕地に食害を加えて苦情が絶えず、街にあるスバ県のセントラル（Central

第 8 章　農村を移ろうブタ、農村を追われたブタ　　　　　215

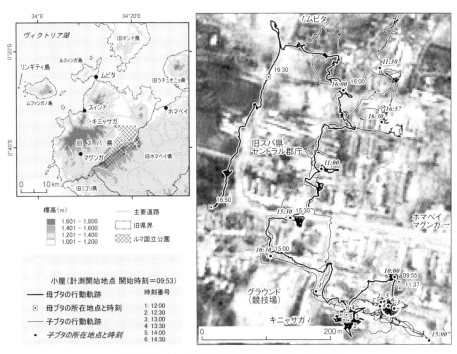

図 8-5　スィンド市街部におけるブタの放し飼い事例
右主図の背景は 2009 年 7 月 17 日に撮影された ALOS 衛星画像であり、明るい矩形は店舗・家屋、中間階調の部分は道路や裸地、暗い部分は耕地等の植生である（2012 年 8 月 15 日、筆者調査）

郡農業事務所には、2010〜2011 年の 2 年間に、訴えの記録が 2 件残っており、ほかにも多くの直訴が警察に対してなされたと考えられる。また、2009 年のブタインフルエンザ流行の際には、検査結果が陰性であったのにもかかわらず、放し飼いブタのすべてを殺処分せよとの行政命令が出されたという（FAO 2012: 35）。さらに、2010 年ごろには街でスナノミが大発生したが、その原因もブタの放し飼いにあるとされ、当局は取り締まり、罰金を科し、あるいはブタを薬殺することもあったという。

4.5.　農村を追われた放し飼い

　スィンドから南に数 km のところにあるスバ県セントラル郡キニャサガ B（Kinyasaga B）村に住む農民の I 夫妻は、2002 年、内陸にあるマグンガ

(Magunga)方面の農民から、メスブタを5頭、1頭当たりKShs 3500で購入して、養豚を始めた(以下、2011年12月20日、2012年3月21日および8月11日の聞き取りによる)。もともと村で放し飼いされていたが、隣家の耕地を荒らすので手放されたものである。当時は買い手が自らブタを探しに訪問することが多く、売り手市場であったことが、I夫妻の飼育開始の動機となった。購入後、屋敷周辺での放し飼いを試みたが、やはり作物食害の苦情に直面し、2005年に舎飼いを試みた。しかし、給餌だけでなく、農村部では掘り抜き井戸を生活用水源として共用しているために給水を続けることが困難となり、1か月ほどで断念し、全頭を湖岸で水アクセスのよいスィンドの街に連れ出して放し飼いすることにした。当時、街中には既にH翁(事例8)ほかの先行者がおり、そのオスブタとの交配で増殖し始めた。しかし、都市放し飼いも近くの耕地に対して食害を及ぼすため、街中に豚舎を建設することを考えている。

I夫妻は、2012年3月時点で、35頭を放し飼いしていた(成獣25頭、幼獣10頭)。母ブタの乳首の数は10未満であり、ニェリで飼われているブタと比較して多産性に劣る。しかし、年2回出産可能であり、5～6か月で売れるだけの大きさに育つので、年に2回売却している。"在来"ブタの出産は年1回であり肥育には2年近くかかるという報告もあるが(FAO 2012: 32)、それに比べれば分娩回転が速い。飼料はまったく買い与えておらず、街なかにある未回収の食物残渣等で育っている。完全な放し飼いであり、夜間用の小屋を準備することもなく、頭数を毎日勘定して管理をしているわけでもない(**写真8-14**)。

ブタは群れごとに、およそ決まった場所にかたまって寝るという。ほかの養豚者のブタと区別するために、尾に切れ目を入れて区別している(耳に切れ目を入れて識別することもよくみられる)。種ブタを残し、オスブタは去勢

写真8-14　スィンド街におけるブタの放し飼い
(2012年8月11日、筆者撮影)

している。そうすると大きく育つし、遠くに行かず食害を起こさずに済むと理解されている。例えば5頭のオスブタが生まれた場合、2頭を種ブタとして残し、3頭を去勢する。

I夫妻のブタの購入者は、ホマベイ、キスム、さらに遠方のナクルなどから訪れるが、ブタ肉の加工者や最終消費者がどの地域の人々であるか、夫妻は承知していない。2011年6月には、購入者が自ら来訪し、体重を測ることなく目視評価によって、1頭当たりKShs 6000～6500で買い取った。先方から買い付けに来る売り手市場の場合はKShs 8000～1万、夫妻の方から連絡して買取を依頼する場合にはKShs 5000程度になるが、この取引を行った2011年前後は、アフリカ豚熱の影響で値崩れ気味であったという。その後、2012年8月には、中型ブタを13頭、1頭当たりKShs 5600で、大型ブタを2頭、1頭当たりKShs 1万1000で、合わせて15頭売却した。買い手はヴィクトリア湖対岸のニャンザ州・ボンド(Bondo)県から訪れた屠畜業者であり、先方が携帯電話で持ちかけた、3度目の取引であった。ともに市街をめぐりながらブタを捕え、価格交渉した。街にはブタの屠畜・食肉業者が不在であるため、ブタ肉として売却した経験はなく、いずれも生きたままの取引である。この結果、残るのは小型ブタ15頭だけとなっている。ほかに肥育が必要な離乳子ブタを農民に売却した経験もあるが、その頻度は年に数える程度であり、近隣農家に売った経験はない。売却先は、スバ県内のムビタ(Mbita)や、ホマベイ方面、さらにはキスィイなどである。

5. まとめ

本章では、ケニアの養豚フロンティアで中小生産者が経験してきた変化を捉えることを目的として、報告と議論を進めてきた。とくに、先行研究の指摘する中小養豚の高い流動性(Wabacha *et al.* 2004a)には、当然のことながら、世帯の金銭的必要とは別に経営的判断の側面があり、本章ではその実態を整理した。農村部の中小生産者は、損益判断を行った結果として、一貫経営から子取り経営への部分的移行、肥育経営から子取り経営への移行に留まらず、養豚からの迅速な撤退、一貫経営の再開などの意思決定を行っており、養豚は相当に

流動的なものとみるのが妥当であろう。そして、明らかとなった経営変化は、FC社の集荷圏に安定して含まれるか否かの立地条件に左右される場合もあることを指摘した。

他方、都市養豚に関しては、集約的な舎飼い、放し飼いのどちらも、調査期間中にFC社への依存度を低下させたか、あるいはもともと依存度が低い。都市への立地は市販飼料の利用を容易にすると同時に、大量の食物残渣の調達をも可能にする。無償である食物残渣の比率を高めて給餌することによって、費用や需給の変動にともなって損益関係が大きく変化するのを抑えつつ、販路さえ確保すれば、都市養豚は持続可能でありうる。本章では、FC社への依存を脱却しようとする中規模舎飼い、一貫経営から肥育経営に移行した小養豚家、フロンティアの小養豚家をナイロビに繋ぐ複合経営といった相対的に集約的な都市養豚の事例、そして農村を追われた都市放し飼いの事例を報告した。

そして、養豚をめぐる農村と都市の関係には、単に投入財の需給、輸送に留まらず、両者の間の子取り経営と肥育経営の結びつきのような、いわば養豚の地域分業システムが形成され、その結びつきが飼料価格高騰など経営環境の変化によって強まっていることが明らかとなった。

先行研究はウシのような大型家畜を飼養する空間の不足が養豚導入の一因であるとしているが(Phiri et al. 2003)、本章でみた農村・都市でのブタの舎飼い、そして農村を出て都市に舞台を移した放し飼いは、まさにこの飼養空間不足を打開しようとする戦略とみることができる。他方、迅速現金化やインフレ回避という養豚目的については、必ずしも満たされていないのが実態である。そして、観光客や都市部のブタ肉需要増大については、ケニアの場合、相当に変動しており、養豚導入の一時的な動機とはなっても、その後の安定継続を保証するものではない。迅速現金化を実現しうる養豚は、貧困削減対策の一環として各地に導入されているが、導入に際しては、経営変化をきたす諸要因、それらが養豚の地域分業システムにもたらす変化、そして養豚に期待できること、できないことについて、承知しておく必要があろう。

本章は、世帯生計全体にとっての養豚の意義を体系的に論じるには至らず、これは今後の課題としなければならない。その際には、養豚収入の寄与率を求めるだけではなく、その導入にともなって農牧・生計システムの既存要素との

間に、土地、資本、労働力をめぐって競合が生じたのかどうかを判断すること
も重要であろう。明らかとなったように、状況・条件に応じて経営内容を変化
させ、流動的に実践しているケニア中小生産者の姿を踏まえると、養豚は非常
に適応的であり、他の生計要素との競合が深刻化することはないかもしれない。
ただし、世帯レベルを超え、一地域社会全体のスケールでみた場合、例えば都
市放し飼いは一種の土地利用競合・紛争をもたらしているとも考えられ、養豚
はマルチ・スケールで検討されるべきテーマといえよう。

〔付記〕ブタへの文化的意味付け
　北アフリカを中心とするイスラーム化した地域や、旧約聖書の影響の強いエチオ
ピアでは、ブタ肉食は禁忌である。サハラ以南アフリカのイスラーム・非イスラー
ム混在地域では、ブタ・ブタ肉を呪術に用いる場合がある(Blench 2000)。ニャンザ
州の人々(例えばルオLuo人、スバ人)の間では、屋敷でブタを飼うことが悪意ある
呪術から身を守る手立てになると考えられている(FAO 2012: 29)。スィンド一帯で
も、キリストが人に取り付いた悪魔を祓うためにブタを用いたという聖書の記述に
関連して、ブタを悪魔の使いとする考え方がみられ、またブタが残飯やゴミをあさ
る「不浄」の動物であるというとらえ方が一般的である反面で、ブタの骨の小片を
呪術に対する護符として持ち歩く人がいる。放し飼いによる食害の問題に加え、こ
うしたブタについての両義的な意味づけも、養豚が普及しない背景にあると考えら
れる。スバ県のブタ頭数は、637(2005年)、818(2006年)、732(2007年)、729(2008
年)と伸び悩んでおり、繁殖や畜舎、給餌上の技術的問題に加え、文化的・宗教的信
念が地域市場を制限している(Suba District Livestock Production Office n.d., センサ
スでは962頭, 2009年, KNBS 2010)。ニェリのキクユ人の間でも、豚骨は呪術を撃
退し、不幸が屋敷地内に入ってくるのを防ぐための護符として使われていたと述べ
た人もいるが、こうした信念はすでに廃れているとのことである。

● 文　　献

African Development Bank (2005): *Kenya: Evaluation of bank assistance to the agriculture and rural development sector*, Operations Evaluation Department.

Blench, R. M. (2000): "A history of pigs in Africa". In *The origins and development of African livestock: Archaeology, genetics, linguistics and ethnography*, Roger, M. B. and Kevin C. M. (eds.), UCL Press, London and New York.

Epstein, E. (1971): *The origin of the domestic animals of Africa*, Volume II, Africana

Pub. Corp, New York.

Export Processing Zones Authority (2005): *Meat Production in Kenya 2005*.

FAO (2012): *Pig Sector Kenya*. FAO Animal Production and Health Livestock Country Reviews, Rome.

Farmer's Choice (2007): *Bangers and Mash* (The official newsletter of Farmer's Choice), February, 2007.

Farmer's Choice (2010): *Bangers and Mash* (The official newsletter of Farmer's Choice), April, 2010.

Farmer's Choice (2011). *Bangers and Mash* (The official newsletter of Farmer's Choice), February, 2011.

Homa Bay District Livestock Production Office (n.d.): *Homa Bay District Livestock Production Annual Report 2006*, Ministry of Livestock Development.

Homa Bay District Livestock Production Office (2009): *Homa Bay District Livestock Production Annual Report 2008*, Ministry of Livestock Development.

Ilatsia, E. D., M. G. Githinji, T. K. *et al.* (2008): "Genetic parameter estimates for growth traits of Large White pigs in Kenya", *S. Afr. J. Anim. Sci.* **38** (3): 166-173.

Kagira, J. M., Kanyari, P. W. N., Munyua, W. K. *et al.* (2003): "The control of parasitic Nematodes in commercial piggeries in Kenya as reflected by a questionnaire survey on management practices", *Trop. Anim. Health Prod.* **35**: 79-84.

Kagira, J. M., Kanyari, P. W. N., Munyua, W. K. *et al.* (2008): "Relationship between the prevalence of gastrointestinal nematode infections and management practises in pig herds in Thika District, Kenya", *Livestock Research for Rural Development* **20** (10). (http://www.lrrd.org/lrrd20/10/kagi20161.htm. 最終閲覧日 2024 年 11 月 19 日)

Kagira, J., Kanyari, P. *et al.* (2010): "Characteristics of the smallholder free-range pig production system in western Kenya", *Trop. Anim. Health Prod.* **42**(5): 865-873.

Kenya, Republic of (1995): *Annual Reports*, Animal Production Division, Ministry of Agriculture and Livestock Development. Government Printers, Nairobi.

Kenya, Republic of (1998): *Thika District, Farm Management Guidelines*, Ministry of Agriculture, Livestock Development and Marketing.

Kenya, Republic of (n.d.a): *Central Province Annual Report 2008*, Ministry of Livestock Development.

Kenya, Republic of (n.d.b): *Nyanza Province Annual Report 2008*, Ministry of Livestock Development.

Kenya, Republic of (n.d.c): *Western Province Annual Report 2008*, Ministry of Livestock Development.

Kenya National Bureau of Statistics (KNBS) (2010): *2009 Kenya Population and Housing Census: Volume II, Population and Household Distribution by Socio-Economic Characteristics*.

Kenya National Bureau of Statistics (KNBS) (2019): *2019 Kenya Population and Housing Census: Volume IV, Distribution of Population by Socio-Economic Characteristics*.

Mafojane, N. A., Appleton, C. C., Krecek, R. C. et al. (2003): "The current status of neurocysticercosis in Eastern and Southern Africa", *Acta Tropica* **87**: 25-33.

Mwangi, L. W. (2008): "A Case study on ecoagriculture within Kijabe landscape of Lari Division in Kiambu West: Production", Livelihood and institutional dimensions based on work by Kijabe environment volunteers. Landscape Measures Resource Center by Cornell University & Ecoagriculture Partners. (https://bpb-us-e1.wpmucdn.com/blogs.cornell.edu/dist/8/1294/files/2009/02/kijabe_baseline_humandimensions_08.pdf 最終閲覧日 2024 年 11 月 19 日確認)

Nganga, C. J., Karanja, D. N. and Mutune, M. N. (2008): "The prevalence of gastrointestinal helminth infections in pigs in Kenya", *Trop. Anim. Health Prod.* **40**: 331-334.

Phiri, I. K., Ngowi, H., Afonso, S. et al. (2003): "The emergence of *Taenia solium* cysticercosis in Eastern and Southern Africa as a serious agricultural problem and public health risk", *Acta Tropica*. **87**: 13-23.

Sheldrick, W., Keith Syers, J. and Lingard, J. (2003): "Contribution of livestock excreta to nutrient balances", *Nutr. Cycling Agroecosyst.* **66**: 119-131.

Suba District Livestock Production Office (n.d.): *Suba District 2008 Annual Report*, Ministry of Livestock Development.

Wabacha, J. K., Maribei, J. M., Mulei, C. M. et al. (2004a): "Characterisation of smallholder pig production in Kikuyu Division, central Kenya", *Prev. Vet. Med.* **63**: 183-195.

Wabacha, J. K., Maribei, J. M., Mulei, C. M. (2004b): "Health and production measures for smallholder pig production in Kikuyu Division, central Kenya", *Prev. Vet. Med.* **63**: 197-210.

コラム 2　タイ・チョンブリー県の水牛レース

チョムナード・シティサン

1. はじめに

　水牛レース(ウィング・クワーイ)はタイ湾に面する中部タイのチョンブリー県に伝えられている伝統行事である。もともとは出安居に伴われる行事であったため、出安居の前日である旧暦11月上弦14日(満月前夜)にお寺の境内や市場の広場などで行われるのが慣わしであったが、現在では、出安居の旧暦11月上弦15日や翌日の下弦1日、さらには出安居の期間外、特に10月を中心に同県の各地で盛んに行われる人気行事となっている。

　水牛レースの起源は今から100年前後に遡るとされている。チョンブリー県を代表する大寺院、ワットヤイインターラーム寺の当時の住職が檀徒たちと相談し、「ヴェッサンタラ・ジャータカ」の説教会を出安居に行い、それを寺院の例祭とするよう決めたのがきっかけであった。説法する僧に金品や種々の布施物を献上するのがほとんど農民だったため、布施物は籾、米、椰子の実、バナナ、サトウキビ、カボチャなどといった農作物が中心であった。例祭に参加する農民たちは献上物をきれいに装飾された水牛車の下段に積み、寺院に到着すると、スイギュウを境内の池に連れて行き、水を飲ませたり体を洗ったりした。そのうちに、例祭の慰みにスイギュウを走らせてレースさせる者が現れ、スイギュウの数も徐々に増えて恒例の水牛レースの行事となったという。

　また、上述の水牛レースの起源説の時期とほぼ軌を一にして、1912年12月7日、国王ラーマ6世がチョンブリー県に行幸された際、当時の知事が県庁前で水牛レースを催し、叡覧に供したことが宮内庁作成の「日刊のご公務」に記されている。それほどこの水牛レースは当時から盛んで、県を代表する行事に

---

1) 雨期に伴い活発に活動する 小動物に対する無用な殺生を防ぐため、僧侶が遊行をやめて寺院に坐夏して修行する「雨安吾」の期間が終わる時期。旧暦11月上弦15日とされている。反対語は「入安吾」である。

なっていたことがうかがえる。

2. 水牛レースと民俗

仏教信仰とは別に、水牛レースを盛んにさせた要因がほかにもある。例えば、チョンブリー県では、スイギュウが病気になった場合、飼い主は自分の信仰している神仏に治癒の願掛けを行い、病気が治れば、レースをさせて願解きをすると信じられている。これが発展して病気にかかる前からスイギュウをレースに出せば、病気にかからないという人もいる。さらには、スイギュウ以外のペットや子供までが祈願の対象とされ、完治すると水牛レースが奉納されるという話もあった。

水牛レースを行わない年には、必ず市場で火災が発生すると県民

図1　タイ・チョンブリー県の位置

の間で信じられてもいた。しかし、当時のピブーンソンクラーム首相はこれを迷信だとし、またスイギュウの糞は市街の衛生を損なうことを理由にレースを禁じた。するとその年以来不作が続き、ウシやスイギュウの伝染病も発生し、市内の市場でもしばしば火事が起こった。これに耐えきれず、県民が禁止令を破って水牛レースを再開したところ、圧力をかけられた行政側もついにはレースを復興せざるをえない結果となった。

水牛レースに関する民俗として「チャオポー・ダム」(黒神)の伝説が語り継がれている。県民が海面に突き出た桟橋の両側に家を建てて生活していた数百

---

2)　第3代と第5代首相。第1次内閣の任期は1938～1944年、第2字内閣の任期は1948～1957年である。

年前のチョンブリー一帯は、まだ野獣が棲家(すみか)とする森林に覆われていた。ある日、一人の子供がエサを探しに桟橋に降りてきたオオカミに襲われた。それをみて、ダムという漁師が子供を自分の家のなかに投げ入れて助けた。しかし、自分はオオカミの群れに噛み殺されてしまう。人々はその勇敢さをたたえ、ワットヤイインターラーム寺の前に祠(ほこら)を建ててその霊を祀(まつ)り、水牛レースも奉納したという。

3. 水牛レース

　現在行われている水牛レースは大きく、(1)陸上レースと、(2)水上(馬鍬(まぐわ))レースに分けられている。レースのほとんどは陸上レースとなっているが、ドーンホアローやマーブパイ地区では、今でも水上レースの伝統が引き継がれている。

　(1)陸上レースは文字どおり、硬い地面の上で行われるレースである。コースの長さは80～200メートルで、ジョッキー(騎手)は鞍を使わずにスイギュウの背中に乗ってバランスをとりながら走らせる。ルールは大会によって若干異なるが、基本的にはレース中およびゴールの時点で、ジョッキーがスイギュウから転落すれば負けとなる。レースは体重別ではなく、スイギュウの年齢別で行われる。スイギュウの年齢は牛と同様に、成長していく過程で順次永久歯に生え換わっていく乳歯の本数で判断される。それによって大まかにライト級、ミドル級、そしてヘビー級に分けられるが、さらに細かく区分される大会もある。各階級でトーナメント方式の試合が行われ、決勝ラウンドで勝者が決まる。県大会レベルの優勝賞金は1万バーツになる場合もあるが、通常の大会では3000バーツが相場である。スイギュウの飼い主同士や観戦者の間で賭博が行われることもしばしばであるが、むろん違法である。

　レースに出場させるスイギュウは3～15歳のオスである。その値段は1歳で平均3～5万バーツと、平均1頭当たり1万5000バーツの畜産スイギュウに比べてかなり高価である。良い血統、もしくは優勝を経験したスイギュウであれば、値段はさらに跳ね上がり、10万バーツ以上になることも珍しくない。

　試合に挑むためのトレーニングと準備方法は飼い主によって異なる。バーンプン郡では、ほとんどの飼い主はレースの1か月前にトレーニングを開始さ

せ、5日ごとにレースを想定して走らせることが多い。エサにもさまざまな工夫がみられ、特別なエサとして、生卵、半熟卵、ご飯、フカヒレ、赤米のおかゆ、玄米、赤砂糖、緑豆の赤砂糖煮、ナムワーバナナ[3]などが与えられる。蚊帳を吊り下げてそのなかで寝かせるほど、試合前のスイギュウを大事にする飼い主もいるほどである。

（2）水上（馬鍬）レースは、稲の刈上げから次回の田植えまでの期間を利用して行われる農民の娯楽の一つである。田んぼで勝敗が競われるのは縁起がよく、豊作にもつながるという、いわば一種の予祝儀礼の意味が含められているとも考えられる。田んぼの中でレースが行われるのが特徴であるため、馬鍬を使って土ならしをする水田稲作地域で伝承されるのがほとんどである。県内では、先述のようにドーンホアローやマーブパイ地区などのレースが有名である。特にドーンホアロー地区では、人間対スイギュウの100メートル走という変わった競争もあって大いに盛り上がっている。

4．「スム」組織と水牛レース

　水牛レース大会に出場するスイギュウはほとんどが「スム」という緩やかなチーム組織に属している。県内には20以上ものスムがあるといわれている。スムのリーダーは人々から信頼されている町の名家もしくは権力者が多く、その役割は、スム内のスイギュウの品種管理、情報提供、トレーニング監督などである。同じスムのメンバーは同じ練習場でスイギュウのトレーニングを行い、大会に出場する時も、スムが用意したジョッキーに自分のスイギュウに乗ってもらうのが普通である。したがって、ジョッキーが一人しかいないスムのメンバー同士が抽選で同じレースになった場合、どちらかが辞退しなければならない時もあるが、ジョッキーが数人いる場合はその必要もなくなる。スムとして勝利して賞金を獲得する確率が高くなる意味で、個人で出場するより有利であると思われる。筆者はスムに属していないMさん（56歳の農家）という個人のスイギュウの飼い主にも聞き書き調査して確認したところ、やはり練習

---

3) タイバナナの代表的な品種。長さは日本でよく食べられるバナナの半分ぐらいだが、丸みを帯びた形とやや強い酸味が特徴である。生食はもちろん、焼いてタレにつけたり、粉をまぶして油で揚げたり、また干しバナナにしたりするなど食べ方が色々である。

写真1　陸上水牛レース(筆者撮影)

写真2　水牛コンテストに出場するチョンブリースイギュウ(筆者撮影)

やジョッキーなどの条件で、スムのスイギュウには負けてばかりいたという。レースでは、大きいスムからジョッキーを借りるが、上手なジョッキーをなかなか貸してくれないため、せっかく足の速いスイギュウを持っていても意味がないとМさんは言う。負けが続けばスイギュウの値段も下がってしまうため、Мさんのような個人の飼い主は、レースではなく、最近はレースと並行して行われることが増えた水牛コンテストに自分のスイギュウを出場させるようにして対処しているのである。

なお、ジョッキーはスイギュウに上手に乗れる、すなわちスイギュウからなかなか転落しない人が選ばれる。スイギュウを操縦するのに籐(とう)が使われる。ジョッキーの手当ては飼い主との交渉次第だが、練習時は日当500バーツ、試合時は日当1000バーツプラス何割かの賞金が相場のようである。

5.　終わりに

水牛レースは農耕や運搬に使うスイギュウに対して感謝の気持ちを込めて行われるタイの伝統行事である。たとえ娯楽のためだとはいえ、レースで走らせるということは一種の仕事をスイギュウに課すとされ、かつては仏教の聖日である旧暦上弦15日にこの行事を絶対に行わなかったことからも、昔の人のス

イギュウに対する深い愛情が感じ取られる。現在では、タイの農業は耕運機の導入など、機械化が進んでいるものの、タイの人々とスイギュウの絆は緩むことなく、かえって固く結ばれるようになったとさえ思われる。特に水牛レースの伝統が伝えられているチョンブリー県では、レースに適した足の速い「チョンブリースイギュウ」という品種の保存と改良が盛んに行われている。このスイギュウは姿もよく「タネスイギュウ」にも利用されるため、一般のスイギュウよりも高い値段で売買され、飼っている農家の良い収入源にもなっている。こうして水牛レースは伝統行事として位置づけられるとともに、在来スイギュウの品種保存と改良にも貢献し、さらには使役動物としてのスイギュウに付加価値をつけて農家の収入を上げる効果も持っているという、さまざまな側面を持った行事であるといえる。

　また、水牛レースを行わない年は災害と牛やスイギュウの伝染病に見舞われるという言い伝えに関しては、皮肉なことに新型コロナウイルス感染拡大の影響で2021年の行事はレース前の行列のみ行われ、レースそのものは中止となった。しかし、翌年の2022年に感染防止策のもとまたレースが再開された。中止した年の家畜伝染病情報は確認できなかったが、家畜よりも人間の安全が優先される結果となったのも興味深い。

● 文　　献（タイ語）

1. ชมนาด ศิติสาร. วิงควาย: ประเพณี. สารานุกรมวัฒนธรรมไทย ภาคกลาง(ฉบับเพิ่มเติม) เล่ม ๓ (๒๕๕๕) : ๙๕๑-๙๖๐.
（チョムナード・シティサン、「水牛レース：伝統行事」『中部タイ文化事典』（追加版）3（2012）: 951-960.）

2. ผกาพรรณ บุณยะชีวิน. เทศกาลวิงควายที่ชลบุรี. จุลสารโคกระบือ.๖,๔ (ตุลาคม-ธันวาคม พ.ศ.๒๕๒๖).
（パカーパン・ブンヤチーウィン、「チョンブリー県の水牛レース」『牛と水牛雑誌』6、4（10〜12月 1983））

第III部 都市の市場と家畜の流通

市場で取引されるミルク(パキスタン、第11章参照)

第9章

大都市のなかの養豚と肉の流通
—— コンゴ民主共和国のキンシャサの事例 ——

池谷和信

1. はじめに

1.1. 問題の所在

養豚は、熱帯の多くの諸国において貧しい人々の食糧安全保障に貢献するとともに農村経済の発展に寄与しているなど、庶民の生計に重要な役割を果たしている(Mugumaarhahama et al. 2020)。例えば、サハラ以南のアフリカの国々において農家の現金収入源として養豚が注目されている(Twinamasiko 2001; Nsoso et al. 2006; Katongole et al. 2012; Kambashia et al. 2014; Akinyele et al. 2024)。ウガンダでは、近年、ブタの飼育頭数が増加して、2002年の頭数は約155万頭に達している(FAO 2005a)。また、コンゴ民主共和国(旧ザイール、以下DRCと呼ぶ)では、1971年には48万8000頭のブタが飼育されていたが、(Pandey and Mbemba 1976)、2002年には、国内には約95万頭のブタが飼育されている(FAO 2005b)。また、これらの背景には、ますます人口が増加する都市において住民がタンパク質を獲得するために、ブタ肉の需要が急速に増えてきたことが挙げられる。

しかしながら、これまで、熱帯諸国におけるブタ生産に関する情報はあまりみられない。DRCでは、国内の研究者によって2010年の西部諸州における319人の生産者に対する調査によって、小農の半数はブタ飼育と作物栽培(主に菜園)の混作に従事して平均18頭のブタを飼っていたこと、子ブタの死亡率は9.5〜21.8%で、平均離乳月齢は2.2〜2.8か月であり、ブタの主な死亡原因はアフリカ豚熱であったことが明らかにされている(Kambashia et al. 2014)。また、国内の東部に位置する南キヴ州の989人の農民の調査によると、零細農家の養豚の飼育には二つのタイプがあり、主に飼養管理と給餌管理のタイプに

違いがあるとされた。一つは、放し飼い方式でブタを飼育している農民、この場合、飼料は作物残渣や台所の残飯と組み合わせられている。もう一つは、繋ぎブタや飼養ブタを飼育する改良型の養豚である。飼料は主に飼料と厨房の残飯、作物残渣、濃厚飼料を組み合わせたものになっている（Mugumaarhahama et al. 2020）。このように、これまでのDRCを対象にした研究では農村における養豚の実態解明が図られてきた。

　一方で、DRCの首都キンシャサは、中部アフリカにおける最大規模の都市（2012年、約946万人）である。ここでの都市の養豚の現状は、最近までほとんど知られてこなかった。しかしながら、上述したように、2010年7～9月の間の調査によって、キンシャサ郊外を含むDRCの西部州での319人のブタ飼育者を対象にした調査結果が示された（Kambashia B. et al. 2014）。そこでは、ブタ飼育に必要なエサ資源やブタ飼育による収益などを数量的に提示しており、ブタのかかる病気などの問題点についても言及している。

1.2. 目的と方法

　本章では、熱帯におけるタンパク質獲得の新たな方法への模索という問題意識のもとに、キンシャサにおけるブタ飼育の実際とブタ肉の流通のあり方を把握することを目的とする。つまり、本研究では、大都市内でどのようなブタがどこでどのように飼われているのか、どのようにブタ肉は流通しているのか、という2点を明らかにする。

　筆者は、2010年12月を中心として2014年3月には補う形で、のべ14日間、キンシャサにおけるブタの生産と流通に関する現地調査を行った。具体的には、キンシャサ市内の生産者の居住地を把握して、労働の担い手、エサの供給法、ブタの種類や病気などについて把握した。ブタ肉の流通については、仲買人の存在の有無、市内の市場やスーパーマーケットでの肉の販売の状況などについての直接観察や聞取り調査を行った。

　キンシャサは、コンゴ川の下流域の左岸沿いにあり、DRCの西部の端に位置している（図9-1参照）。この都市は、中心部には高層のビルが並び、オフィス街が広がっている。また、コンゴ川沿いには港があり、対岸のブラザビル（コンゴ共和国の首都）との間を定期船が結んでいる。

第 9 章　大都市のなかの養豚と肉の流通

図 9-1　コンゴ民主共和国と首都キンシャサの位置

1.3.　都市の人口増加と養豚

　キンシャサの人口総数は、1947 年から 2012 年の間に 12 万人から 946 万人へと大幅に増加している。なかでも 1960 年代には人口が数十万人で安定していたが、60 年代から 80 年代にかけて増加し、90 年代以降には急激に増加した（図 9-2 参照）。その後も、人口増加は続き 2012 年に 946 万人、2020 年に 1456 万人に増加している。これらに伴い、キンシャサの郊外では住宅地が拡大している。例えば、西部のキンスク地区において新しい居住区が形成されており、以下で言及するがそこでも小規模な養豚が行われている。

　現在のキンシャサの養豚を把握する際に、海外からの経済援助も無視できない。2002 年に日本政府は、草の根援助として 100 万円を提供して、キンシャサ市内のある地域の人々に子ブタをレンタルしたことで、約 20 世帯がブタの飼育を新たに始めたといわれる。このほかにも、1991 年にはカナダ政府、2003

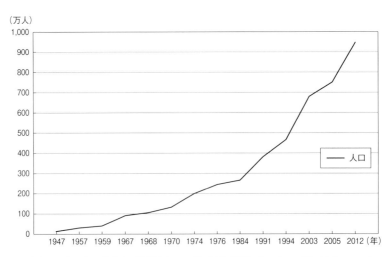

図9-2　キンシャサの人口変動(1947〜2012年)（出所：*Populstat, World Gazetteer*）

年にはFAOの援助があった。しかしながら、これらのブタ飼育のその後は明らかにされてはいない。

2. キンシャサのブタの生産

2.1. ブタの種類

キンシャサでは、白ブタと黒ブタ、および両者が交配して生まれたブタがみられる(**写真9-1**参照)。白ブタは、英国が原産といわれるタムワース(Tamworth)や大ヨークシャー(Large Yorkshire)などの品種であり、いわゆる中心部から離れたキンシャサ市内のファームにて舎飼いで飼育されているブタである。黒ブタのなかには、**写真9-1**(右上)のようにガーナの在来種であるAshanti Dwarfとよく形の類似した在来ブタがみられる。これらは、キンシャサから数百km離れた農村から都市に運ばれて、市内の、マシナ市場のなかの家畜売り場で見かけるブタである。

第9章　大都市のなかの養豚と肉の流通　　　　　　　　　　　　　　　　　　　235

　　　イギリス原産のタムワース　　　　　　　　　　　　在来ブタ
　　写真9-1　キンシャサのブタのいろいろ　白色から黒色や茶色まで多様（筆者撮影）

2.2. ブタ飼育の実際

2.2.1. 飼育者の分布

　図9-3は、キンシャサ市内のブタ飼育者の分布を示す。キンシャサでは、コンゴ川沿いの市の西部のキンスク（Kinsuka）地区で5件、東部のマシナ（Masina）地区で1件の合計で6件が養豚を行っていることを確認した。また、南部のキムエンザ（Kimwenza）地区では、直接の観察をしていないが、聞き取りから行われていることがわかった。これらの地域は、ブタ飼育者が連続していることはなく、むしろ飼育者の家は分散している。また、市の中心に近いマシナ地区では、居住区の建物の裏でコンクリートの豚舎をつくり飼育する人もいる（**写真9-2**a）。キンスク地区では、所有者の居住地から10数キロ離れて川沿いに豚舎をつくり飼育をしていた（**写真9-2**b）。そこには、小さな畑もつくられている。そして、販売の時期が近づくと、ブタを街の中心部である所有者

第Ⅲ部　都市の市場と家畜の流通

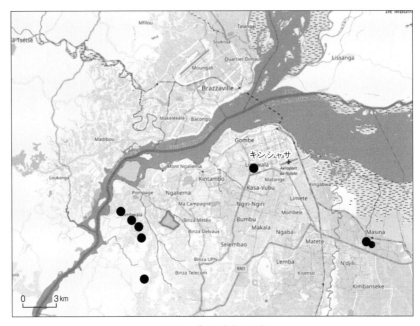

図 9-3　ブタ飼育者の分布
右から左に中央部を流れるのがコンゴ川　丸印は、養豚従事者を示す(出所：筆者の現地調査による。原図：Open Street Map (https://www.openstreetmap.org/copyright/en))

の居住地 Camp Lufungula に移動させて、そこで一時的に飼育をしていた。

2.2.2.　飼育形態、開始時期、飼育頭数

飼育者は、すべて舎飼いでブタを飼育している。飼育者はすべて男性であり、38から59歳までの年齢である(**表9-1**)。担い手である民族は、モンゴ(Mongo)、ブザ(Mbuza)、コンゴ(Kikongo)、ナンデ(Nande)族などからなっていた。主な職業は、農業は1世帯のみであり、ほかの3名は警察官、1名は宣教師となっている。まず、4経営体の飼育時期をみると、4〜14年前の間という比較的に新しい時期に、飼育を開始していたことがわかった。各経営体別のブタの所有頭数は、10頭から500頭までと幅が広い。しかしながら、最近、ブタの病気によって400頭、500頭とそれぞれがブタを失っていた。

飼育の際のブタのエサには、共通して、市内のビール工場で生まれるカス(dreche)が利用されていた。一部、パン工場から得られるカスも使われてい

第9章　大都市のなかの養豚と肉の流通　　237

写真9-2　a 都市の住居の裏側の狭い空間を占めるブタ小屋　b 養豚農家のコンクリート製のブタ小屋（筆者撮影）

る。これらは、運搬費用を必要とするが、無料で入手できる。また、市場で販売されているキャッサバやサツマイモの葉も使われる。エサは、1日に朝と夕方の2回、ブタに与えるのが普通である。ブタは、4～6か月でおよそ50 kgになるので、80～100 kgになったら販売することが多いという。最近、ある経営体がブタの頭と内臓を自家消費してそれ以外を販売した。価格は、1 kg当たりUS$5.5であった。

2.2.3. ブタの飼育技術

表9-1のなかの経営体No.1の飼育の状況をより詳細にみてみよう。No.1の場合、二人の所有者がいるが、実際の世話は、それぞれが月にUS$30の賃金で雇用した二人の男性に任せている。経営体1の豚舎には、七つの部屋があり、合計で52頭のブタ

写真9-3　ビール工場で生まれた廃棄物を運ぶトラック。これが、ブタの飼料に使われる（筆者撮影）

表9-1 キンシャサのブタ飼育者

	性・年齢	民族	職業	飼育期間	所有頭数	ブタのエサ	販売先
1	男59歳	Mongo	警察官	4年間	約50頭	ビール工場、パン工場	スーパー
	男41歳	Mbuza	警察官	14年間			
2	男51歳	Kikongo	農業	8年間	約10頭	ビール工場	スーパー、市場
3	男43歳	Nande	警察官	10年間	約400頭(死亡)	ビール工場	市場
4	男38歳	Kikongo	宣教師	7年間	約500頭(死亡)	ビール工場	スーパー、市場

(出所:2010年の筆者の現地調査による)

表9-2 2010年におけるある養豚業者におけるブタ生産

メスブタ	出生日	子ブタ誕生の日	子ブタの数
①	2010.1.17	2010.12.7	8
②	2009.12.22	2010.12.2	7
③	2009.12.12	2010.11.17	8
④	2010.1.17	2010.12.6	8
⑤	2010.1.17	Nil	Nil
⑥	2010.1.17	2010.12.4	7
⑦	2010.1.17	2010.12.4	7
			計45

(出所:ブタ所有者のノートによる)

が飼育されている。その内訳は、7頭のメスの親ブタと45頭の子ブタである。おのおのの親ブタは、いつ、何頭の子ブタを出産したのか、経営者が記録したメモから把握することができる(**表9-2**)。

まず、メスブタの7頭のうち5頭は、2010年1月17日で同じ日に生まれていることから母ブタは一緒である。また、「メスブタ1」は、2010年12月7日に8頭の子ブタを、メスブタ2は、2010年12月2日に7頭を、メスブタ3は、11月17日に8頭を、メスブタ4は12月6日に8頭を、メスブタ5は出産はなしで、メスブタ6は12月4日に7頭を、メスブタ7は12月4日に7頭を出産している。これらから、1回の出産では、ほぼ7～8頭の子ブタが生まれていることがわかる。また、メスブタ3を除いて、子供を出産した時期がほぼ同じである。さらに、メスブタの年齢がほぼすべて1歳であることを考えると、ここ1年で7頭のメスブタから、その約7倍以上の52頭の所有頭数に増えていることがわかる。

第9章　大都市のなかの養豚と肉の流通　　*239*

　また、経営体1では、11月28日から12月19日までの間に、ほぼ1～2日おきに、6回も獣医が訪問している。これは、近年におけるブタに関わる感染症の強い影響が関与しているであろう。上述した2経営体（**表9-1**のNo.3、No.4）が、すべてのブタを失ったことからもうかがうことができる。

3.　ブタ肉の流通

　ブタ肉は、キンシャサ市内の中央市場やマシナ市場などから高級スーパーマーケット（例：Peloustoreほか）まで多様な所で販売されている。経営体1では、自らが屠畜したあとに、Peloustoreという名のスーパーマーケットに直接販売される。経営体2では、スーパーマーケットのほかにも、生きたままのブタとして中央市場に販売される。ブタ肉の価格は、1kg当たりスーパーマーケットでは1万FC（コンゴ・フラン）、市場では7000FCとなり、スーパーマーケットの方のブタ肉の価格が高くなっている（**表9-3**）。また、スーパーマーケットでは、肉の部位を細かく分けて、部位によって価格を変えているが、中央市場では部位を分けずに、kg当たり7000FCで販売されている。

　中央市場やマシナ市場の事例をみてみよう（**写真9-4**）。これらのブタは、キンシャサ市内から生きたまま運ばれることが多いが、キンシャサから約700km離れたバンドゥンド（Bandundu）州やバコンゴ（Bas-Congo）州のマタディ（Matadi）などからももたらされる（**図9-1**参照）。そして、市場のなかでブタが屠畜されて、丸ごと焼かれて毛が取り除かれる。そして、台の上で肉片に分けられる。これらの従事者は、すべて男性である。とりわけ、マシナ市場では、野生動物のカワイノシシの肉とブタ肉とが並んで販売されているが、ブタ肉の価格のほうが安い。

表9-3　1キロ当たりのブタ肉の価格

ペロウストアー（スーパーマーケット）		中央市場
Roti de Porc	10,000 FC	7,000 FC
Petit Sali	5,500 FC	
Jambonneau	6,000 FC	
Palette de Porc	6,870 FC	

（出所：筆者の現地調査）

写真9-4 キンシャサの中央市場でのブタ肉の販売
生きたブタが置かれている(筆者撮影)

4. まとめと考察

本稿は、熱帯におけるタンパク質獲得の新たな方法への模索という問題意識のもとに、コンゴ民主共和国(DRC)の首都キンシャサ市内の養豚生産と流通のあり方を把握することを目的とした。その結果、過去14年間において4件がブタ飼育を開始していたが、そのうち2件はブタに感染した病気によってブタを失っていた。以下、三つのテーマから考察する。

4.1. 養豚の生産性

キンシャサでの養豚は、本当に、短期間で収益を挙げることができるなりわいであろうか。上述した経営体1のように、1年間に飼育頭数が増えているように、うまく飼育できると高い収益につながる。しかも、この経営体においてエサ代は、ビール工場からのカスが中心であり、その輸送費のみの負担になっ

ている。しかし、問題なのは、アフリカ豚熱（豚コレラ）などのウイルス性伝染病の脅威である。その結果、上述した二つの事例（経営体3、4）では、すべてのブタが死亡している。

また、DRCのEquateur州の農村ワンバにおいて、ブタの疫病が流行してブタが死亡しているという（木村ら 2010）。2007年現在、ワンバ地域では40頭のブタが飼育されていた。組合から一般の人たちにブタを貸与して、子が生まれたら報酬として子1匹を与え、あとは組合に回収するという方式である。価格は、3か月の子は3000 FC、4か月の子は4000 FC、大きなオスなら1万FC以上で売れるという。肉の場合、1 kg 500 FCで売却していた（木村ら 2010）。

このように、都市と農村のブタ飼育では共通していて、短期的にみるとブタ飼育から得られる収益は大きいのであるが、長期間でみると、感染症の影響を無視することができないといえるであろう。

4.2. 都市のブタ飼育の変遷

キンシャサにおけるブタ飼育の変遷をみてみよう。ベルギー領コンゴの時代（1908～1960年）から現在にかけて、動物タンパク質の利用は、どのように変わったのであろうか。ベルギー領コンゴの時代において、キンシャサでは家畜によるものが最も大きかったといわれている。しかし、それがブタであるのか、ウシであるのかは明らかではない。1960年代のDRC内のブタの分布をみると、キンシャサ地域においてブタが飼育されていることがわかる（図9-4）。しかし、それが、都市内で行われていたのか否かは不明である。その後、1971年にはDRCで48万8000頭のブタが飼育されていた（Pandey and Mbemba 1976）。1990年代の資料では、キンシャサ市内ではブタがほとんどいないこと、ブタはキンシャサから西のバコンゴ州にて、世帯当たり2～3頭が飼育されていた（図9-5）。2002年には、DRC国内には約95万頭のブタが飼育されていることがわかるが、キンシャサでの頭数は不明である（FAO 2005b）。

これらのことから、本稿の事例は、過去14年間でブタ飼育が始められたものであり、それは新しい生業であることを示している。つまり、1990年代のキンシャサの人口の増加に伴い動物性タンパク質が必要になったことに伴い肉の需要が高まり、ブタ飼育が始められた可能性は高い。今後、さらなる調査が

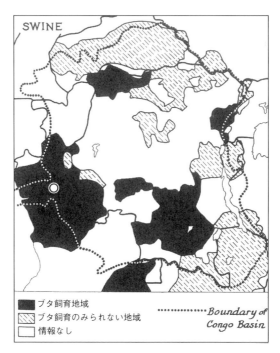

図9-4　1960年代のコンゴ民主共和国とその周辺地域におけるブタ飼育の分布
○はキンシャサ（出所：Miracle 1967）

必要になる。

4.3. 都市での持続可能な資源利用：熱帯地域で拡大する養豚

ブタは、都市内のみならず、熱帯雨林やサバンナ、熱帯デルタなどの多様な環境にも適応できる動物である。近年、世界の熱帯地域では、これまでブタを飼育していなかった地域においても飼育が始まっている。筆者は、それには4つのタイプがあると考えている（**表9-4**）。

まず、熱帯雨林地域での拡大である。筆者の観察によると、ペルーアマゾンでは、これまでブタ飼育が行われなかった地域で、キャッサバを主なエサとしてブタを飼育し始めている。この場合、ブタは自由に放牧しているので、森の中の植物もエサにしている（**口絵写真XVページ**）。コロンビアの太平洋に近い

第9章　大都市のなかの養豚と肉の流通　　243

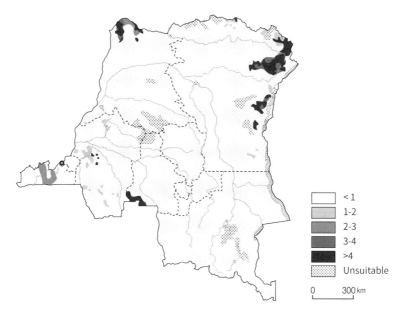

図 9-5　1990 年代のコンゴ民主共和国におけるブタの頭数の分布（出所：FAO(2005b)）

熱帯雨林でもブタが飼育されている(Ocampo et al. 2005)。次に、サバンナでのブタ飼育の拡大である。ウガンダ北部の地域では、サツマイモを主なエサとしてブタ飼育を行っている。この場合もまた、ブタは自由放牧であるので、野外の植物をエサにしている。さらに、バングラデシュのようなベンガルデルタにおいてブタの遊牧が展開されてきた(池谷 2012)。最後は、本章で示したキンシャサの事例である。都市化に伴う人口の増大に伴い、タンパク質の供給のために肉需要が増えて、ブタ飼育が開始された所である。この場合は、舎飼いになる。しかも、ビール工場やパン工場や市場で廃棄されたものが利用されて

表 9-4　世界の自然環境とブタ飼育の拡大類型（筆者作成）

自然環境	生業複合	生産様式
熱帯雨林	ブタ飼育、農耕、狩猟、採集	放し飼い
サバンナ	ブタ飼育、農耕	放し飼い
熱帯デルタ	ブタ飼育、農耕	遊牧
都市	ブタ飼育	舎飼い

いる点が特徴である。

　以上のように、本稿はキンシャサ市内の養豚の全貌を明らかにしたわけではないが、養豚に従事する人々による生産のあり方と流通のありようを把握することができた。本事例は、主にビール工場からの廃棄物をエサ資源として利用する養豚の形を示しており、今後、アフリカ熱帯地域における大都市の持続可能な資源利用のあり方を考える際に示唆を与えるものであると考えている。

● 文　　献

池谷和信（2012）：「バングラデシュのベンガルデルタにおけるブタの遊牧」、国立民族学博物館研究報告 36（4）、493-529 頁。

木村大治・安岡宏和（2010）：「コンゴ民主共和国のワンバ村における"タンパク源を獲得するための活動の変化"」、木村大治・北西功一（編著）『森棲みの生態誌──アフリカ熱帯林の人・自然・歴史 I』、京都大学学術出版会。

Akinyele, O. et al. (2024): "Pig production in Africa: current status, challenges, prospects and opportunities". *Anim. Biosci.* **37**(4): 730-741.

FAO (2005a): "Livestock Sector Brief: Uganda". FAO.

FAO (2005b): "Livestock Sector Brief: Democratic Republic of the Congo". FAO.

Kagira, J. et al. (2010): "Characteristics of the smallholder free-range pig production system in western Kenya", *Trop. Anim. Health Prod.* **42**: 865-873.

Kambashia, B. et al. (2014): "Smallholder pig production systems along a periurban-rural gradient in the Western provinces of the Democratic Republic of the Congo", *J. Agric. Rural Dev. Trop. Subtrop.* **115**(1) : 9-22.

Katongole, C. B., Nambi-Kasozi, J., Lumu, R. et al. (2012): "Strategies for coping with feed scarcity among urban and peri-urban livestock farmers in Kampala, Uganda", *J. Agric. Rural Dev. Trop. Subtrop.* **113**(2): 165-174.

Miracle, M. P. (1967): *Agriculture in the Congo Basin: Tradition and Change in African Rural Economics*, The University of Wisconsin Press.

Moula, N. et al. (2013): "Production of animal protein in the Congo Basin, a challenge for the future of people and wildlife", International Conference 'Nutrition and Food Production in the Congo Basin', Brussels.

Mugumaarhahama, Y. et al. (2020): "Typology of smallholder's pig production systems in South Kivu, Democratic Republic of Congo: Challenges and opportunities", *J. Agric. Rural Dev. Trop. Subtrop.* **121**(1):135-146.

Nsoso, S. J., Mannathoko, G. G. and Modise, K. (2006): "Monitoring production, health and marketing of indigenous Tswana pigs in Ramotswa village of Botswana". *Livestock Research for Rural Development*, **18**(9). (http://www.lrrd.org/lrrd18/9/nsos18125.htm.)

Ocampo, L. M., Leterme, P. and Buldgen, A. (2005): "A survey of pig production systems in the rain forest of the Pacific coast of Colombia", *Trop. Anim. Health Prod.* **37**: 315-326.

Pandey, V. S. and Mbemba, Z. (1976): "Cysticercosis of pigs in the Republic of Zaire and its relation to human taeniasis", *Ann. Soc. Belg. Med. Trop.* **56**(1): 43-46.

Twinamasiko, N. I. (2001): "Pig production", In *Agriculture in Uganda Volume IV Livestock and Fisheries*, Mukiibi, J. K. (ed.), Fountain Publishers. pp. 58-67.

═══ 第10章 ═══

タイのウシ・スイギュウ定期市
――地域をめぐり、国境を越える流通の諸相――

高井康弘

1. はじめに

　本章では2010年代初頭のタイにおける定期市を介したウシとスイギュウの流通に焦点を当てる。タイにも他国と同様、さまざまな産品を扱う定期市(*talat nat*)がある。そのなかで、ウシとスイギュウを取引する市は、ウシ・スイギュウ定期市(*talat nat kho-krabue* ないし *talat nat ua-khwai*)と呼ばれている。以下では、まずタイのウシ・スイギュウ飼育およびウシ・スイギュウ定期市の当時の概況を紹介する。次に、ウシやスイギュウの取引と移動が、地域特性の異なる各地の定期市でどのように展開していたのかに注目する。さらに定期市での取引からみえてくるタイ国内の遠隔地方間の流通、近隣諸国との間の流通経路に言及し、タイ行政の検疫体制と定期市との関係についてふれる。

2. ウシとスイギュウの飼育状況

　タイ国農業・協同組合省家畜局はウシとスイギュウの飼育頭数の詳細な統計資料を公表している。それによると、2011年時点で食肉用ウシは約658万頭、スイギュウは約123万頭、乳牛は約56万頭が飼われていた。飼育世帯はそれぞれ約104万戸、約27万戸、約21万戸であった(KPa 2012)。飼育世帯当たりの平均飼育頭数はそれぞれ6.36頭、4.55頭、27.16頭であった。
　家畜局の統計は食肉用ウシ(*kho nuea*)に関して、「『在来』ウシ(*kho phoen mueang*)、ないし『在来』ウシと改良品種(*kho phan*)の交雑個体」という範疇を設け、その頭数も示す。また、「改良品種ないし改良品種間の交雑個体」という範疇の頭数も示している。両者の比率は2011年時点では前者が7割強、後者

が3割弱であった(KPa 2012)。「在来」ウシは山地で主に飼われていた。平地農村では、改良品種ブラーマン(Brahman)の種オスと「在来」のメスの交雑個体を多くみかけた。長い耳が垂れ首も長く大柄なインド・ブラジリアン種(Indo Brazilian)との交雑個体もみかけた。ほかにはシャロレー種(Charolais)などが少数飼われていた。なお、スイギュウはアジアスイギュウ(*Bubalus bubalis*)であり、大半はタイやラオスに一般的な沼沢スイギュウである。

　図10-1にタイ全国および東北部の食肉用ウシとスイギュウの飼育頭数の経年変化(1986～2011年)を示した[1]。

　まずタイ全国のスイギュウ頭数をみてみよう。1993年までは480万頭前後で推移する。しかし、1994年から97年に急減する。1998年以降は100万頭台で推移している。スイギュウの大半は東北部で飼われている。東北部において1994年から97年にスイギュウが急減したので、全国数値も急減した。

　東北部におけるスイギュウ急減の背景には、農民の生活様式の変化があると考える。従来、彼らは雨季(6～9月)の天水田における飯米用モチゴメ作を主な生業として半自給的に暮らしてきた。現金を獲得するにはバンコク等へ出稼ぎに行くしかなかった。この状況下でスイギュウは貴重な動産かつ役畜であった。東北部でも1960年代から未開墾地が減り、食害の問題も出て、放し飼いが難しくなるが、雨季稲作期は夜に係留し、朝草場へ誘導し、夕方連れ戻し刈り草や稲藁を与える形でスイギュウは飼い続けられてきた。しかし、1990年代中頃からタイ経済の急成長の影響が及び、小商売・日雇い労働・換金作物栽培などの機会が開ける一方、現金を使う消費生活様式や農業経営が本格的に浸透し、この時期にスイギュウ頭数は急減する。人々は上記の仕事に時間を費やし、得た現金で耕耘機を購入するか、耕起請負人を雇うようになる。動産としての飼育も農地の拡大や沼沢地の減少で困難化し、割に合わなくなる。ただ1998年以降、スイギュウ頭数は漸減にとどまり、2009年までは100万頭台を保っていた[2]。一部の人々がスイギュウを根強く飼っていることもこの数値は示す。

---

1)　『タイ国農業センサス』と家畜局『家畜経済資料』では、家畜頭数などの数値が異なる。今回は全国の行政区長への調査票調査に基づく後者を採用した。
2)　その後、スイギュウ頭数は2013～2015年には80万頭台に減じる(家畜局HP)。

第 10 章　タイのウシ・スイギュウ定期市

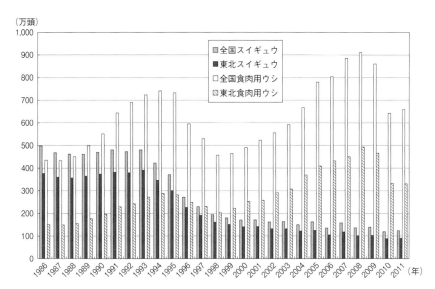

図 10-1　タイ全国および東北部の食肉用ウシとスイギュウの頭数推移
（KPa 1988, 2003, 2004, 2008, 2009, 2010, 2012 より筆者作成）

　もっとも、以上のようなスイギュウの急減は、畜産そのものの縮小を意味するわけではない。むしろ経済成長のなかウシ頭数は急増する。**図 10-1** のタイ全国の食肉用ウシ頭数をみてほしい。1988 年まではスイギュウ頭数より少ない。しかし同年から急増し、翌年にはスイギュウ頭数を上回る。1990 年代中頃にピークに達し、96 年から 98 年に急減するも、2000 年以降、再び急増に転じ、2005 年から 2009 年は 1990 年代のピーク時を上回る[3]。その推移はタイ経済の好不況ないしそれに伴う牛肉やその加工食品の消費需要の増減、換金作物の価格変動、あるいはその先行き予想に敏感に反応しての投機的思惑と連動しているようである。それによって、人々は自所有地を放牧地にしたり、畑作地にしたりするからである。

　東北部の食肉用ウシ頭数も、全国とほぼ同様の推移を示している。1990 年代前半まで東北部ではスイギュウがウシより多く飼われてきた。しかし、1996

---

[3]　食肉用ウシ頭数は 2008 年をピークに減じ、2010 〜 2011 年は 600 万頭台、2013 〜 2015 年は 400 万頭台になる（家畜局 HP）。

年にはウシ頭数がスイギュウ頭数を上回る。2000年以降は差が開く一方である。当地ではスイギュウからウシに農民の飼育対象が変わったことを図10-1は示す。ウシはスイギュウより舎飼い飼料用の草を刈る労力負担が少ないことが切り替えを後押ししたと推察する。また畜産局のウシ飼育推奨も背景にある。なお、東北部の食肉用ウシ頭数が全国頭数に占める割合は1986年が35％、1994年が39％、2008年は54％と増す。ただスイギュウと異なり、その飼育者の大半が東北部の農民とまではいえない。舎飼いが容易な食肉用ウシの肥育ファーム経営が中部諸県他で増えていることを付しておく。

　以上、タイのスイギュウと食肉用ウシの頭数が1990年代と2000年代に激変と呼びうるほど増減したことを紹介し、その背景にふれた。以下、ウシ・スイギュウ定期市の記述と検討に入る。まずは、その輪郭を示し、統計にみえる傾向を紹介し、多様な利用者をタイプ毎に列挙する。

3.　ウシ・スイギュウ定期市の形態・分布・利用者

3.1.　共通する輪郭

　出発点として、2010年代初頭のタイのウシ・スイギュウ定期市の大半に共通する点を列挙しておこう。第一に、週1日ないし複数日、特定の曜日に開催する場合が多い。ふだんは空き地であるが、開催日前夕に業者がウシやスイギュウを搬入し始め、翌明け方から取引が始まる。取引頭数が少ない市では、午前10時頃には取引が下火になり、正午頃には空き地に戻る。

　第二に、地方の県庁や郡庁所在地の都市から数十kmの農村地域の幹線道路近くにある。市の立つ日は取引場の周囲に大小多数のトラックがひしめくように駐車する。

　第三に、ほかの家畜家禽は扱わない。闘鶏市が同一広場内で開催される1事例を知るのみである。ウシ市とスイギュウ市は隣接するも分かれているケースが多い。両取引を同日開催する定期市がほとんどだが、ウシ市とスイギュウ市を別曜日に開く事例もある。

　第四に、食肉用改良品種と「在来」ウシの交雑個体が多く飼われている状況を反映して、定期市に持ち込まれるウシは色、形態とも多様である。小型の

「在来」ウシが大半である隣国ラオスと対照をなす。ただし、改良品種の乳牛はタイの定期市ではほとんどみかけない。

　第五に、軽食堂や畜産用具売店などの出店が出る。飲み物や菓子の行商も現れる。早朝に取引を済ませた業者は軽食堂で休憩する。農村在住の業者同士であれば、取引成立後、売った側がお金を得たということで、買った側にコップを渡し、焼酎を注いでおごる。取引では大量の紙幣が移動する。店内で紙幣の枚数を数え、電卓で収支をチェックする人も少なくない。こうした業者に宝くじ売りの行商が群がる。

　第六に、私設の定期市がほとんどである。土地所有者が経営する例もあれば、土地を借りた人が経営する例もある。経営者は会場隅に取引料徴収場を設ける。取引が成立したら、売った側が徴収場で取引額等を用紙に書き込み、頭数分の取引料を払う。2011年は多くがウシもスイギュウも取引料1頭20バーツだったが、10バーツや30バーツの例もあった[4]。経営者はこの用紙で、取引成立状況を把握する。ただし、会場出入り口に見張り人はおらず、取引料未払いで去ってもチェックできない。実際の取引成立数の8割程度を把握できれば良いと語る経営者もいる。経営者がウシやスイギュウの一時預かり人や場内整理員を雇う定期市もあるが、大半は経営者の家族や親族が徴収場の守りをするだけだからである。

　第七に、定期市開催日には家畜局の県と郡の支所から役人と獣医が必ず出張して、出口付近の小屋に構える（**写真10-1**）。彼らの定期市での業務は、検疫・家畜移動許可証発行・会場の消毒である。検疫に関しては、搬出前に獣医が全個体の舌の裏・口の端・蹄（ひづめ）の状態を手早く目視検査する。買付けた業者がウシやスイギュウをトラック

写真10-1　出張作業する家畜局職員の前には家畜疫病予防ワクチン注射済保証紙と6桁の個体識別番号を記した耳札（定期市C、2011年9月、筆者撮影）

---

4)　2011年8月下旬の為替レートは1バーツが約2.7円。

に詰め込んだ後、荷台に乗り込んで検査することが多い。また耳札番号を確認し、ワクチン履歴をチェックする。

ウシやスイギュウの飼い主は6か月に一度のワクチン接種を義務づけられているが、接種後4か月以内であることが市場に出しうる条件である。それを満たさないと売買契約は取り消され、飼い主は郡家畜局に接種の申し出をするよう指導される。病気検査と耳札照合をパスしないと、購入者はウシやスイギュウを持ち出し、次の売り買いに入ることができない。また遠隔県に搬出する業者は、それに必要な家畜移動許可証を発行してもらえない。防疫が重要な任務である家畜局にとって、ウシとスイギュウの流通が定期市を介する状況は、そこで集中的効率的に検疫できる点で長年好都合であった。タイでウシ・スイギュウ定期市が発達し、その流通に大きな比重を占めてきた背景には、取引当事者の利便だけではなく、行政側の意図が働いた可能性もある。定期市のなかには、家畜局の都合で開催曜日を変更した事例も数例ある。

3.2. 統計にみる傾向

このようなウシ・スイギュウ定期市は、タイ国全体に何か所あり、どのように分布しているのだろうか。タイ国農業・協同組合省家畜局畜産振興・技術普及事務所畜産経済研究課は『ウシ・スイギュウ定期市および家禽定期市年次報告(以下、定期市年報と記す)』を毎年出している。2000年から10年間のウシ・スイギュウ定期市数の推移をみると、2000年(78か所)、2001年(90か所)、2004年(139か所)、2005年(173か所)、2006年(192か所)と増えている(KPc2002, 2005, 2006, 2007)。しかし、その後は2007年(178か所)、2008年(177か所)、2009年(175か所)、2011年(152か所)と漸減している(KPc 2008, 2009, 2010, 2012)。

定期市年報は、各定期市経営者が報告する開催日当たりのウシとスイギュウの平均搬入頭数を掲載している。同報告によると、定期市への年間搬入総頭数は、2001年はウシが約121万頭、スイギュウ約44万頭である。2010年はウシが約209万頭、スイギュウは約62.5万頭である。この間、搬入総頭数はウシ、スイギュウとも増加している。2011年のウシ市について搬入頭数規模別に定期市数をみると、100頭未満の小定期市が3割強、300頭未満の中規模定期市

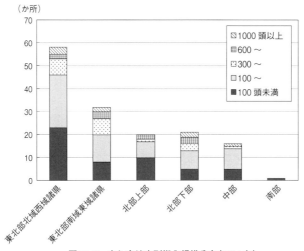

図10-2 ウシ市地方別搬入規模分布（2011年）
（KPc 2012より筆者作成）

が4割、それ以上の大定期市が3割とほぼ均等分布している。大きな定期市のなかには開催日に1000頭以上が搬入される定期市も数か所ある。ちなみにウシ市総数の6割は東北部にある。東北部の北域と西域に多い。東北部北域・西域と北部上部は中小市の比がやや高く、東北部南域・東域と北部下部で大定期市の比がやや高い（**図10-2**）。

他方、スイギュウ市への搬入頭数はウシ市より一般に少なく、50頭未満が60％弱を占める。大半は100頭未満の搬入だが、800頭を超えるスイギュウ市も若干ある。スイギュウ市も総数の66％が東北部にある。東北部の農村が主な産地であるスイギュウは仲買人等が地元の定期市に持ち込み、流通経路に乗る。スイギュウ市は北部にも27％ある。スイギュウ市はウシ市に比べ、東北部と北部により集中分布している。北部の定期市で目立つのは、タイ東北部やミャンマー等から流入したスイギュウである。屠畜・食肉業者等がそれらを買い取る。

3.3. 定期市に集う人々

ウシ・スイギュウ定期市にはさまざまな人とウシとスイギュウが集う。近く

遠くから来た人々がそれぞれの思惑のもと、大口、小口の売り買いを試みる。こうした取引が同時並行で展開する。

　ウシ・スイギュウ定期市は当初、ウシやスイギュウを少数頭飼う近在の農村住民が主たる利用者であったといわれる。彼らは近隣でウシ・スイギュウをほかの物と交換するか、売り買いしていたが、やがて互いの便宜のために場所と日を示し合わせるようになったという話は各地で聞くことができる。彼らは歩いて家畜をひいて集まり、市当たりの取引頭数は十数頭レベルであった。

　しかし、後年、都市的生活様式の浸透に伴って食肉の購買需要が増し、道路交通網の発達とモータリゼーションの浸透により、遠距離輸送が容易になるなかで、農村内の小定期市はしだいに消滅し、幹線道路沿いに立地する交通の便に恵まれた定期市が生き残り、大規模化する。こうしたウシ・スイギュウ定期市は、さまざまな人々が利用する場になっている。

　まず、やはり近在の農民が売り買いに来る。オス子ウシを売りに来たり、若いメスウシを買いに来たりする[5]。トラックを所有しない人がほとんどなので、搬入搬出の際はトラックを所有する村人にそれを請負ってもらう。知り合いの農民数名で、一台を雇って利用することが多い。もっとも農民にとってウシやスイギュウの売り買いは年に一度あるかないかである。農民にはウシ・スイギュウ定期市に行ったことのない人も多い。彼らにとってそこは敷居が高い場所である。ウシやスイギュウの良し悪しをみて触って把握するには経験がいる。定期市に継続的に通い、相場の変動傾向を把握することも大事である。これらに習熟しないまま取引すると、ろくなことはないと話す。

　業者の多くは特定の一つないし複数の定期市に継続的に通い、自らが利用する定期市の傾向を把握している常連である。彼らは数年来の顔見知りの取引相手を数人持っており、その間を往復してやり取りし、誰と取引するか選択する。彼らは取引について一定予測し、移動経費も計算に入れて、ウシやスイギュウを連れ、あるいは資金を携えて来る。通い慣れない農民には彼らへの気後れがある。また、農作業の多忙さや搬入搬出の経費を、行かない理由に挙げる農民が多い。

---

5)　現金をメスウシに換えて飼い、子を増やす。子は現金が必要な時に売る。種付けは種オス所有者から種オスを借りて行う場合、郡家畜局獣医に依頼する場合などがある。

こうした農民からウシやスイギュウを仕入れて定期市に持ち込むのが仲買人である。零細仲買人の多くは農業に従事してもいる。彼らは農作業の傍ら、近辺の農村を回り、ある程度の頭数のウシ・スイギュウをそろえたら、最寄りの定期市に持ち込む。むろん仲買専業の人もいる。数日をかけて精力的に仕入れ、遠方でも価格の高い定期市に持ち込んだり、近在の複数の定期市を回ったりして売り切り、次の仕入れ資金を作る。国境を越えて、隣国の農村で仕入れ、タイの定期市に持ち込む人もいる。また、国境まで隣国の業者が運んだウシやスイギュウをタイ側で受け取り、定期市に持ち込む人もいる。

定期市で仕入れ、定期市で売り利鞘を得ようと来る人も多い。こうした転売稼業にはいくつかのタイプがある。まず、特定の定期市に毎週手ぶらで来て、早朝に仕入れ昼までに転売して帰る人がいる。次に定期市をめぐる人がいる。定期市で仕入れ、移動して翌日開催の別の定期市に持ち込んで転売を繰り返し、得た資金や残ったウシやスイギュウとともに次の定期市へと移動する。こうした転売を繰り返す。農閑期のみ勤しむ人もいれば、専業者もいる。仲買と転売の両方をこなす人も少なくない。農民から仕入れたウシやスイギュウを定期市で売り、その資金を使って定期市で再び購入し転売する。こうして資金を増やし農村に仕入れに戻る。農村在住の零細な仲買人や転売人はよく合資仲間を組んで動く。ウシ・スイギュウ売買が好きな近隣者が小金を持ち寄って、仕入れやトラック借り上げ用の資金を作り、数名で定期市に乗り込む。転売人や仲買人には中年以上の人が多い。一定の資金が必要で、経験が物を言う稼業であることがこの傾向が生むと推察する。また男性が大半である。カウボーイ・ハットを粋にかぶって闊歩している。この点、生鮮市場で女性小売人が多く活躍するのと対照をなす。

なお、転売人のなかには、ウシやスイギュウの産地に近い安価な定期市で大量に仕入れ、長距離移動して大都市消費市場に近く高価格の定期市で売る商いを繰り返す業者もいる。

また、定期市にはタイ中西部等からウシ肥育業者が、2歳前後のオス子ウシを仕入れに来る。ファームで4か月程度肥育した後、隣国やバンコク首都圏の業者に転売するか、自ら食肉処理し、生鮮市場で売るなどする（高井 2021）。

さらに、食肉やその加工食品の製造販売業者、ないし彼らの仕入れを請負う

業者も、定期市に来る。東北部や北部の中心的地方都市には比較的古くから屠畜・食肉販売業が成立していた。かつてはすぐ近郊に農村が広がり、業者はウシやスイギュウを農民から容易に仕入れることができた。しかし、1980年代以降、都市近郊の開発が進むなか、しだいに都市周辺での入手は困難になり、彼らは数十km離れた最寄りの定期市に出向き始める。そのほうが質量両面で安定的効率的にウシやスイギュウを確保できるからである。他方、1980年代以降、都市的生活様式が地方に浸透するなか、一般の小地方都市や町周辺でも屠畜・食肉販売業が成立するようになり、関連業者が各々の最寄りの定期市に仕入れに来るようになる。2010年代初頭のタイでは食肉冷凍保存施設は普及していなかった。そのため、彼らの卸先である生鮮市場の小売業者たちが当日売り切る量を供給できる頭数のみ、夜明け前に屠畜・食肉処理していた。通常は業者当たり1日に1～3頭を屠畜していた。定期市を週に一度訪れ、1週間分の頭数を仕入れ、一時飼育しておき、順々に屠畜していた。

　ウシやスイギュウが多数取引され、良質の個体が安価で入手できる定期市には、バンコク首都圏の食肉関連業者も長距離走行を厭わず来ていた。大型トラック数台を連ねてきて百数十から数百頭を一度に仕入れていた。また、こうした定期市にはベトナム、中国、マレーシアの食肉関連業者から仕入れを請負った業者も来る。彼らは国境タイ側で搬送を請負う大型トラック数台を雇い、タイ東北部や北部の多数の定期市を回る。彼らがタイ国内の業者より高値で買うという話は各定期市でよく耳にする。仕入れ請負人は会場を活発に動き回り、早いペースで次々と買う。こうして複数の定期市で仕入れた数百頭を国境まで搬送する。そして、その先は別の業者が搬送を請負う。

　以上のような利用者がウシ・スイギュウ定期市には集っていた。どの利用者が多いかは立地や規模などで異なる。以下では、タイのウシ・スイギュウ定期市の具体相を、2009年から2012年に実施した現地調査の見聞に基づき記述する。調査は東北部3か所（ABC）、北部上部3か所（DEF）、北部下部3か所（GHI）の定期市と立地地の農民他を対象とした（図10-3）。しかし、本章では紙幅の関係上5か所の定期市に絞って記述する。そのなかでタイのウシ・スイギュウ定期市の地域的多様性、および、これらの定期市を介したウシ・スイギュウ・人の移動の特徴の一端を示すことを試みる。

第10章 タイのウシ・スイギュウ定期市

図10-3 タイ国各地方およびウシ・スイギュウ定期市9事例（筆者作成）

4. 地域的多様性とウシ・スイギュウ・人の移動

4.1. タイ東北部の定期市

　まず、タイ東北部で調査した三つの定期市を紹介する。東北部は平坦地の面積が広く、沼や湿地も多い。地方都市の拡大や都市的生活様式の農村部への浸透がみられる反面、農業に関しては、依然、灌漑網が未発達で雨季天水田稲作一期作の村も少なくない。ウシやスイギュウを放す遊閑地は減少したとはいえ、他地方に比べれば残っている。スイギュウ肉食より牛肉食を嗜好する食文化もこの地方の特徴である。

最初に取り上げるのは、ウドンターニー県内の10の定期市の一つ、シータート郡の定期市Aである。県庁の東南70kmに位置する。スイギュウ搬入頭数が比較的多いのがこの定期市の特徴である。2011年9月の観察・聞き取り調査で把握した事柄を述べる。

　まず開業前後の状況である。当地付近には1950年代まで人家がなかった。50年代後半にバンコク資本の精糖工場ができ、60年代に新しい行政区（ムーバーン）ができ、1970年代初めに自動車が通る舗装道路が通じる。当時、村人はスイギュウを水田耕起とサトウキビ運搬に使役するために飼っていた。スイギュウを売り買いする人々は仲間うちで時々に示し合わせて小さな市を不定期に開き、場所も不定であった。1980年代に入り、互いの便宜のため統合と固定化を模索し始める。周辺の五つの区から12名が出て定期市設立委員会を立ち上げ、委員長だった行政村（タムボン）の長（2011年聞き取り時85歳）が遊閑地であった自身の所有地（4.5 ha）を提供して、1986年に定期市Aが開業する[6]。元委員長によれば、当初、市が立つ土日曜の取引頭数はウシとスイギュウ計150頭前後であった。規模はその後拡大し、2000年代後半の開催日にはウシ・スイギュウ計800頭から900頭が搬入されていた（KPc 2008, 2009）。2011年の開催日（木曜）の平均搬入頭数は、スイギュウが360頭、ウシが240頭と減じていた（KPc 2012）。

　それでも調査日の早朝、会場には丸々と太ったスイギュウが多数佇（たたず）んでいた（**写真10-2**）。隣の広場はウシ市だが、大半はブラーマンと「在来」ウシの白色の交雑個体である。シータート郡はサトウキビ畑作地帯であるが、同郡と近隣郡には大小多数の沼や池もあり、周囲の湿地や草原は長らく農民たちがウシやスイギュウを通年終日放す遊閑地であった。近年、乾季稲作や換金作物作の土地利用が広がったため、朝群れを連れて見張り、夕方連れ戻す形を採りつつあるが、それでもウシやスイギュウを飼う農家は多い。同じく農民でもある零細仲買人が農家を回って仕入れ持ち込む。あるいは付近の定期市で買って、転売目的で持ち込む。駐車用スペースには耕耘機エンジン搭載の荷台付き小型改造

6）　タイの地域行政の最小単位はムーバーンで区や村と訳される。数十から百余りの世帯からなる。それが十前後集まって行政村（タムボン）を構成する。行政村長（カムナン）が定期市開業に関わり、その私有地が会場になっている例がいくつかある。

車(イテーン)が多数並ぶ。彼らはこうした車でやって来る(**写真 10-3**)。

イテーンとは対照的な大型トラックも 60 台近く駐車している。ウドンターニー・ナンバーは約 2 割、東北他県が 6 割、残り 2 割がピサヌローク、サケーオ、ノンタブリー、パトゥムターニーなど遠県のナンバーである(**図 10-3**、**図 10-4 参照**)。パトゥムターニーからの大型トラックは 2 台だが、その主はマレー系ムスリムの屠場主(43 歳)で、スイギュウを 1 日に 5、6 頭のペースで屠畜するという。彼は従業員とともにスイギュウ 55 頭を積み込み、去っていった(**写真 10-4**)。

写真 10-2　早朝のスイギュウ売り場
(定期市 A、2011 年 9 月、筆者撮影)

写真 10-3　イテーンに載せられたウシ
(定期市 A、2011 年 9 月、筆者撮影)

ノンタブリー・ナンバーのトラックには屠場・食肉加工工場経営者がやはりスイギュウを積み込んだ。スイギュウが安価で良質なので毎週仕入れに来ると話してくれた[7]。先のパトゥムターニーの業者とはムスリムの屠場主同士で、定期市でよく会う仲とのことであった。

サケーオ・ナンバーのトラックは、ベトナム南部からカンボジアを経由し、サケーオ県からタイに入った仕入れ業者が借り上げたものであった。運転手兼通訳はタイ人で、サケーオと定期市 A を 2 日がかりで往復し、スイギュウ 25

---

7) その後ほどなく、中国経済の拡大を背景に中国業者の資金を携えた買付請負人が大型のスイギュウとウシを高値で大量購入するようになる。バンコク首都圏の業者は彼らに買い負け、定期市から退場する。上記ノンタブリーの業者は廃業しトラック運転手に転業する(高井 2021)。

写真10-4　パトゥムターニー・ナンバーの大型トラックにスイギュウを搬入
(定期市A、2011年9月、筆者撮影)

頭を国境まで搬送すると話してくれた。

次はローイエット県に4か所ある定期市の一つ、パトゥムラット郡の定期市Bである。県庁から南に65kmの農村地帯の国道沿いに位置する中位の事例である。経営者の女性(2011年時62歳)は付近の村に住む。彼女によると定期市会場(約11ha)は廃村跡で悪霊の棲む森と恐れられていた。それを隣県の建設請負業者が買い取り、知人であった彼女の夫(故人)に運営を任せた。当地の行政村長であった彼が1980年代初頭に開業する。タイ経済が急成長した1987年から1997年が最盛期で、市当たりの取引頭数は500頭に達したという。当時はスイギュウ取引が多かったが、その後激減し、1997年にはウシの取引のほうが多くなったそうだ。しかしそれも漸減する。2011年時は開催日平均でウシが250頭、スイギュウが100頭程度の搬入であった(KPc 2012)。

月曜開催の定期市Bには東北部南域のスリン県やブリラム県の農村で仕入れたウシやスイギュウを仲買人が持ち込む。ローイエット県内各郡から来た転売人などが買付ける。転売人間の取引もある。転売人には仲間と合資し定期市を巡回する人が多い。この定期市めぐりをロープ・サナームと呼ぶ。例えば、V氏(40歳)は隣郡から村人3名でピックアップ車を借り上げ、毎月曜ここに来ると話す。火曜はヤソートン県、水曜はマハーサーラカーム県、木曜はローイエット県内の定期市に行き、スイギュウの売り買いを繰り返す(図10-4)。金

図10-4　タイ東北部の定期市にみるウシとスイギュウの移動（2011年8〜9月）（筆者作成）

曜も同県内農村を回って仕入れ、土曜は同県内の別の定期市へ行く。日曜は静養するそうだ。

　S氏（60歳）は同郡内の近隣村の知人8人の合資仲間のリーダーである。やはり毎月曜ここに来て、火曜はコーンケーン県、水曜はローイエット県、木曜はヤソートン県、土曜にローイエット県の定期市と移動するという。大型トラックを雇い、売れ残った家畜を連れて行くと話す。東北部の多くの県には定期市が5か所前後ある。各市は曜日をずらして立つ。転売人はそれらをめぐる。ルートはほぼ決まっている。ただし、転売人仲間のリーダーは、各市における家畜の集まり具合、価格動向に関する情報を得て、時にそれを変更する。ウシやスイギュウは彼らの手を通して、東北部各地の中小の定期市をめぐる。

東北部でもウシ・スイギュウ飼育頭数、農家数が多い東南諸県からはウボンラーチャターニー県に3か所ある定期市の一つ、ワーリンチャムラープ郡の定期市Cを選んだ。ラオス、ベトナム、カンボジア国境に近く、ウボンラーチャターニー市から22kmの地点に位置する。当初の開催日は月木曜だったが、2011年は水日曜に変更されていた。定期市Cの場合、開催日の搬入頭数は年毎に増減が激しい。例えば、2010年はウシとスイギュウ計1050頭だが、2011年はウシ1250頭、スイギュウ1000頭であった(KPc 2011, 2012)。

　2011年時の経営者は市内在住で中国系第三世代の事業家(59歳)であった。彼は中国系の地主から借地して1992年に定期市を開業し、1987年から1994年が最盛期だったと話す。その後、定期市を移転させ、さらに2010年に現在地(10ha弱)を5年契約で借りて移転したという。

　彼によれば、定期市Cのウシとスイギュウの多くは県内の仲買人や転売人が持ち込む。1990年代まではベトナムやラオスやカンボジアからもスイギュウが来たと聞く。しかし、2011年時点ではみられなかった。買付け業者は遠方から前夕に来る。例えば、北部上部パヤオ県から屠場主(50歳)がトラック2台で1000kmを走り来ていた。彼らは火曜にヤソートン県の定期市で仕入れ、水曜にここでスイギュウ16頭とウシ15頭を仕入れ、一旦戻り、土曜、日曜と再びここに仕入れに来ていた(図10-4)。

　また、チエンラーイ市とミャンマー国境メーサーイの中継地の町の業者(49歳)がスイギュウ19頭を仕入れていた。彼は中国の業者から仕入れを請負い、毎水曜と日曜に来る常連だった。東北部のスイギュウがミャンマー経由で中国方面に流れているのである。前述のノンタブリーとパトゥムターニーのムスリムの屠場主も毎水曜と日曜にスイギュウを20頭前後仕入れに来ていた。さらに、ベトナムの業者に依頼されたカンボジア人とタイ人の請負業者がウシとスイギュウを多数買付けていた。彼らは東北部や北部の定期市を回り、アランヤプラテートやムクダハーンから搬出するとのことであった。

　以上、東北部の北西、中央、南東から3事例を紹介した。いずれも農村から仲買人がウシやスイギュウを持ち込み、県内の転売人の売り買いが展開する点は共通する。ただ、中規模の定期市Bとは異なり、大きな定期市AとCには遠隔地方各方面から屠畜業者、転売業者、肥育業者が来て、多数買付けていた。

東北部の中小定期市をめぐるウシとスイギュウはやがて大きな定期市で、遠来の業者に買い取られ、転売や肥育を経て、あるいは直接、国内ないし隣国の屠畜・食肉販売業者の手に回るというルートが描けそうである。

4.2. 北部上部の定期市

北部上部は山がちだが、点在する大小の盆地に古くから灌漑網が発達し、農民は労働集約型の水田稲作を比較的安定的に行ってきた。この地方には古くからのウシ・スイギュウ定期市が多い。遊閑地や沼地湿地に乏しくスイギュウを飼うのに不適であったため、東北部からスイギュウが定期市に持ち込まれ、耕起作業の役畜として農民が購入していた。得た資金で業者は北部産のウシや農産物を仕入れ、東北部に持ち帰ったという。2010年代初頭の時点では、すでに役畜用スイギュウの需要はなくなっていたが、北部地方には牛肉食よりもスイギュウ肉食を嗜好する食文化があり、その需要を満たすべく東北部や近隣国からスイギュウが持ち込まれている。

以下ではチエンマイ県の五つの定期市の一つ、サンパートーン郡の定期市Dを紹介する（**写真10-5**）。チエンマイ市の南西23kmの幹線道路沿いに位置する。この道路を170km西に走ればメーサリアン、さらに46km行けばミャンマー国境のメーサームレープに至る（**図10-5**）。

定期市Dの創業者の息子（故人）の妻（2011年時74歳）等からの聞き取りによると、その開業は1959年である。創業者は当地を開墾した農民である。彼はマンゴウ栽培を試みたが不作続きであきらめ、折りしも付近のウシ市が閉鎖したので、開墾地の半分（2ha）にウシ・スイギュウ市を開く。当初、市当たりの取引成立頭数は50頭足らずで、近在農民間の家畜交換が大半であったという。1980年代以降、定期市Dは大規模化する。2000

写真10-5 ウシ売り場
（定期市D、2011年8月、筆者撮影）

図 10-5　タイ北部の定期市にみるウシとスイギュウの移動（2011 年 8～9 月）（筆者作成）

年代以降は併設する雑貨や農産物などの売り場がより賑やかになる一方、ウシ・スイギュウ市会場の存在感は薄くなってくる。ちなみに、定期市年報記載の開催日（土曜）の搬入頭数は、2001 年がウシ 500 頭、スイギュウ 200 頭だったが、2011 年はウシ 200 頭、スイギュウ 50 頭と減じている（KPc 2002, 2012）。

　定期市 D については以前 2000 年と 2001 年に調査したことがある（高井 2002）。当時、ウシ市では近在農民間の小取引と併行してバンコク首都圏の屠畜業者の大口買付もみられた。スイギュウ市には遠来のスイギュウがひしめいていた。ミャンマー産が最も多く、タイ東北部産がこれに続いた。かつて多数であったタイ東北部産をミャンマー産が上回るようになった要因はいくつかある。第 1 に東北部から北部への遠距離輸送経費が高騰し採算が取れにくくなったこと、第 2 に東北部のスイギュウ供給力が落ちたこと、第 3 にタイとミャンマーの経済格差を反映して、ミャンマー側の人にとってはウシ・スイギュウを売ること

が貴重な現金獲得の手段となっていること、第4にタイの業者はミャンマー産を安価で仕入れ、移動距離も比較的短いため、経費負担少なく持ち込めることである。ただし、当時、ミャンマー産のスイギュウは昼近くでも売れ残っていた。各地から国境まで歩いてきて傷だらけで痩せていて、寄生虫持ちが多いと不評だったからである。対照的に、中国からのスイギュウは太って人気であり、早朝で売り切れていた。これらは中国各地から雲南に集められ、メコン河を下り、チエンセーン等から持ち込まれ、スイギュウ肉の大消費地チエンマイ市の屠畜業者などが買付けていた。屠畜業者で目立つのは市内チャーンクラーン地区在住のパターン（パキスタン系移民の第二、第三世代のムスリム）の人々であった。当時、同地区には大小百余りの屠畜業者が活動しているといわれていた。

　2010年前後の再調査時も、取引規模こそ縮小したものの、上述の状況はあまり変わっていなかった。スイギュウは依然ミャンマー産が多かった。メーサームレープ等からメーサリアンを経て持ち込まれていた（次節参照）。ただ、中国産のスイギュウは姿を消していた。

　代わって、中国雲南省景洪からタイ系の1業者が雇い人数名とともに来ていた。メコン河沿いの町チエンセーンを経由して、スイギュウ17頭積載可能な中型トラック5、6台で来ると関係者は話す。3～4週間に一度のペースで訪れ、毎回100頭ほどスイギュウとウシを仕入れて帰るのだが、1頭3万から4万バーツと、タイ国内の業者より高値で買うとのことであった。

　スイギュウは以前と同様、チエンマイ市内の屠畜業者も買付けていた。例えばパターン人のL氏（2012年聞き取り時48歳）は定期市Dだけに毎土曜通い、オススイギュウを仕入れると話す。スイギュウの入荷が少ない時は「在来」ウシで補うのだが、食肉用改良品種のウシは美味くないので、買わないという。私設の屠場でスイギュウを中心に1日4頭屠畜し、早朝、市内の生鮮市場5か所の計20数名の小売業者に肉を届けるほか、4か所の肉団子製造工場に肉を送っているとのことであった。

　L氏は委託を受けて定期市Dで「在来」ウシを仕入れ、マレーシア在住の親族の同業者に搬送しているとも話す。ウシ100頭を大型トラック3台に積み、スコータイ経由でプラチュアップキリカーンまでまず行き、そこでワクチン注

射等を済ませ、2か月飼育した後、別業者が国境のスンガイコーロックまで搬送するとのことであった(図 10-3)。

4.3. 北部下部ミャンマー国境近くの定期市

北部下部は、北部上部と東北部とバンコク首都圏の物資が往来する中継地であり、北部下部中央域の定期市は各方面の利用者が交錯する場になっている。現地調査では、この状況を知るべく、北部上域ラムパーン県の定期市F、スコータイ県の定期市G、ターク県中央部の定期市Hを対象に選んだが、本章では、同じ北部下部でも中央域とは山を隔て、風土も交通ルートも異なるターク県西端メーソート郡の定期市Iを紹介する(図 10-5)。メーソートはムーイ川を挟んでミャンマーと向き合う国境交易で有名な町である。その近郊3kmに定期市Iはある。

メーソートは古くからウシ・スイギュウがミャンマーから持ち込まれ、バンコク方面へ売られる中継点だった。ウシ・スイギュウの仲買業者でスコータイ出身の人物(隣郡の定期市H所有者)が話すには、彼が1970年代後半にメーソートに定期市を開き、短期で廃業するも、彼の親族が再び市を開き、1986年に現在地(約3ha)に移ったとのことであった。ウシとスイギュウは毎木金曜に定期市Iに持ち込まれ、金土曜に取り引きされる。日曜に家畜局の役人と獣医が会場口に出張所を設ける。そこでの検査を経て搬出される。

2011年の定期市Iの週平均搬入頭数はウシ650頭、スイギュウ180頭である(KPc 2012)。大半はミャンマーから来た「在来」ウシとスイギュウである(次節にて詳述)。また、タイ領内の周辺山地に住むモン(Hmong)やカレンの人々がやはり「在来」ウシやスイギュウを持ち込む。

定期市Iに仕入れに来るのは次の人々である。まず、チエンマイとラムパーンの屠畜業者が大型トラックでスイギュウを買付けに来る。常連は3業者だと関係者は話す。また、マレーシアの業者から仕入れを請負った地元タイ人業者が「在来」ウシのオスを大量に買付ける。この業者によれば、マレーシアのムスリムは犠牲祭においてオスウシを供儀する。供儀されるオスウシは3～4歳で新歯が生え揃い、耳・目・角・尾など身体に欠損があってはならない。姿形が整っていることが重要で、大きさや肉付きは問わない。供儀ウシとしては食

肉用改良品種は不評で、「在来」ウシでも放し飼いで野性味を残したものが好まれるという。定期市Ｉで仕入れる理由である。このほか、定期市Ｉに食肉用ウシを求めに来る業者も多い。マレーシア、ベトナム、カンボジアの業者から仕入れを請負った業者や、バンコク首都圏とタイ北部の屠畜業者である。彼らによれば、ここに来るのは、第一に安価だからである。往復のガソリン代に見合う利鞘が見込めるという。ただ印象的だったのは、食味や安全性の点で、タイ東北部のブラーマンとの交雑ウシよりも、ミャンマー「在来」ウシを評価するがゆえに、ここに仕入れに来るというコメントが多く得られたことであった。かつてミャンマー産のウシは、痩せて肉付きが悪いうえに、寄生虫や病気感染も疑われ、低い評価であった。しかしこれらの業者によれば、近隣国の富裕層は、野山で育った「在来」ウシの方が、人工飼料や薬剤にまみれていない点で安全だとみなし、赤身が多く歯ごたえのある肉を肉質が良いと評価するという。業者がミャンマーからのウシを選ぶ背景には、最近のタイ側の検疫体制への信頼もあろう。

加えて、定期市Ｉで印象的なのは、闘牛用の「在来」ウシの取引である。メーソート周辺の山地に住むモンの人々などが、闘牛用のオスの「在来」ウシを小型トラックの荷台に載せて定期市に持ち込む。闘牛として活躍した「在来」ウシのオスを、メスの「在来」ウシと交配させ、子を選抜し、草などを豊富に与え、大型にしたウシである。定期市Ｉでは毎月１回土曜午後に闘牛が開催される。広い定期市会場の片隅に闘牛場はある（**写真 10-6**）。広場を階段式観客席が囲み、その回りをトタン板で囲ってある。飼い主同士が掛け金で合意すれば取組みが成立する。取組みは十数組続く。土曜午前までに一般のウシ・スイギュウ取引はほぼ決着している。一仕事を終えた業者や遠来の闘牛ファンが、1000 バーツを払って入場し、取組み毎に観客同士が賭け合

写真 10-6　闘牛場
（定期市Ｉ、2011 年 9 月、筆者撮影）

い、勝負に一喜一憂する。飼い主にとって闘牛は賭けであると同時に、自らが所有するウシの価値を吊り上げ、高値で売るためのデモンストレーションである。闘牛翌日の日曜、闘牛場には闘牛用ウシが係留され、そこは取引場に変じる。40頭前後が持ち込まれていた。闘牛に負けたウシは値打ちを落とし、食肉用として売られることも少なくないという。

　以上、5事例を簡単に紹介した。北部上部の1事例以外は1980年代以降に開業した。タイ経済が急成長し、ウシとスイギュウの流通が広域化、活発化し始めた時期と重なる。農民がスイギュウを手放し、ウシ飼育が増え始めた時期である。前述のように、この時期は定期市の統合、大規模化が進んだ時期でもある。今回は中規模以上の定期市を選んだが、これらは上記の時流に乗って開業し、生き残ってきた定期市といえる。

　タイのウシとスイギュウの多数は依然、東北部農民が飼っている。農村をめぐる仲買人がそれを仕入れて定期市に持ち込む。中小の定期市では県内の転売人などの売り買いが中心だが、大きな定期市には遠来の仕入れ業者が集まる。中小の定期市をめぐるウシやスイギュウもやがて大きな定期市に集まる。そこから直接ないし中部の肥育場を経て、首都圏近くの屠場に至るルート、あるいは北部の定期市を経由して北部の消費地へ至るルートを辿るようであった。

　またタイ東北部と北部の定期市には、近隣国の業者や彼から仕入れを請負ったタイ人業者が出没していた。彼らの手を経てウシがマレーシア方面へ流れていた。またウシとスイギュウがベトナム方面と中国方面に流れていた。カンボジア、ラオス、ミャンマーがその経由地になっていた。2000年頃は近隣国からタイへウシとスイギュウが流れていたが、2010年代初頭の調査では逆の流れも目立った。ただミャンマーからは依然、ウシとスイギュウが供給されていた。以下では、ミャンマーから入り、定期市での取引を経て、国内と国外に搬送される過程とタイ家畜局の検査体制に焦点を絞り、その具体相を確かめる。

5. 国境を越えるウシ・スイギュウの移動とタイ国内の検疫体制

　タイとミャンマーの国境線は長く、両国側とも一帯は山地でカレンなど少数民族が多く住む。とくにミャンマー側は中央政府の力が及ばぬ所も多い。両岸

の人々はサルウィン河やムーイ川を挟んで容易に行き来しており、合法的な輸入手続きを経ずとも家畜を持ち込めそうである。実際、タイ家畜局の役人も移動実態を掌握できないと話す。業者間を闇ルートで移動し、食肉消費されるウシやスイギュウが一定いる。しかし、前述のように家畜局は定期市から搬出される個体を把握し、移動許可証を発行する体制をとっており、ミャンマーから入り、定期市を介して県外や国外に流れる頭数はほぼ把握できる状況にある。

　家畜局資料によると、タイ国の食肉用ウシ合法輸入頭数は1997年（約2万4000頭）、1998年（約9万9000頭）、2001年（約18万5000頭）、2008年（約1万5000頭）と増減が激しい（KPa 2004, 2009）。スイギュウの合法輸入頭数も1997年（約8900頭）、1998年（約3万6500頭）、2001年（約7万1300頭）、2008年（約1万2000頭）と同様である。国別内訳をみると、ウシは各年ともミャンマーからの輸入が圧倒的に多数である。スイギュウは1990年代後半から2000年代前半にかけてミャンマーとラオス（おそらくラオス経由の中国、ベトナム産を含む）からの輸入頭数が拮抗していたが、2010年代初頭時点ではミャンマーからが多数を占めていた。ただし、1990年代ないし2001年のピーク時と比べると、ウシもスイギュウも輸入頭数が減少していた。ミャンマー側国境地帯の政情問題や疫病流行による輸入停止がしばしばあり、ミャンマーからの持ち込みは常に不安定で間欠的であるが、加えて中国業者の買付けが活発になり、ミャンマーのウシとスイギュウがタイ方面に一方的に流れなくなっていること、運送経費の値上がりで長距離交易が割に合わないことが背景にある。それでも前節でふれたように、定期市DとIにはミャンマー産のウシとスイギュウが依然持ち込まれていた。

　以下では舟着き場からこれらの定期市へのウシ・スイギュウの移動、および介在する業者に注目する。定期市Dに持ち込まれるミャンマー産ウシ・スイギュウのほとんどはメーサームレープほか、サルウィン河沿いの複数の舟着き場からタイに入る（図10-5参照）。これらを利用する業者によれば、メーサームレープからのウシとスイギュウの流入は1990年代初頭が最多で、当時は毎日荷揚げがあり、一度に2000頭入る日もあったという。訪ねた2010年9月時は、20数頭を載せた舟が月に2回来る程度であった。税金がかつての5倍の額になり、舟賃なども高騰し採算が取れなくなったために流入が減少したと話す

人が多かった。2010年時、メーサームレープから定期市DとEにスイギュウやウシを持ち込む最大業者はT氏(同年57歳)であった。彼はミャンマー領内のカレンの村の生まれだが、メーサリアンに移住して久しく、二重国籍だという。タイ語も堪能である。彼が話すには、20歳代後半にスイギュウ取引を始め、大型トラックを2台所有している。ミャンマー領に入り、サルウィン河支流の村々を自ら回って仕入れる一方で、現地の仲買人にあらかじめ注文しておき、彼らが集めたウシとスイギュウをメーサームレープから上流数kmのカレンの村で引き取り、舟に載せて川を下りタイ側に荷揚げする。取引は暑季の農閑期に多い。当地でワクチン注射等を済ませ、メーサリアン近くの在住地に移り、1か月ほど肥育するのだが、ウシは舎飼い、スイギュウは放し飼いである。その後、相場の変動を見ながら定期市に持ち込むという。2010年9月に定期市Dを訪れた際、広場の一つは、T氏のスイギュウ67頭とウシ25頭が占有していた。2011年の再訪時も彼はスイギュウ60頭近くを持ち込んでいた。4、5歳のスイギュウを1頭1万8000バーツ前後で仕入れ、定期市Dでは2万から3万バーツで売ると話していた。

　次に、メーソートの定期市Iに持ち込まれるウシ・スイギュウが荷揚げされる舟着き場の状況と検疫体制を紹介する。タイでミャンマーからのウシとスイギュウの取引が最も多いのは定期市Iだといわれる。舟着き場はメーソート郡と隣郡に主なものだけでも7か所あるが、その一つ、定期市Iの西16kmに位置する舟着き場で観察と聞き取りを試みた。付近は丘陵地で一面トウモロコシ畑かサトウキビ畑である。塀で囲われた広い敷地に至る。警官が監視するゲートがあり、舟着き場と家畜検疫場の名前を記した看板がある。通過し、敷地内の牧草地を行くと牛舎や飼育人小屋が見えてくる。その裏の河岸に簡素な舟着き場があり、その横に所有者R氏の事務棟があった。以下は彼の話である。

　敷地は父母が1970年代に畑として開墾した。自身が私設の舟着き場を作ったのは1990年代初頭である。メーソート郡内に3か所の舟着き場を所有しているが、この舟着き場はウシ・スイギュウ以外にトウモロコシと豆類の荷揚げにも使っている。ムーイ川対岸の平地のビルマ人の村にウシやスイギュウは多いのだが、それらを仕入れてタイ側に持ち込む仲買人は、その周囲の山地に住むカレンの人々である。彼らは寒季や暑季に多く来る。というのも、小舟側面

に繋ぎ、鼻紐をつかんで泳がせて渡るので、水位が高く流れの速い雨季は不適だからである。また、雨季は彼らの農繁期であり、ウシ・スイギュウの売り買いは不活発になる。荷揚げされた個体はタイ側の業者が買い取る。彼らはメーソートないし近隣郡の村に住む小業者である。R氏が地元への利益還元を考え、県内ターク郡や他県の業者を排除しているためである。行政から要請はなく、自身の考えで実行しているとのことであった。

　このようにミャンマーのウシやスイギュウはタイに渡るが、タイ側の地元業者は買い取った個体をすぐには定期市に持ち込めない。家畜局の獣医が来てワクチン注射を打ち、21日後抗体が確認されるまで待つ。舟着き場横には牛舎が数棟立つ。留め置きの間、住み込みの日雇い6人がウシとスイギュウを世話している。訪ねてみると、ミャンマーから移住したカレンの人たちである。仲間には、ミャンマー側の仲買人からウシ・スイギュウを買い取り、タイ側の仲買人に売って利鞘を得る稼業に転じた人もいるという。その一人の20歳代の男性が現れた。幼時にここに来たので、タイ語が流暢で定期市の事情にも通じ、タイ側の仲買人と交渉ができ、ミャンマー側の仲買人ともカレン同士なので信用もあると自らを評する。仲介転売業で1頭につき500バーツ程度を稼ぐが、日雇いは日当100バーツだったので収入は増えたとのことであった。[8]

　図10-6はミャンマーからメーソートに荷揚げされたウシとスイギュウの頭数のうち、所有者が関税を払いタイに合法的に輸入した頭数を記したターク県家畜検疫所資料から作成した。メーソートの舟着き場に荷揚げされたウシやスイギュウのなかには、病気等の理由で家畜局が市場への流通を阻止する個体も少なくない。例えば、1997年から98年前半は、疫病アンタックスの流行があり、荷揚げされたウシ・スイギュウのほとんどが輸入不許可になっている。他の年も荷揚げ頭数と輸入頭数には相当の差があり、毎年、前者の6割から8割しか合法輸入されていない。荷揚げされたウシ・スイギュウのなかには、待機期間に闇流通に回り、行方不明になる個体もあり、そのために荷揚げ頭数と輸入頭数の差はさらに拡大している。

---

[8] 労働者保護法に基づく2011年時の最低賃金(日当)は、バンコク首都圏215バーツ、最低はパヤオ県159バーツ。メーソート郡外へ移住できないミャンマーからの移民の日当は低く抑えられている。定期市Iでも多くの移民が人夫として働き、ウシやスイギュウを世話し、群れを誘導している。

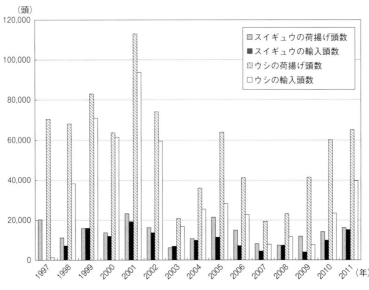

図10-6　メーソートで荷揚げ・輸入されるウシとスイギュウの頭数の推移
（Dan Kakkansat Tak 2012 より筆者作成）

　1990年代中葉から15年間の荷揚げ・輸入頭数の傾向をみると、一貫してウシがスイギュウより圧倒的に多い。また、荷揚げ・輸入頭数は年毎に不規則で激しく増減している。ウシの輸入は2000年代初頭まで年間6万頭を超え、とくに2001年は9万4000頭弱に達したが、2003年には1万7000頭弱に減り、以降低迷している（Dan Kakkansat Tak 2012）。なお、ミャンマーからタイへのウシ・スイギュウ総輸入頭数に占めるメーソート経由の比重は大きい。とくにウシのそれは1999年（68％）、2001年（56％）、2008年（76％）、2010年（89％）と急増している。スイギュウの場合は1999年（46％）、2001年（51％）、2008年（62％）である。

　検疫が済んだウシとスイギュウの大半は定期市Ⅰに持ち込まれる。ミャンマーから舟着き場の検疫を経て直接来た個体の耳には赤札が付けられている。ほかの検疫済み個体は黄札である。土曜の午前、広場内の小屋では、売却契約を済ませた地元の仲買人が書類整理に精を出す。ワクチン証明書のほか、遠隔県に移動するウシやスイギュウについては家畜移動許可証が必要である。彼ら

は買い手にこれらの書類を渡さねばならない。売却相手と個体番号を記したメモと書類を照合し、整理しているのである。彼らは数十頭を複数の買い手に売っているから少し時間がかかる。整理が済むと書類を買い手に手渡し、場合によっては耳札も渡す。月曜には家畜局の役人と獣医が定期市に出張する。役人は買い手が用意した書類を確かめる。獣医は全個体を手早く目視検査する。頭数が多いので、これも時間がかかる。トラック運転手は通常午後まで待たされる。検査が済んだウシ・スイギュウから順々に搬送されていく。大型トラックでバンコク首都圏をはじめタイの各地方へ、あるいはマレーシア方面へ、またカンボジア経由でベトナム方面へ長距離移動する。

　近隣国の業者から仕入れと搬送を請負うタイ人業者の例を挙げておこう。N氏（2011年時37歳）は、メーソート生まれのタイ人である。ウシの売買で定期市に来た時、中西部ペッチャブリー（ペットブリー）在住のムスリム業者と知り合ったと彼は話す。その後はこのムスリム業者の依頼に応じて、仕入れ搬送を請負っているという。彼によれば、定期市Ⅰからペッチャブリーまでは10時間の走行である。南部への中継地プラチュアップキリカーンに運ぶこともある。正午に定期市を出て、明早朝に着く。行き片道を大型トラックで搬送する請負代金はガソリン代込みで3万5000バーツである。搬送したウシはそこで検疫し、移動許可が出るのに21日かかるので、待機する。そこから別の請負人がマレーシアまで搬送するとのことであった。

　また、定期市Ⅰで出会ったY氏は、2009年からプノンペンの業者の仕入れ搬送を請負い、メーソートとプノンペンを往復していると話してくれた。水曜にカンボジア人運転のトラックに乗ってプノンペンを出発し、国境を越え、サケーオでタイ人運転手のトラックに替え、1日走り木曜にメーソートに至るという。金土曜と仕入れ、日曜に出発し、月曜にプノンペンに戻るのだが、毎週これを繰り返しているとのことであった。定期市Ⅰには彼らのような地元の請負人が5、6名はおり、時に複数の依頼主を持ち、東奔西走している。

6. おわりに

　本章では、タイにおけるウシ・スイギュウ定期市の経年変化と地域的多様性

に注目しながら、定期市を介したウシとスイギュウの移動の具体相を記述し、そのルートの見取り図を示し、行政の検疫体制にもふれた。要点は次のとおりである。①東北部がウシ・スイギュウの大産地で依然農民の少数頭飼育が中心である。②地方経済と交通の発展を背景に定期市の統合・大規模化と利用者の広域化・多様化が進んだ。③ウシやスイギュウは転売人と定期市をめぐる。④大きな定期市に集まったウシやスイギュウを首都圏、他地方、近隣国の屠畜食肉販売業者やその請負人が長距離輸送を厭わず大量に買付ける。⑤スイギュウ肉消費地である北部の定期市には東北部とミャンマーからスイギュウが持ち込まれる。⑥中国、ベトナム産のウシやスイギュウはみかけなくなったが、ミャンマーからは依然流入している。⑦流通の長距離化、国際化のなか、タイの行政は荷揚げ場と定期市で検疫する体制を採り、定期市を防疫業務の重要なポイントと位置づけている。

　ただし、タイのウシ・スイギュウ流通全体に占める定期市の比重が低下してきたことも最後に指摘しなければならない。背景には携帯電話などが普及し、売り手と買い手の情報交換が容易になったことがある。大口取引の場合、肥育場や仲買人の一時飼育場に買付け業者が出向くし、中小仲買人や転売人も定期市で売り買いする一方で、他の同業者や屠畜業者と直接取引している。業者が検疫証明を済ませ、遠隔県への移動許可証を得るには、かつては役人と獣医が出向する定期市で取引するのが便利だった。しかし2007年頃から家畜局は定期市以外でも検疫確認し移動許可証を発行するようになった。上述の風潮に配慮し、願い出があれば役人と獣医が大口取引の場に出張する。流通業者が定期市を利用するメリットは減じ始めていた。そのような過渡的状況下、2010年代初頭のタイのウシ・スイギュウ定期市は依然一定の賑わいを保っていた。

● 文　　献

石原 潤（1987）：『定期市の研究 ── 機能と構造 ──』、名古屋大学出版会。
高井康弘（2002）：「肉食・とさつ・定期市 ── タイ・ラオスにおける牛・水牛と人の関わりの変容 ──」、赤木攻代表『メコン河集水域における自然と文化の相互関係にかんする生態史的総合研究』、科研研究成果報告書：5-27。
高井康弘（2021）：「タイの定期市に集うウシ・スイギュウの行方」、ビオストーリー 35：

72-73。

津村文彦 (2004):「東北タイにおける家畜飼養の変容 —— 牛と水牛から見た農村経済 ——」、福井県立大学論集 **24**：85-104。

Chusit Chuchat (1995): *Kat ngua (talat ua): mitinueng khong phapsathon nai kan plianplaeng withi chiwit khong sangkhom chaona nai phaknuea khong prathet thai.*

Dan Kakkansat Tak. (2012): *Sarupyot kho-krabue phan dan kakkansat tak lae sia phasi sulakakon.*

Krom Pasusat (KPa) (1988, 2003, 2004, 2008, 2009, 2010): *Khomun setthakit kan pasusat prajam pi 2530,2545,2546, 2550,2551,2552.*

Krom Pasusat (KPa) (2012): *"Jamnuan kho-krabue lae kasettrakon phu liang rai jangwat prajam pi 2554"* http://www.did.go.th/th/ (2012.10.5 確認)

Krom Pasusat (KPb) (2007, 2009): *Khomun jamnuan pasusat nai prathet thai pi 2549, 2551.*

Krom Pasusat (KPc) (2002, 2005, 2006, 2007, 2008, 2009, 2010, 2011): *Talat nat khokrabue lae talat nat sat pik prajam pi 2544, 2547, 2548, 2549, 2550, 2551, 2552, 2553.*

Krom Pasusat (KPc) (2012): *Phonsamruat khomun talat nat kho-krabue lae talat nat sat pik pi 2554.*

McPeak, I. G. and Little P. D. (2006) *Pastoral Livestock Marketing in Eastern Africa: Research and Policy Challenges.*

National Statistical Office (2005): *Agricultural Census: Whole Kingdom 2003.*

===== 第11章 =====

大都市に集まるスイギュウ
――パキスタン・カラーチの都市搾乳業――

中里亜夫

1. はじめに

　モンスーンアジアの西部に位置する南アジアのインドやパキスタンでは、著しい人口増加に伴い、人口1000万人を超える巨大都市が誕生している。インドでは首都デリーをはじめ6都市が、パキスタンではカラーチとラーホールの2都市がメガシティとされている。

　1947年のインド・パキスタン分離独立後、両国とも食糧自給をめざし1970年代の耕種部門での緑の革命（Green Revolution）に次いで、1980年代には畜産部門で白い革命（White Revolution）といわれるミルク増産革命が展開し農村経済の多様化が進展している（中里 1995, 1998；黒崎 2000；篠田 2015）。

　今日では熱帯気候下にありながら両国とも主穀の米や小麦などを輸出する米・小麦の生産大国である。またミルク・乳製品の自給、牛肉など畜産物輸出をする世界的なミルクや肉の生産大国であり、その主役はスイギュウである。

　これまでミルク・肉生産をリードしてきた欧米諸国では温帯気候下での乳・肉牛飼育であり、スイギュウ[1]は注目されてこなかった。今日、世界におけるミルク・肉畜産業の主役が、ヨーロッパなど温帯の乳・肉牛からパキスタンやインドといった熱帯気候下でのスイギュウに入れ替わっている。

　ちなみにカウ・ミルクとスイギュウのミルクとの大きな違いはミルクに含ま

---

[1] スイギュウは熱帯地域で飼育され、河川型（River Type）と沼沢型（Swamp Type）があり、河川型は南アジアの北西部から地中海沿岸にかけて乾燥地域で乳用として、沼沢型は東南アジアなど湿潤で水田耕作など役用に飼育されている。特に乳量の多いニリ・ラビ（Nili=Ravi）種とクンディー（Kundi）とムラ（Murrah）種のうち、ニリ・ラーヴィー種とクンディー種は、パンジャーブ地方の中心都市ラーホールやシンドの州都カラーチで展開する搾乳業の主役であり、インド原産のムラ種はデリー種とも称され大都市デリーの搾乳業の主役である（Cockrill, W. Ross 1974）。

表 11-1　ミルク生産主要国(2010)（資料：FAOSTAT）

単位：万トン

順位	国名	総生産量	乳牛	スイギュウ	ヤギ	ヒツジ
1	インド	11,700	5,030	6,240	430	0
2	アメリカ	8,746	8,746	0	0	0
3	中国	4,114	3,604	310	28	174
4	パキスタン	3,550	1,244	2,228	74	4
5	ロシア	3,214	3,190	0	24	0

れる脂肪率である。前者は3～4％であるのに対して後者は7～8％と高く、それを消化できない乳糖不耐性(Lactose intolerance)[2]の少ないパキスタン人にスイギュウ・ミルクが好まれる。さらに興味深い点は、同じスイギュウによるミルク生産でもインドとパキスタンでは、都市人口の膨大な生乳・乳製品需要に応じる供給のあり方が異なることである。つまりインドでは、ミルク・乳製品が輸送手段を通じて農村から都市に送られるまでに進展したが、パキスタンでは搾乳用のウシが乳・乳製品需要地に限りなく近接する状況がカラーチやラーホールなどメガシティなどでみられ、いわゆる都市搾乳業(Urban Dairying)が今日なお成長・発展している(FAO 2000; Goverment of Sindh 2002)。つまり、グローバル化する今日の世界においてカラーチ都市圏で成長発展するスイギュウによる搾乳業の展開はパキスタンの都市畜産の姿でもある。

　本稿では、このようなパキスタンのカラーチ都市圏における搾乳業の成長・発展について市街地縁辺・近郊地において拡張・発展する搾乳コロニーに焦点を当て、スイギュウ、ミルクや飼料取引、そして搾乳業者のビジネス実態などの観点からその具体的な展開諸相を明らかにしたい。

　これまで南アジアの都市搾乳業に関しては、英領植民期に多くの研究成果を挙げている。代表的な研究としては、Joshi, L. L(1916)、The Board of Economic Inquiry, Punjab(1933)とGovernment of India(1943)や中里(2005)などが挙げられる。いずれも植民都市経営の一つとしてイギリス人的関心事からの都市搾乳業へのアプローチで実態調査などの研究に基づいた詳細で優れた研究と言える。インド・パキスタン分離独立(1947)後の都市搾乳業研究はインドでは管見の限り見当たらないが、パキスタンでは、特に2000年以降に、最大

---

[2]　乳製品に含まれる乳糖を分解・吸収できないこと。下痢や腹痛を伴う。

都市カラーチ都市圏の主にランディー・コロニーを対象とするAnjumらの報告(1989)やFAO報告(2000)、シンド州報告(2002)、中里(2006)そしてKhan, U. Nらの研究(2008)があり、本稿はこれらの研究に依存しながら再度の現地調査によりまとめたものである。

2. カラーチ大都市圏のコロニー型搾乳業

2.1. 無秩序な都市発展と搾乳コロニー

英領植民期の第1回人口センサス(1856年)によれば、カラーチの人口は5万6879人であったが、独立前の1945年には約50万人に増加した。1947年の分離独立によりカラーチ市は、インドからの多くの避難民を抱えたうえに、北部のパンジャーブ、東部のシンド、さらに西部のバローチスターン州など諸地方からの多くの流入者により著しい人口拡大をみた。1951年には早くも100万人を上回り、1981年には500万人を超え、1998年には933.9万人を数えるまでに増加した。2009年時点では、カラーチ・シティ管区の東部に延びる工業地帯や周辺地域の人口を含めると1320.5万人(2012年)となり近郊を含むと都市圏人口は2282万人(2016年)と世界第7位のメガシティで、パキスタンの産業・ビジネスの中心地となっている。

パキスタンはアジアモンスーンの西端に位置し、熱帯乾燥気候下にある。国土の4分の3は年間降水量が250 mm以下、わずか125 mm以下の地域が国土の約20％を占め、モンスーンアジアにありながら極めて乾燥した気候で、しかも夏の気温は極めて高く日中にはしばしば40℃台を記録し、人口密度の高い地域では世界で最も高温を記録する地域である(ジョンソン 1987)(図11-1、図11-2)。

カラーチはインダス河の河口西部に位置し、アラビア海に面する港湾都市であり、英領期は植民地支配の拠点として、独立(1947年)後はインドから流入するイスラーム教徒も受け入れ、またアフガニスタンの難民受け入れ(1980〜90年)など市街地の無秩序な拡大が進行した。このような市街地拡大で取り組み込まれたバーラー(Bara、ウシの飼育場)の周辺住民に与える悪影響の除去は行政当局にとって大きな課題で、その解決策の一つとして散在しているバー

第Ⅲ部　都市の市場と家畜の流通

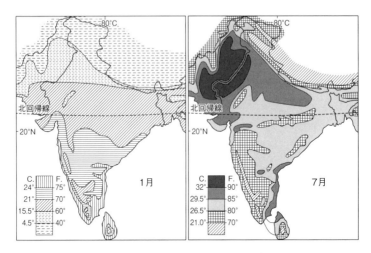

図11-1　南アジアの冬季(1月)と夏季(7月)の気温
Spate and Learmonth (1965)

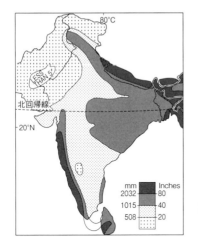

図11-2　南アジアの年間降水量
Spate and Learmonth (1965)

ラーを郊外へ移転させるプランがコロニー形式の搾乳場の建設であった。

この搾乳コロニーが、都市圏内には八つ設置されるも、依然として多くのバーラー、バーレー(Bares、複数のバーラー)が市街地に取り込まれている。近郊地にある八つのコロニーのうち、五つのコロニーは自治体自らが設立に関わるが、三つは民間主導で増設されるも、現在は獣医サービスなど自治体の管

理下にある。①ランディーと③ビラール、⑧シェール——パーオー・ギダーは市街地東部に、⑥バルディアは市街地の西端、④ナゴリと⑦ダンバは東北部、ハイダラーバードへの高速道路沿いに、また⑤スルジャーニーは②アルモメンは共に市街地からは離れた北部位置にある。都心から距離のある④ナゴリ・コロニーや②アルモメンでさえ都心のミルクの卸売場、リー・マーケット（Lea Market、1927年設立）までの時間距離はトラックで1時間前後であり、原乳運搬には支障のない位置にある（**図 11-3**）。

　コロニーの設立は、1958年にランディーが最初で、その後アルモメン（1973年）、ビラール（1982年）、ナゴリ（1987年）そして1991年のスルジャーニー・コロニーが最後である。自治体の手によるコロニー建設は終わり、民間による一定規模の計画的搾乳施設がナゴリ・コロニー近辺のカラーチ・ハイダラーバード高速道路沿いに建設されている。ミルク需要の増大に対応し、ランディー・コロニーを筆頭にさらなる搾乳場の建設が進行し、飼育環境の衛生・環境問題はより深刻化している。市内の住宅密集地にある運動場のない畜舎（stable）のみの搾乳場と運動場（feedlot）を兼ね備えた搾乳場（主にスイギュウ飼育なので、ベンスー・バーラー、Bhensu Baraと呼ばれる）などの詳細な位置・場所を示す資料はなく、その実数は把握できていない。

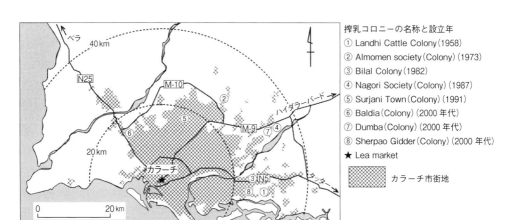

図 11-3　カラーチ大都市圏の搾乳コロニーの配置（2013）

2.2. 搾乳業者と乳用ウシ飼育頭数

カラーチ都市圏内の搾乳業者数は正確には把握できない。各々のコロニーの搾乳場(区画、plot)を有する搾乳業者の数は把握できるが、各々コロニーでは1区画を2～4人で営業する例などがあり、また私設のバーラー等での搾乳業者の数が把握できないからである。

家畜センサス(2006)によれば、カラーチ県下のスイギュウは41万頭で乳牛は27万頭、総計で68.4万頭であるが、**表11-2**の畜産事務局で得たカラーチ都市圏の地区別ウシ頭数は、総計で95.2万頭とある。センサス統計では、1年間の違いと北東部の④ナゴリ、⑦ダンバおよび②アルモメン・コロニーおよびその周辺など含まないためと思われる。

ランディー・コロニーの例では、1957年設立時にミルク生産者組合が結成され、その事務所では組合員登録は一部なされているが会費は徴収されていないので正確な業者数は把握していない。現在では約4000業者いるのではとの回

表11-2　カラーチ大都市圏の搾乳コロニー(colony)とバーラー(Bara)

番号	地区名	頭数	タイプ	備考(colonyの名称)
1	BIN OASIN	342,500	colony	①Landhi Cattle colony
2	LANDHI	8,073	colony	⑧Sherpao Gldder colony
3	KORANGI	44,427	colony + Bara	③Bilal colony
4	SHAH FAISAL	49,402	Bara	
5	MALIR	79,254	Bara	
6	GADAR	152,500	colony	④Nagori. ②Al-momen. ⑦Dumba
7	GULSHAN-E-OBAL	10,900	Bara	
8	LIAOUATABAD	5,000	Bara	
9	S. I. T. E	4,976	colony	
10	NEW KARACH	23,500	Bara + colony	⑤Surjani colony
11	JAMSHEED	18,325	Bara	
12	SADDAR	2,500	Bara	
13	LYARI	14,865	Bara	
14	ORANGI	54,429	Bara	
15	BALDIA	99,350	colony + Bara	⑥Baldia colony
16	NORTH NAZIMABAD	12,000	Bara	
17	GURBARG	8,500	Bara	
18	KIAMARI	14,800	Bara	
	総計	944,301		

出所：(2007：Estimated by POS/A, Team Karach)、備考・番号は前掲図11-3に対応

答である。ほかの七つのコロニー内の業者とバーラーなどの業者を合計すると都市圏内の搾乳業者数は1.2万人から1.5万人はいるのでは推定する。

乳用ウシの飼育頭数については、2010時点の推定頭数を約121万頭(2007年94万頭を根拠)としている。年率10％の増加が続いている。最大のランディー・コロニーには44万余頭の乳用ウシが飼育されている。このパキスタン最大のコロニー、それは世界最大の乳用ウシ・コロニーを意味している。そのほか七つのコロニーを含め、2010年では合計87万余頭でバーラーの推定値は34万余頭となる。つまり都市圏の乳用ウシ総数の72％を搾乳コロニーが占めるまでに発展している。市街地にあるバーラーなどにとって、もはやミルク消費者の近くで営業するメリットはなく、むしろ搾乳営業に便利なランディー・コロニーなどを選んでいる。政府管理のコロニー等増加する搾乳ウシによる給水、排尿・排水、道路そして盗賊対策のために飼育ウシにカラーチ市政府は搾乳ウシ1頭当たり150ルピーの徴収を搾乳業者協会との話し合いで決定している。

2.3. 都市圏内外からのミルク販売・供給システム

カラーチ大都市圏のミルクの生産と消費についてのシンド州政府報告(2002)によれば、圏外からのミルク流入はわずか約3％である。つまり基本的には圏内自給体制を維持しており、この状況に大きな変化はない。都市圏人口の拡大に応じたミルク生産がなされていることを意味している。2002年当時のカラーチ大都市圏内(半径約40km)の原乳の地域別供給量は、**表11-3**のとおりある。つまり、原乳の推定供給量は1日約321万リットルで、そのうち81％をマリール地区(ランディーやナゴリなど主なコロニーの立地)やその他の地区で生産供給している。

近年のコロニーの拡張をみるとその立地する位置は、カラーチ中心部のリー・マーケットを起点にして考えると3方向の路線沿いである。いずれもリー・マーケットから40km以内の距離にある。一つは北東方向のハイダラーバードへのハイウエイ沿い、二つは東方のタッター(Thatta)への国道5号線沿い、そして三つ目が北西に走る国道25号線沿いにある(**図11-3**)。市内に持ち込まれるミルクの供給状況は2010年時点でも大きな変化はないようだが、中

表11-3 カラーチ都市圏のミルク生産・供給

調査(2002)

	地域名	ミルク供給量(ℓ)	割合(%)	搾乳用ウシ頭数(推計)	備考(km)
大都市圏内	マリール	2,600,000	81.0	357,500	15～30
	西カラーチ	500,000	15.6	68,750	5～15
	東・中央・南カラーチ	17,500	0.5	2,406	0～5
	計	3,117,500	(97.2)	428,656	
大都市圏外	圏外北部・東部	36,000	1.1	—	70～150
	圏外遠隔地	55,000	1.7	—	
	総合計	3,208,500	100.0		

資料：カラーチ家畜衛生保健所資料

央部から北方面への市街地の拡張、ニュー・カラーチ地区やスルジャーニー・タウンの発展によるスルジャーニー・コロニーのミルク供給地としての重要性が窺える。都市圏で消費されるミルクの90％余りは生乳消費であるが、近年では徐々に加工乳が増加している(FAO 2000)。

そして、都市圏外からのミルク供給は約3％と極めて少ない。牛乳消費者は、牛乳店での直接購入や配達便もしくは小売りの生乳販売人からの配達に依存している。カラーチ都市圏人口の増加に原乳供給量が対応できずミルク不足を補う輸入された粉乳(Milk Powder)の利用が注目される。

2.4. 搾乳ウシ．飼料などの取引・流通

都市圏内の搾乳業者は、搾乳ウシ、飼育用飼料、雇人の牛飼のゴワラ(Gowara)などの確保を圏外の地域、つまりウシの繁殖・生産地域や飼料栽培地域にすべて依存することとなる。さらに興味深い点は、イスラーム教徒はヒンドゥー教徒と異なり、泌乳期(8～10か月)を終えた乾乳ウシや子ウシなどを食肉用に屠殺するので、搾乳ウシの取引・流通は、搾乳目的のほかに食肉目的での展開も伴うことである。

都市圏内にはウシ取引の公設家畜市場は3か所ある。最大の家畜市場はランディー・コロニー内にある。ほかの2か所は、マリール(Malir)とモーチ・ゴス(Mawach Goth)で前者はジンナー国際空港の東南1キロに位置する乳牛の多く出場する市で木曜日、後者はバルディア・コロニーにあるスイギュウが多く

出場する市で水曜日の週一回の開市である。最大の家畜市場のランディー市場は、コロニー開設と同時に開設され、家畜商組合（登録者名）によると約2000～3000人の大小の商人が参集し、週5日間（実態は毎日取引）の開市期間中に1市日に約3万頭が取引される（シンド州畜産局）。もともと、約8000～1万頭規模の市場であったが、近年著しく増加している。

　取引対象となるウシには三つのケースがある。最も取引が多いのは、屠殺用ウシとなる乾乳ウシと誕生間もない子ウシである。家畜保健所でのヒアリング（2010）では、年間の搾乳用ウシの入れ替え頭数を55万頭余りとしており、そのうち屠殺に回される乾乳ウシが約33万頭、子ウシが44万頭と推計している。これらは200～300人前後の食肉業者により購入され、コロニー内の市営屠殺場やニュー・カラーチ地区の公設屠場および4か所の私設屠場で解体される。そして、業者の手で市内の食肉店へ運ばれる。

　第二は主に家畜商や農民が村へ連れ帰る妊娠ウシ（主にスイギュウで、妊娠初期：自家の種牡水牛により種付けした）の取引である。それは入れ替え頭数の約3割、約16万頭余りを占めており、農村で妊娠末期もしくは子ウシ誕生まで飼育される。これらの多くは農村地域で8～9か月を経て再びカラーチ大都市圏のコロニーに帰る。

　2011年のヒアリングでは泌乳期を終えたスイギュウの屠殺が確実に減じていることから、今日的には農村に帰るウシ頭数がこの数値を上回っていると考える。

　そして第三に妊娠末期もしくは子ウシを生んで間もないフレッシュな搾乳ウシの取引であるが、このタイプのウシの入場は多くはないが、搾乳業者にとっては、最大の関心事である。搾乳業者にとってコロニー内の家畜市場は、搾乳ウシの購入先ではなく、都市圏外のシンド州（HaraとChanbarとがクンディー種で有名な市場）や遠くパンジャーブ州（ArifwallaとChichawatniとがニリ・ラーヴィー種の著名な市場）の各地の家畜市場まで搾乳業者自らが出かけ、搾乳用スイギュウを購入するのが普通である。

　パキスタン最大の家畜市場であるパンジャーブ州のオカラ（Okara）では65％がパンジャーブ、残りの35％がシンド地方からのウシが入場する。カラーチからの購入者は、トラック1台にスイギュウ6頭を単位として運ぶ。オカラ

(Okara)までの距離は、シンド州の最北部のシカルプル(shikarpur)までの2倍近い約1160 kmあるが、主にランディーのグージャル出身の搾乳業者が、遠くパンジャーブ地方にまで出買する例が少なくない。

　家畜センサス(2006年)でみると、都市圏内で飼育される搾乳用のスイギュウの約63％余りがニリ・ラーヴィー種で、クンディー種の34％余りを大きく上回ることや、特にランディー・コロニーの主要な専業的搾乳業者の多くがパンジャーブ州出身のグージャルであることがそれを物語っている。また彼らの搾乳場のレイアウトがラーホールのグージャルのそれと同じであり、雇われ牛飼いの大半もパンジャーブ出身者である。これらを考えるとカラーチの搾乳業の起源および発展は先進地パンジャーブ・スタイルの搾乳業が持ち込まれ、今日なお、パンジャーブの搾乳業界との強い関係が維持されていると考えられる。いずれにしても、年間で55万頭余りのフレッシュな搾乳ウシがハイダラーバード方面から7割、タッター方面から3割の搾乳ウシが都市圏内に入るといわれる。

　そして、そのほかにコロニー内に12～15か所ある家畜取引所(ピリ、Piri)での取引が増えている。そこではコロニー内の家畜商人が圏外の家畜市場から持ち込んだフレッシュな搾乳ウシをコロニー内の搾乳業者に販売する例や、また圏外の家畜商人が借り上げたコロニー内のピリで寝泊まりして、連れてきたフレッシュな搾乳ウシを販売する例もある。このピリでの取引は主に小規模の搾乳業者の利便を図っている。

　圏外からの持ち込まれた搾乳ウシは、全体でみるとスイギュウが8割を占める。いずれにしてもコロリー内の家畜市場は、多くの搾乳業者にとっては、搾乳量の減った乾乳ウシを販売する場所でしかない。搾乳期を過ぎると家畜市場などを経てそのほとんどが食肉業者の手でランディー・コロニーとニュー・カラーチにある公設の2か所の屠場に送られる。前者には新たに輸出用の屠場も併設されているが、後者は設備の貧弱な屠場である。近年では、国外のアフガニスタンやイランから食肉用に買い付けに来る例が増えているという。

　この国外からの生体買い付けの件で、新聞記者のSabir, I氏(2010)によれば、カラーチ市内で屠殺される家畜数が週3.5万頭であったのが近年では2.1万頭に大きく減じた、その原因は家畜価格の上昇と健全な家畜が生体で輸出もしく

は密輸で海外に流れ、残りの貧弱な家畜の屠殺する例が多くなったとし、食肉商組合でのヒアリングでイランやアフガニスタンへ毎日 200 台のトラックで 1800 頭もの大小家畜が主にランディー・コロニーから密輸されているとしている。スルジャーニ・コロニーでの現地調査（2012 年）の際にトラックで乗り付けてきた 6 人組のダコ（Dacoit、武装盗賊団）に搾乳業 6 頭を強奪された本人と家畜保健所で遭遇した。

2.5. 飼料給餌と都市圏外からの飼料入手

　カラーチ大都市圏内の搾乳用ウシ飼育は、畜舎とドライロット（Drylot 運動場）を併設した飼育場で行われ、放牧は全くしていない。②アルモメン・コロニーのように協同組合組織を通じて粗飼料や濃厚飼料は都市圏外で直接買い付けたり、搾乳業者が農地を所有し青刈り飼料の栽培を行っている例もなくはないが、大半の搾乳業者は農地を所有せず、コロニー内の飼料店からの購入である。これら飼料はカラーチ都市圏外の主にハダラーバードや遠くバディン（Badin）から運ばれてくる。

　ランディー・コロニーでみると、調査時点（2011）で濃厚飼料販売店が卸・小売りを含め 40 店、青刈り飼料販売業者が 75 店、そして粗飼料販売業者が 80 店を数える。青刈り飼料には、トウモロコシ、ジョワール、バジェリーやサトウキビなど作物の青刈りおよび牧草のバーシーム（Berseem エジプドクローバー）の 5 種類を主に利用している。平均的には、搾乳ウシ 1 頭当たり日量 4 〜 8 kg の青刈り飼料を給餌している。

　この青刈り飼料より少し多めに、粗飼料として主にブーサ（Bhoosa、麦わらを細切りしたもの）などを一緒に与える。そして濃厚飼料には、多様な種類の穀物残滓や残飯（製粉・糠、油料種子の搾り粕、パン屑など）などに飼料用小麦などを配合し、これを煮て給餌する例もあるが、多くの例は 3 〜 4 時間水に浸した後に給餌している。ちなみに、ウシの給餌は雇われ牛飼の仕事で、ほかに 1 日朝夕 2 回の搾乳、水洗い、清掃作業などがある。一般的には牛飼一人で 10 〜 12 頭のウシの飼育管理を委ねられている。

　ランディー・コロニーの例でみると、青刈り飼料に関しては、近くはシンド地方、遠くはパンジャーブ地方の農村地域から 1 日当たり約 100 台のトラック

(1台分、約16トン)積載量分の青刈り飼料が、また粗飼料の主にプーサの場合も、トラック200台分(1台分、約10トン)が運ばれてくる。そしてこれらは、トラック販売の他に濃厚飼料とともにコロニー内にあるマーケットや飼料店で販売されている。そのほかのコロニーでも同様に濃厚飼料、粗飼料および青刈り飼料の卸：小売り店がある。

2.6. 経営費の高騰とビジネスの多様化

　2000年からの10年間のパキスタン経済は、前半は好調(成長率6～9％)であったが、2008年頃から低迷(2～4％)するも、再びGDP成長率も上昇傾向になる。低迷期にはインフレも同時進行する。カラーチ大都市圏においては、2010年8月から始まる3年連続した大洪水のために、ウシや飼料価格の大幅な値上がりは、搾乳業界の経営環境を著しく厳しい状況に陥れている。特に、濃厚飼料は拡大する養鶏業と競合することでその価格が高騰することとなり、またスイギュウ価格や牛飼いの労賃にしても大幅な価格の上昇が進行している。2010年の時点で過去10年間をみると、子ウシを産んだばかりのスイギュウが約2万ルピーで買えたのが、11～12万ルピーとなり、牛飼いの給料も2000ルピーから1万ルピーと上昇、粗飼料のプサ1袋が60～70ルピーから300ルピー、青刈り飼料一束40ルピーが170～200ルピーなど、10年間で4～6倍になっている。これらの価格上昇は、特にここ2～3年の上昇が激しいというが、調査期間での大洪水の影響によりさらに追い打ちを掛けるように、搾乳業経営をより厳しいものにしている。

　搾乳業者の最大の関心には、乳値をめぐる論議があるが、これはシンド州政府が中に立ち、ミルクの卸・小売商及び搾乳業者やカラーチ政府との間で論議される。2010年度の価格決定のプロセスをみると、これら三者により当初1リットル当たり47ルピーとした生産者価格に対してミルク生産コストの上昇で、52.62ルピーに変更され、最終的に卸売商と小売商の利益を加えたリッター当たり58ルピーと変更され、これが小売価格とされた。結局は、生産者価格の上昇を考慮せざるをえなかったことである。

　計算上での52ルピーの内容をみると、飼料代が56.4％と最も多く、次いで搾乳ウシの価値低下や病死関連のコストが33.1％、残りの10.5％が飼育管理に

なっている。つまり、現状では、飼料代の軽減を如何に図るかが経営のポイントとなっている。飼料代のなかでは、濃厚飼料コストが飼料代のほぼ7割を占めている。つまり、搾乳業経営のポイントは濃厚飼料の給餌である。ランディー・コロニーでのヒアリングでは、濃厚飼料の一部を、南アフリカ、アメリカやニュージーランドなどからの輸入に依存せざるを得ない状況下では、グローバル化の影響を受けながらの都市搾乳業のさらなる発展は、濃厚飼料や粗飼料など資料問題に直面している現状では容易ではないと考えられる。

　このような状況下で、搾乳業に関わって多様なビジネスが誕生・発展している。第一に、これまでのスイギュウ一辺倒の飼育から改良乳牛（クロス牛）やヤギなど小家畜を加えながらの経営に変わりつつある。クロス牛は泌乳量が多く、給餌飼料は少なくて済むと同時に、脂肪分の少ないクロス牛のミルクが生乳として飲用される傾向があること、また牛肉需要の高まりもあり新たな投資対象として、ミルクビジネスから牛肉ビジネスに転換したり、新規に参入する若手の経営者が少なからず加わってきている。従来からベンスー・コロニー（スイギュウ・コロニー）と称されてきたランディー・コロニーは、まさしくその実験場である。

　第二には、搾乳業を経営の柱にしながらも、濃厚飼料の製造販売や、関連物資を運ぶ運送業を経営する業者や、ファミリー内で搾乳業と共にピリの経営と家畜商ビジネスを兼営する業者が現れた。さらに大規模な搾乳業者（1400頭余りを二つのコロニーで飼育場を経営）は、単独でミルク・プラントの建設により、原乳販売から加工乳販売への展開を進める。そして最も多くみられるのは、飼育場の切り売りや一部貸与だ。そのほかに自ら小学校の経営また店舗に貸し出すなど、飼育場を保有する搾乳業者は、値上がりした土地資産の経済的有利な利用方途を選択し、経営展開している。このようなビジネスの多様化は基本的にファミリー・ビジネスとして展開する例が多くみられるが、近年では資金面での調達などのためにパートナーシップによる搾乳業への新規参入の動きが進展している。

　伝統的には前者の、いわば牧畜民のファミリービジネスとして搾乳業を柱に、乾乳ウシの飼育、原乳販売など兄弟間で分担することで、経営の拡大・安定を目指してきている。一方のパートナーシップの場合、近年では友人同士で投資

の対象として搾乳・肥育業を考えて新規に参入する例や小規模ながら牛飼いのゴワラを数人の業者で雇用する例などがある。特に2010年前後からのインフレ率は10～20％と高く、飼育場や搾乳ウシの価格の値上がりにより、新規参入者のみならずコロニーの搾乳業者同士のなかでも、パートナーシップによる提携・持ち合い関係がみられる。

　そしてランディー・コロニーでは、200数名の金貸し業者(兼業を含む)に資金面で依存する搾乳業者が、月10％の利子に経営が立ち行かず倒産を余儀なくされている。特に飼育規模が100頭前後の小規模飼育の業者を中心にして、年間で約1割の搾乳業者の入れ替えが続いていると家畜保健所の獣医(Dr Nasrullah Panhwar)が語っている。調査時点(2010～12年)でのランディーの場合、比較的安定した搾乳業者の飼育規模は最低でも約150～200頭であるという。

3. コロニーおよびバーラーの飼育状況

3.1. ランディー・コロニー(Landhi Cattle Colony)

1) 設立経緯と現状

　カラーチ大都市圏最大のランディー・コロニーは、市の中心から東方30km余りのメアラン・ハイウェイ沿いの位置に畜産局の助言なしで1958～59年にカラーチ市協議会(現：カラーチ都市圏協議会)により設立された。計画面積700エーカーの土地に市内外に散在するバーラー若しくはバーレーで飼育されている約1.5万頭の搾乳ウシを1か所に収容するために計画し設立された(Government of Sindh 2002)。主にレッド・シンド種(Red Sindh)を念頭においた計画でスイギュウではなかった(FAO 1974)。プラン図面をみると計画的に配列された道路(南北8本)と379区画に区割された飼育場、3区画分を割り当てられた政府の家畜診療所、獣疫研究施設および給水施設、そして家畜市場(ウシとヤギ・ヒツジ併置)にも屠殺場(新・旧)、商業地区(濃厚飼料販売等)、コミューニティー・センター、モスクおよび下水処理場などが描かれている。そのほかのコロニーに存する粗飼料や青刈り飼料市場は計画図面には描かれていない。

第 11 章　大都市に集まるスイギュウ

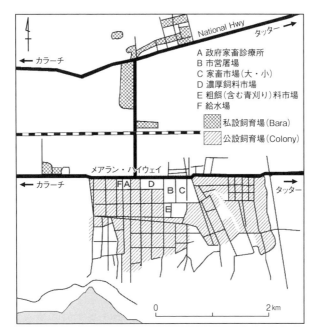

図 11-4　ランディー・コロニーおよび周辺の搾乳業関連の配置(2013)

　FAO報告(2000)にあるように、LCCとは道路番号で11地区に識別され、各地区で約1万頭前後(道路7地区が最多の1.9万頭、道路0地区が最少の3700頭)を飼育している領域を称する。このLCCの周辺に12か所の飼育地区があり、LCCとその周辺の飼育場地区は区別され、飼育数は総計で18.7万頭としている。

　2010年時点の飼育場はLCCおよびその周辺を合わせると3000を上回り、そこでの搾乳ウシ飼育頭数は36万頭(うちスイギュウが83.3％)に達している[3]。その飼育場の総面積は、1200エーカーとされ、コロニー周辺の搾乳場および関連施設を含めると2000エーカーにまで拡張されている(**図 11-4**)。

　現在のコロニーは、飼育場のほかには、家畜保健所、給水所、コミュニティーセンター、獣医・獣疫薬品店、牛乳缶(40ℓ)製造・修理店、日用雑貨店やマーケットのほかに屠殺場(2か所)、家畜市場(大・小家畜市場の2か所)、

---
3)　家畜保健所データでは、LCCおよびその周辺の2001～02年、18万3453頭とあり、年率で10％の増加を見込んだ頭数。

粗・濃厚飼料店舗、青刈り飼料マーケット、濃厚飼料工場、モスク、ピリー、糞尿処理場、バイオガス工場などの諸施設が配置する一大畜産タウンとなっている。

現状では、コロニー内および周辺の各搾乳場の環境衛生を保持するための排水路や給水設備、また電気施設など、一応の飼育環境の設備は揃ってはいるが、現実問題としては過剰な飼育頭数などにより尿尿処理や排水およびハエやカの異常発生など畜産公害は益々酷くなっている。経営的に大きな打撃となった牛疫[4](Rinderpest)は1997年以来流行していないというものの、頻発する口蹄疫(foot and mouth disease)は病気治療費の増加やその他の獣疫死を招来している。この獣疫対策としてFAOの事務所が設けられている。現在は、口蹄疫対策が中心で、その予防注射などFAOの協力を得て進めている。

近年の搾乳ウシ価格の高騰をはじめ経営費などの値上がりに、高利貸し依存の小規模搾乳業者は多くの悩みを抱え常に翻弄され続けている。前述したように年間10％前後の業者入れ替え（落伍業者と新入業者）があると言われている。コロニー内の搾乳業者や家畜商などの組合はあるが、現実的には資金面での貸付などの業務はなく、会費なども徴収しない組織であるが、ただミルク価格の決定には利益代表としての役割を演じている。ランディーの主要なコミュニティーは、グージャル（Gujjar）、ドガー（Dogar）、ジャート（Jat）とマーリク（Malik）の四つのコミュニティーで、また出身地別でみると地元のシンド出身者はまだ30％を占めるに過ぎず、過半の50％を占めるパンジャーブ出身者による搾乳ビジネス・タウン社会としての様相を呈している。

2）搾乳ウシの飼育とその取引

2010年時点の飼育総頭数は、36万頭と推定され、これらのほぼ100％が搾乳中である。その83％がスイギュウで、ほかの17％が外国種との交配種（クロス牛）を含むゼブ牛である。ただ、近年オーストラリア[5]との関係を深め、ホルスタイン・フリージャン種の直接導入もみられる。ウシの飼育管理は雇人の

---

4) 牛疫は、偶蹄類のウシなどに空気伝染する世界で最も恐れられた獣疫で、日本でも明治期に多くの牛が罹病し、農業にも大きな影響を与えた（中里 1989）。FAOが2011年に牛疫撲滅宣言をした。
5) オーストラリアの酪農使節団による報告（2006）『Report On Dairy Mission To Pakistan』では、進んだ酪農関連技術によるパキスタンのミルク生産と販売の改善及び高度な酪農人材の育成に持続的に関わるとしている。

第 11 章　大都市に集まるスイギュウ

写真 11-1　口蹄疫感染を防ぐための注射実施記録(2012年、筆者撮影)
写真 11-2　左手前がホルスタイン・フリージャン種(2012年、筆者撮影)

　ゴワラに任され、40〜50歳のゴワラもいるが、多くは20歳前後の単身者である。中小規模の搾乳業者間では、親類縁者以外の搾乳業者仲間でのウシ飼育をめぐるパートナーシップの展開がみられるようになった。つまり、ゴワラ雇用賃金の高騰と搾乳人材不足とが、搾乳業者間での悩みの一つになっている。また飼育場1区画の面積は1エーカーとして区切られている。これは、計画当時のパンジャーブ農村地帯におけるグージャルの飼育場の平均面積と飼育規模、つまり1エーカー40頭前後を参考とした計画とされる。しかしながら、今日の搾乳業者はエーカー当たり500頭を適正飼育規模の目処にしている。
　ランディー・コロニーは、1970年代以降は水牛・コロニーと呼ばれていたが、近年乳量の多い改良牛(主にサヒワールなどと欧州種との交配種)やオーストラリアで育成されたH・F(ホルスタイン・フリージャン)の直接輸入などにより乳牛飼育頭数の増加がみられる。コロニー内の政府立家畜保健所の別棟にあるFAOの獣疫調査資料によると写真11-1、11-2のとおり、スイギュウ飼育と共に乳牛の飼育が顕著になってきた。
　さて、搾乳業者の飼育頭数規模については、大小および小作を含めると3000業者を数えるが、そのうち搾乳ウシ100頭以上を飼育する業者は500人余り、なかでも一人で2〜4搾乳場を保有し飼育数1000頭を上回る大規模搾乳業者が10〜15業者いるといわれる。近年の傾向は、規模の拡大が進展していることである。つまり、1995年から2000年までの5年間に、比較的規模の大きな搾乳業者は、約1000人から770人前後に減少したものの、総飼育頭数は増

加しているということから、彼らの飼育規模の拡大が進行し、平均飼育規模が100頭から300頭になったという。乳用スイギュウを購入する為の資金は、コロニー内に100人前後いるといわれる高利貸し業者(年利100％)から借り入れる例が多くみられる。近年の物価の高騰に伴う負債額の増加によって、搾乳業者の二極分解の傾向が鮮明になってきたといえる。

3) 原乳生産とその販売

2010年時点で、LCCおよび周辺の搾乳場を含めた原乳生産量は、スイギュウ乳で日量240万リットル、牛乳で60万リットル、合計で300万リットルと推計される。スイギュウであれ乳牛であれ、1日2回の搾乳で、それぞれの平均泌乳量はスイギュウで8リットル、乳牛で10リットルとされる。コロニーの平均的搾乳業者では、スイギュウ200～220頭、ウシ20～30頭を飼育し、一業者当たり飼育総頭数は230～240頭である。飼育中のウシはすべて搾乳中であり、それらの管理は主にゴワラに依存する。乳価の安定により利益確保が比較的容易であることから、搾乳場数の増加とともに経営規模の拡大が進行している。そのために、搾乳ウシ密度は一段と高まり、飼育環境の悪化に歯止めがかかっていない現状である。

ミルクの販売方法は、永く仲買人との年間契約販売であったが、1990年代の後半からコロニー内に私設のオープン・マーケット(**写真11-3**)が設けられ、2012年時点で約20か所あり、そこでのミルク販売が増えてきている。同年時点で、85％の搾乳業者が前者での、残りの15％が後者での販売とされている。大きな相違点としては、ミルクの販売価格が前者では年間固定なのに対し、後者はカラーチ市内中心にある原乳卸市場のリー市場[6](Lea Market)(**写真11-4**)に連動し日々変動する。いずれにしても原乳の大半は仲買人によりリー・マーケットに運ばれる。コロニー内のオープン・マーケットでは地域住民への小売販売もしている。

---

[6] イギリス植民地期の1927年にカラーチ港湾都市建設の目玉・商業センターとして設置された。イギリス人エンジニア Mesham Lea に因んで命名された。本館では乳製品や魚などや野菜など販売され、ミルクは本館に隣接するオープンマーケットで取引される。ミルク生産者は卸商人に販売。卸商人は、市内ミルク商店などに卸す。

第 11 章　大都市に集まるスイギュウ

写真 11-3　コロニー内にあるオープンマーケツト、日々ミルク価格表が展示（2010 年、筆者撮影）

写真 11-4　リー・マーケツトの広場での仲買人間での取引（2000 年、筆者撮影）

4) 搾乳、ウシの仲買及び青刈り飼料販売業者の事例（2011 年ヒアリング）

① 有力搾乳業者

　道路ナンバー 3 の区画 169 で営業する S 氏（67 歳）は、ガディー（Gaddy）コミュニティー出身で、インドからの移住者である。長男は死亡したが次男が営業の柱となり、コロニー内では名の知れた人物で、5 区画を有する搾乳者協議会のボスでもある。2010 年時点でスイギュウが 800 頭、乳牛 70 頭で平均日量 5200 リットルを搾乳するほか、4 年前から始めた飼料製造販売ではスリランカ・コロンボからの豆類の輸入などにも依存、また市内にはミルク販売 2 店舗、そして余裕のある区画では店舗を設けて、その店舗やピリ営業その他に搾乳業者に区画の一部を貸与するなど 80 人余りの雇人を抱える大きなビジネスを展開している。そして余裕のある資金で区画のさらなる購入に意欲を有している。

② ファミリー・ビジネスとしてのウシの取引

　F 氏（26 歳）は、4 人兄弟の末子で、一人を郷里に残し、コロニー内の 1 区画を借りて兄弟 3 人と親戚の 7 人を加えた総勢 10 人で家畜取引のビジネスを営む。父親の頃からのビジネスで彼は 14 歳からウシ取引に関わるが、特に免許は持っていない。誰もが家畜取引に参加できる。シンド州内の近くはジャティ（Jati）やシャーダトプール（Shahdadpur）、遠くはダードゥ（Dadu）やナワーブシャー（Nawabshah）の家畜市に出買し、主にクンディー種のスイギュウをカラーチに連れ帰り、コロニー内の家畜市場で売る。市場は週 4 日開催され、市

日には平均で40〜45頭を入場させる。スイギュウと乳牛の数はほぼ半々で、子ウシも販売している。出買したウシを入手した1エーカーの区画で食肉業者や肥育業者に販売するのがビジネスの主柱だ。彼らのビジネスは仲買・問屋的ビジネスでアールティ（Arti）と称される。コロニー内に約100人程度がいる。2010年時点で、約40人余りの固定客を相手にしていたが、うち10人前後はアフガニスタンやイランから買い付けに来た業者である。彼らは鉄道ルートでもある国境のチャマン（Chaman）ルートで持ち帰る。ビジネスの状態は良好だ。

③ 区画外での青刈り飼料店

コロニーの区画ではなく、メアラン・ハイウェイ道路沿いでの青刈り飼料店を営業するS氏（58歳）は、ランディー市街地の農家に生まれ、20代前半まで雇われ牛飼としてランディー搾乳業に関わり、独立して30年間になる。150エーカーの所有灌漑農地で栽培した牧草を裁断し、青刈り飼料として販売営業している。2010年時点では、10人を雇用し、30人の搾乳業者に契約販売していた。飼料店の営業だけでなく土地の値上がりなどによって豊かで、3人の息子は医者、エンジニアそして末息子が飼料店を継ぐとしている。

5）搾乳業をめぐる将来対策

ウシのみならず人間の居住環境の悪化、原乳生産費（特に飼料価格）の上昇及び獣疫の頻発問題など多くの問題を抱えている。日々拡大・拡張するコロニーでは、商品としてのミルクのみならず近年では、肉など畜産物生産から、カラーチ都市圏の立地条件を活かした国内外への乳・乳加工製品や生肉・肉加工品販売へ指向する傾向がある。特に西方のムスリム諸国への畜産物輸出の将来性は期待できる。そのためにも、給水など軟水の確保、排尿・排水用設備、道路の舗装整備、家畜種の多様化への対応、飼料や人材の確保および獣疫対策など多くの課題に対し、それらの改革・改善の方途を見出しながら世界最大の畜産都市の中核コロニーとしての成長・発展が期待されている。

3.2. ナゴリ協同組合コロニー（Nagori Society Colony）

1）設立経緯と現状

1987年にナゴリ・コミュニティーの業者を主にして都心から北東40km、カラーチとハイダラーバードを結ぶ自動車専用道路沿いの県境を越えた約10km

東方の位置(カラーチ料金所から約 15 km)に建設された組合方式のコロニーである。各搾乳場の飼育環境や運営管理は、アルモメン協同組合コロニーと同様、優れている。コロニーは一区画が平均 0.8 エーカーで 85 区画、総面積は 100 エーカー。設立当時は 30 業者、飼育頭数 2500 でスタートし、2002 年には 82 業者により 1 万 1527 頭(うちスイギュウが 95.3%)、1 業者平均で 140 頭までに成長している(Government of Sindh, 2002)。

2002 年 12 月の現地調査では搾乳用には 4〜6 歳のスイギュウを購入(平均で 2.5〜2.8 万ルピー)し、7〜8 歳で販売(平均で 1.6 万ルピー)としていた。業者のなかには、300〜400 km 離れたインダス川右岸に農地を購入し、そこでスイギュウの繁殖・育成を行っている例もあるが、大半は、近くはシンド地方の、遠くはパンジャーブ地方のウシ市場で購入する。またはコロニー周辺の農家に出かける例もあり、ランディー・コロニー内にある家畜市場での購入は少ない。

搾乳スイギュウの 9 割はクンディー種である。コロニー内にあるピリは 1 か所のみで、自動車専用道路を利用しての搾乳用のウシや飼料の購入と運搬は主に北東のハイダラーバード方面から、そして搾乳したミルクや屠殺用の乾乳ウシは、すべてカラーチ方面に運ばれ取引されている。コロニー設立当初より、協同組合組織で水と排水、清掃や道路のほか、セキュリティーなどを管理・運営し、組合員は、月額で平均 5000 ルピーの組合経費を支払っている。コロニーの中央にロータリー(4 区画分)があり、そこに組合事務所のほかにバザールがある。各業者は、その搾乳場を 35 年間のリースで年間 6 万ルピーの借地代を支払っている。これら搾乳場の利用権は、ほかのコロニー同様にかなりの頻度で売り買いされている。2002 年当時の 1 搾乳場の販売価格は、平均約 200 万〜250 万ルピーだという。

1 業者が 2〜4 か所の搾乳場を経営している例もみられた。このコロニーのコミュニティー別構成は、本来はコロニーの名称どおりインドの港湾都市ボンベイから分離の際にカラーチに移住したナゴリ[7](Nagori)の勢力が強かったのであろうが、現在はジャードニー(Jaddoni、地方出身者)の業者が 25 か所前

---

7) ナゴリ(Nagori)は、インド・ラージャスタン州の原産のナゴリ種牛の育成で名を馳せた牧畜コミュニティーである。インドでは、特に運搬用の牛として高い評価を得ている。ナゴリ・コミュニティの多くはヒンドゥー教徒であるが、少数のイスラーム教徒がムンバイ(旧ボンベイ)経由でカラーチに移住。

写真 11-5　ナゴリ・コロニーの搾乳場
(2000年、筆者撮影)

後と最も多く、次いでナゴリ業者が17、8か所、メモンとクレシがそれぞれ10か所、そしてガッディー4か所の搾乳場区画を保有しているという。いずれにしても、このコロニーがほかのコロニーと較べて、業者の生活環境やコロニー全体の飼育環境やセキュリティーなど運営管理、各搾乳場の飼育環境・管理などが最も優れていると評価できる。

　2010年時点で、ナゴリ・コロニー内の業者数は85余りと変化はないが、コロニー周辺や高速道路縁辺での搾乳場の新設が著しく増加し、ナゴリに加え新たにダンバ(Damba)・コロニーとし政府管理下に置かれ、ナゴリ・コロニー内にある家畜診療所の常駐獣医が一人から二人となっている。カラーチ都市圏内で最も搾乳場の新設が著しいこの地域は、地価の安さと高速道路を利用してのウシや飼料入手の利点を有するとされている。これら新旧の搾乳業者は飼育規模を拡大しており、飼育総頭数は8年間で3000頭余り増加がみられ、そのなかで、特に改良種牛・クロス牛の増加が顕著である。つまり、前回(2002)のわずか5％たらずから15％程度まで割合を高めている。飼育頭数110頭すべてクロスおよびゼブ牛飼育する搾乳業者が誕生している。理由としては、スイギュウに比べ飼料代が安く、しかも乳量が多くて都市住民の生乳飲用指向に合うという。ナゴリおよび周辺の搾乳場で飼育されているウシは、2002年当時の2万頭余りから4万頭にまで増加している(**表11-4**)。増加の要因の一つに、2000年度開業が計画されていたミルク・プラントの稼働によるところも影響しているものと考える。この地域はガーダール(Gadar)地区に属し、ほかにアルモメン(Al-momen)と新たにコロニーに加えられたダンバがある。

　2）業者事例(2011年ヒアリング)

　組合会長のG氏(50歳)は、1947年の分離の際にインド・ムンバイからカラーチに移住。道路ナンバー2、区画ナンバー18に搾乳場を得て営業している。牧畜カーストのナゴリ・コミュニティーに属し父親のビジネスを継いで、調査時

表11-4 ナゴリ・コロニーおよび周辺のバーレーの飼育頭数(2009～2010)

地域名	搾乳業者	スイギュウ 牝	牡	子	総数	乳牛 牝	牡	子	総数	ウシ 総計
1 Nagori	82	10443	48	276	10767	432	4	342	778	11545
2 Bhihan	24	4735	17	155	4907	680	3	202	885	5792
3 Kuraish colony	25	1957	8	126	2091	140	2	101	243	2334
4 Barbar colony	10	838	1	73	912	74	2	49	125	1034
5 Damba goth	25	1769	9	97	1875	107	4	65	176	2051
6 Sittara hilalpetrol pump colony	8	1000	6	47	1053	90	3	46	139	1192
7 State area dairy farm	8	871	4	61	936	201	4	48	253	1189
総計	182	21613	141	835	22541	1724	22	853	2599	25137

資料：ナゴリーの家畜保健所の資料による

点(2010年)では搾乳営業を柱にして40人の雇用人を抱えるビジネスまでに拡大している。255頭のスイギュウのみでの搾乳営業、濃厚飼料の販売(2003年から)、市内の牛乳店経営そしてスイギュウ、飼料やミルクを運搬する運送業・トラックビジネスを展開している。近年では、新たに乾乳スイギュウの肥育にも力を注いでいる。このようなビジネスの拡大はこの10年間の急激な価格変動への対応に応じた結果であるという。近年、借用区画の地代をはじめ、電気、飼料、医薬サービスなどの値上がり、特に牛飼いのゴワラなど雇用労賃の値上がりが著しく上昇したことが経営に大きな影響を与えている。それゆえに搾乳業以外のサイドビジネスをしないと営業できなくなっているという。ナゴリ・コロニーを代表する会長の詳細なデータを開示しながらの長時間の説明には重いものがあった。

3.3. スルジャーニー・コロニー(Surjani town colony)

1991年に五つ目のコロニーとして設立された。市内中央部からほぼ北方15 km、35エーカーの荒地に一区画120ヤード、55業者による1000頭を収容する計画でスタートし、1年以内に業者は200人、飼育頭数は7500頭に及ぶ急激な拡張をみたが、2000年時点では、業者の保有する飼育場は大幅に減少し70、飼育頭数3000頭となっている(Government of Sindh 2002)。水と電力そして衛生の問題を抱えており、多くの業者がコロニーを後にした。

2002年12月の現地調査では、搾乳業者は110人まで増加していた。当時の

業者のコミュニティー構成はクレーシ（Qureshi、35業者）が最も多く、アワン（Awan、17業者）そしてグージャル（8業者）その他50業者である[8]。食肉業から搾乳業へ仕事替えした業者が多い特色のあるコロニーである。

このコロニーは市内北部で発展するスルジャーニー・タウンに近接する荒無地にあり、地下水は塩分が多くて利用できない。公設のコロニーにもかかわらず、自治体からの電力と水の供給はなく、業者自らが水配給業者から購入する状況での営業である。借地の搾乳場は、120ヤードを基本区画として年間5万ルピーを支払っている。

再度調査した2010年の現状は、業者が150人で飼育頭数は6000頭（99％がスイギュウ）にまで伸びていた。業者の多くは、何かとコストがかかり悪条件ながらも、近くにある公設の家畜市場と屠場を利用し、飼育規模の拡大に努めていた。ただ、ほかのコロニーの搾乳業者と同様に、搾乳ウシの購入価格だけでなく、飼料や労働賃金などの値上がりに直面しながらも、搾乳ウシの多頭化により困難な問題を克服しようとする搾乳業者は多く、前回調査に比べコロニー全体、個々の搾乳業者に活気がみなぎり、スイギュウ飼育に対する意欲が高まっていた。搾乳中のウシ飼育率はほぼ100％と高まり、乳量の増加もみられるが、食肉用肥育への関心が強い業者も多い。またヤギなど小型家畜飼育もあり家畜取引が盛んで家畜商人が15〜20と多い。ただ問題は、搾乳ウシが盗まれたり強奪される事件が頻繁にみられ[9]、セキュリティー問題が最大の問題となっている。

2010年時点では2002年の調査時点に比べ南北に飼育場が拡張されている。いずれにしても、ミルク搾乳と同時に食肉用肥育への関心も強く、搾乳場兼肥育牛場としての性格に傾斜しつつある。近くのニュー・カラーチ地区の公営屠場の存在とカラーチの市街地が北西部へ前進しているためと思われる。このスルジャーニー・コロニーの10年間の展開は、グローバル化が進展する中でのパ

---

8) クレーシ（Quresh）は屠殺業を行うムスリムというが詳細は不明。また、アワン（Awan）はパンジャーブおよび北部に多く住む農業コミュニティー。
9) インド亜大陸では、山賊をダコイト（Dacoit, Dacoity）と呼ぶ。隣国アフガニスタンから銃で武装し数人がトラックで直接搾乳場に乗り付け、6〜7頭の水牛を奪い逃走したと一人の搾乳業者が家畜保健所の獣医に報告。このような水牛の強盗事件はよくあるが、特に対策はしていない。

キスタン、カラーチ都市圏の畜産展開を考えるうえで重要である。

3.4. 市街地および近郊の私設搾乳場、バーラー(バーレーを含む)

　インド・パキスタン分離独立(1947年)後に、カラーチは大きく変わり、インドからの流入により人口は1951年までに113万人と爆発的に増加し、ムスリムの比率は96％に達した。搾乳業関連ではインドの在住のムスリム系牧畜カースト民のカラーチへの移住が陸路と海路でみられた。デリーからパキスタン・パンジャーブのラーホールから陸路でカラーチに入るルートとインド・ムンバイからアラビア海を渡る海路でカラーチへの移住するルートであった。インドから移住した牧畜カーストの多くが、カラーチにおいても、市街地やその近郊地にバーラーを設け家畜に関わるビジネス、特に搾乳営業に就いたと推察する。**写真11-6**は市街地縁辺にあるバーラーで小屋掛けの飼育場で、小さな飼料畑移住者によるもので、2012年当時、10頭余りのゼブ牛とスイギュウを飼育し、搾乳したミルクは近くの住民に直接販売している例である。**写真11-7**は近年のブームに便乗した新たな搾乳業者によるもので、青刈り飼料市場やヤギ市場に隣接する排水を兼ねた河川沿いに設けられた小屋掛けの運動場のない畜舎で、10頭前後のスイギュウを飼育し搾乳営業をしている。この河川沿いの密集した家屋で同じような搾乳業を営む例がほかにもみられたが、調査はできていない。いずれにしても、前掲した**表11-2**にみるようにバーラーやバーレーのカラーチ都市圏のミルク需要に果たす役割は依然として大きいも

写真11-6　小屋掛け畜舎と運動場・畑地を有するバーラー(2013年、筆者撮影)

写真11-7　排水溝に面して設置された小屋掛けの畜舎(2013年、筆者撮影)

のがある。

　前掲した**表 11-2**のとおり、市街地に散在するバーラーのみの地区の飼育頭数が 10.7 万頭、混在する地区での飼育頭数は 20.7 万頭、さらにコロニー周辺のバーラーなども含めると私設搾乳場での飼育頭数は 30〜40 万頭になる。つまりカラーチ都市圏の搾乳ウシの 4 割程度は私設搾乳場によりに担われていると考えている。この私設の搾乳場が、公設のランディーやそのほかのコロニーの畜産関連施設を利用することで、増大している。ただ、個別の経営状況に関する情報は、畜産事務局も把握しておらず、今後の情報収集を待つしかない。ただ、市街地にある古くからのバーラー・バーレーとコロニーの近接地に新たに建設されたバーラー・バーレーを比較すると、前者は近隣の住民にとつてのミルク販売店の役割を演じており、後者はコロニーの搾乳業者と同様という。いずれにして搾乳業者に対する今後の調査を待つことになる。

4. おわりに

　近年の南アジアのインドとパキスタンのミルク生産・加工業は、FAO や世界銀行をはじめ世界的にも注目されている。インドでは中央政府の農村開発政策の一つとして酪農協同組合の設立を通じて酪農開発を進め、今日では世界最大のミルク生産国となっている。またパキスタンでは、主要都市において都市政策の一つとして地方政府が環境衛生とミルク確保のために、近郊地に搾乳コロニーを設立したことで搾乳業の発展が促進され、著しいミルク生産の拡大が進展、世界第 4 位の生産国となっている。

　いずれにしても、人口増加に応じたミルク需要の拡大が両国をミルク大国に押し上げたといえる。南アジアに対して"貧困"と"宗教対立"をイメージする日本人には、同地が今日では世界最大のミルク生産・消費地域となっていること、それ以前に熱帯でのミルク生産・消費そのものが理解しがたいのではと考える。

　パキスタンが、夏期の高温乾燥気候にもかかわらず世界最大の都市搾乳業を実現した背景として、分離独立後、特に 1980 年代の都市人口の著しい増大による生乳需要の拡大、次いでイギリス植民地期以来の都市・市街地における

スイギュウ飼育への特化や独立後の公設の搾乳ウシ・コロニー建設により伝統的な乳食文化に応じたことが挙げられる。カラーチ当局により設けられたランディー・コロニー (1958〜59年) を始めとして、順次八つのコロニーが設立・管理されことで、人口1000万人を超えるメガロポリス住民のミルク需要に応じてきた。カラーチ都市圏へのミルク供給の97％は圏内の搾乳業者により供給されている。

　いわゆる"一腹絞り"搾乳業のため、毎年搾乳用ウシの入れ替え購入をする業者が大半は占める。搾乳業者自ら都市圏外の遠くはパンジャーブ州や近くのシンド州各地の家畜市場に出かけトラックで連れ帰る。そして泌乳期を経過すると圏内にある家畜市場で食肉業者に販売することとなる。乾乳ウシの取引および公営屠殺場では屠殺が行われている。イスラーム教徒の住むカラーチの都市搾乳業は、ミルクと肉の生産・供給源であり、その担い手である多くの搾乳業者のルーツは遊牧民や移牧民であり、彼らは農民ではなく家畜の生産・取引する営業者・牧畜カーストである。荒れた山岳地域や平野部の農業地域を長年に渡り家畜を移動飼育してきた彼らの最終着地点がカラーチであり、定着を果たしミルクと肉の生産・営業に就いている。

　今日ランディー・コロニーでは、ミルクの販売、飼料の確保、人材、水源、家畜衛生など畜産関連設備など充実しているものの、市街地などに散在する私設のバーラーやバーレーと共にウシ飼育密度の高まりに伴う膨大なウシ糞尿量の排出・処理ができず、悪化する飼育環境による罹病ウシの増加が著しく、同時に近年の物価高騰に見舞われ、搾乳業者の営業は容易でない状況である。その対応に政府の支援だけでなくFAOの出張事務所開設やオーストラリアなど外国からの支援を必要としている。

　カラーチ都市圏の搾乳業は、"一腹絞り"のミルク・ビジネスから新たにミート・肉ビジネスを加えることで、また伝統的な牧畜民のファミリービジネスに、非牧畜民の若者がパートナーシップ等によるウシ肥育業に加わることで、都市搾乳業は活況を呈している。パキスタンの若者がドバイ・ドリームを夢見るなかで、カラーチの乳製品やウシの生肉などはドバイなど西方のアラブ諸国へ輸出されていく。東方のイスラーム諸国へのさらなる輸出も期待される。

＜謝　辞＞

本稿は、カラーチ都市圏の搾乳業に関する調査(2000)の再調査(2010〜13)に基づいてまとめたものである。最初の調査では、黒崎卓(一橋大)や安野修(旧、JICA長期専門家)には、多大な情報と助言をいただいた。再調査では東大名誉教授長崎暢子先生に温かい支援をいただいた。そしてパキスタン調査の便宜のみならず南アジア研究上での多くの助言や励ましをいただいた故柳澤悠(東大名誉教授)に特に感謝しこの小稿を献呈したい。

なお、現地調査では特にDr Nasrullah Panhwarを中心とするランディー・コロニーにある家畜保健所の獣医の皆様にご協力をいただいた。そして本稿の図作成や校正に岩崎公弥(愛知教育大名誉教授)の支援をいただいた。

● 文　　献

黒崎 卓 (2000)：「パキスタン・パンジャーブ州米・小麦作地帯における有畜農家の価格反応」、アジア経済41(9)：2-26。

篠田 隆 (2015)：『インド農村の家畜経済長期変動分析 ── グジャラート州調査村の家畜飼養と農業経営』、日本評論。

中里亜夫 (1989)：『明治期牛疫流行の歴史地理学的研究 ── 検疫制度の整備と朝鮮牛取引・流通 ── 』、昭和62・63年度科学研究費補助金基盤研究(C)研究成果報告書。

中里亜夫 (1995)：『インド農村経済の多様化に関する地理学的研究 ── "緑の革命"から"白い革命"への展開を軸にして ── 』、広島大学学位請求論文未刊行。

中里亜夫 (1998)：『インドの白い革命に関する文献的研究』、平成7・8年度科学研究費補助金基盤研究(C)研究成果報告書、114頁。

中里亜夫 (1999)：「インドの協同組合酪農(Cooperative Dairying)の展開過程、OFプロジェクトの目標・実績・評価を中心にして ── 」、福岡教育大学紀要47(2)：100-116。

中里亜夫 (2005)：「イギリス植民地インドの主要都市における搾乳業 ── 1920-30年代の英領インドを中心にして ── 」、福岡教育大学紀要54(2)：71-87。

中里亜夫 (2006)：「「パキスタン」の都市搾乳業事情 ── カラーチー大都市圏を例にして ── 」、福岡教育大学紀要55(2)：79-95。

ジョンソン／山中一郎・松本絹代・佐藤 宏ら(訳)(1987)：『南アジアの国土と経済 ── 第3巻パキスタン ── 』、二宮書店。

Anjum. M. S., Lodhi, K. *et al.* (1989): *Pakistan's Dairy Industry-Issues and Policy Alterna tives.*

Cockrill, W. R. (1974): *The Husbandry and Health of The Domestic Buffalo*, FAO.

FAO (2000): *Econimical and Marketing Surver of Landhi Cattle Colony and Surround-*

ing Dairy Colonies of Karachi──*Draft Consultancy report*, by Umrani ,A.P.

Government of India(1943): *Agricultural Marketing in India-Report on the Marketing of milk in India and Burma.*

Government of Sindh (2002): *Present Conditions of Commercial Dairy Farms.*

Janjua, M. F. (1983): *Dairy Development in Panjab,PARC,Proceedings of Symposium on Dairy Development in Pakistan.*

Joshi, L. L. (1916): *The Milk Problem in Indian Cities with Special Reference to Bombay.*

Khan, U. N. *et al.* (2008): "Economic Analysis of Milk Production in Different Cattle Colonies of Karachi", *Pak. J. Agri. Sci.*, **45**(2), 403-409.

Sabir, I. (2010): "Declining leather export", *Daily Times* 22 August. http://www.dailytimes.com.pk/default.asp?page=2010%5C08%5C22%5Cstory22-8-. (2012年5月28日アクセス)

Spate, O. H. K. and Learmonth, A. T. A. (1965): *India and Pakistan.* METHUEN & CO LTD.

― 結　論 ―

熱帯の畜産の近代化と持続可能な利用

池谷和信

　本書は、「家畜からみた持続可能な資源利用とは何か」という問題意識のもとに、これまで人文社会科学の研究で軽視されてきた熱帯の家畜の飼育と流通について地理学の視点からまとめたものである。このため、主としてアジアやアフリカの熱帯の現場にて家畜がいかに社会・経済・文化的な存在意義を持つものか、家畜と人の関係からどのような持続的な資源利用の形があるのか否かを問題として設定した。

　ここでは、まず、家畜・飼育・流通の3点から本書の11の章をまとめてみた（**表12-1**参照）。この表から、家畜名、在来か外来かの品種、放牧や放し飼いや舎飼いなどの飼育方法、自給や商品の流通など、アジアとアフリカにおける熱帯の畜産における地域的特性の存在を指摘できる。また、1から8までは農村、8から11までは都市が対象であることに関与して、農村では多様な生業のなかに家畜飼育が組み込まれている小規模生産者であるという共通性が認められるが、都市では都市農業としての小規模な流通と、より広域から肉やミルクが集められる大規模な流通の二つが認められる。なお、本稿では100頭以上を飼育する中規模や大規模経営の家畜飼育は、ケニアの事例を除いて扱うことができなかった。

　つぎに、家畜と人との関係史、地域経済、地域システムから本書の三つの部の内容を整理してみる。第1部では、南西諸島のリュウキュウイノシシを対象にして、幼獣を生け捕りにするなどの多様な飼育の動機、幼獣への飼い慣らしから生まれた「ゆるやかな舎飼い」など現代の飼い慣らしの技術について微細な記録がされており、人類による家畜化を考える際のヒントを提供している。また、農耕民が家畜飼育を導入したらどのような変化が生じるか、導入時期の違いからまとめることができる。最近は、家畜がなくても生きられる暮らしを

表12-1 熱帯における家畜種と飼育方法と利用法

地域 (民族)	日本・沖縄	エチオピア (マジャンギル)	タイ(モン)	インド (ラバーリー)	フィリピン (タガログ)	タイ(ミエン)
家畜名	飼育イノシシ	ウシ、ヒツジ、ヤギ	ブタ、ウシ、ニワトリ	ラクダ、ヤギ	ウズラ	ウシ、バリケン
品種	野生	外来	在来(小耳種)、外来	在来、外来	外来	外来
飼育法	舎飼い、放し飼い	放牧(肥育のみ)	舎飼い、放牧	放牧	舎飼い	放牧、放し飼い
利用法	肉	肉(保険、貯蓄)	肉・卵・肉(供儀)	毛	卵	肉
(流通)	自給・商品	商品(定期市)	自給	自給、商品	商品	商品
生業複合	常畑、観光業	焼畑、常畑、狩猟、採集	焼畑、常畑、狩猟、採集	糸紡ぎ	工事請負ほか	常畑

送っているようにみえるが、家畜は困ったときの貯蓄として使用される。古いものは、祖先崇拝や葬式などの際に家畜が供儀されるように、文化の深い部分に位置づいている。しかも、儀礼に応じて家畜の種類が変わってくるのも特徴である。なお、熱帯のなかにもラクダの事例ではあるが、毛の利用が認められる。ただ、メリノ種のヒツジは温帯に広くみられ産業化している。

　第2部では、熱帯のなかでフィリピン、タイ、ネパール、ケニアの事例が紹介される。これらは、ウシ、スイギュウ、ブタ、ウズラ、バリクンなどの家畜・家禽飼育は「小規模畜産」である点、多様な生業のなかの一つとして位置づいている点で共通している。しかも、これらは長期間にわたって維持されたものと何らかの要因によって途中で中断したものがある点が興味深い。タイの山村でのウシやバリケンやケニアでのブタは、地域社会への新たに導入されたが、ウシの放牧と農耕が共存できるようなシステムができなかった点、都市の残飯などの餌を利用できる点で維持できたが、口蹄疫のような感染症の影響を受けていた点など、家畜飼育を変容させる諸要因が明らかになっている。持続的な家畜資源の利用では、家畜の特性に応じた飼育技術や他の生業との共存の論理が不可欠であり、生き物としての家畜のリスク管理が求められていることが明らかになった。

　つぎに、熱帯の家畜飼育の目的に関することである。養豚には、ケニアの事例のように、子取り、肥育、両者の一貫という三つの経営が存在しており、それらが状況に応じて変化していた。これらは、日本のような温帯での畜産と共

結論　熱帯の畜産の近代化と持続可能な利用　　　　309

	ネパール（グルンほか）	ケニア・ウエスタン州、セントラル州	コンゴ民主共和国	タイ	パキスタン
	ウシ、スイギュウ	ブタ	ブタ	ウシ、スイギュウ	スイギュウ
	在来、外来	外来	外来	在来、外来	在来、外来
	放牧、舎飼い	舎飼い、繋ぎ縄、放し飼い	舎飼い	放牧	舎飼い
	肉	肉	肉	肉	ミルク
	自給・商品	商品	商品	商品（定期市）	商品（市場）
	常畑、出稼ぎ、林業	常畑、学校教師	警察官、宣教師	仲買人	搾乳業者

通する点である。また、肉や卵の生産に限定することなく、多様な家畜が供儀や水牛レースまたは闘牛のような遊びにも使われてきた。熱帯の畜産の全体を把握する際には、経済的視点に焦点を当てながらも文化的視点を無視することができないであろう。

　さらに、ネパールの事例で言及される日帰り放牧の重要性は、持続可能な利用を考える際のヒントを提示していた。家畜飼育では、移牧や遊牧では広い放牧地が必要である一方で、舎飼いでは餌資源の確保のために労力やお金がかかることになる。この点で、日帰り放牧は、労力や経費が少なく飼育を維持しやすい技術である。現在、舎飼いによる家畜生産の増大が世界的に進むなか、日帰り放牧の意義を再認識する必要があることが示唆された。

　第3部の熱帯の家畜の流通では、コンゴ民主共和国首都のキンシャサのブタ、タイ北部の定期市のウシとスイギュウ、パキスタンのカラーチのスイギュウが対象になっていた。そして、いずれの事例も国内の肉やミルクの需要が増大するに伴い、どのように家畜生産が適応してきたのか、どのように消費地に運ばれるのか、生産と流通を問題にしている。キンシャサでは、上述したケニアの事例のようにブタのエサに廃棄物が利用されている点では共通している。また、タイ東北部および北部の定期市をめぐるウシとスイギュウの移動は興味深い。熱帯の途上国にみられる独自の流通システムが健在であることを示唆する。カラーチの都市の発展に伴い飼育場を含むコロニー型搾乳業の形成過程やその実際もまた独特である。今後ますます肉やミルクの需要が増大することが推察さ

れるなかで熱帯の畜産における流通の地域的特徴を理解する必要があるであろう。

　以上のように本書は、家畜・飼育・流通の三つの側面から「熱帯の畜産」の実際を、主として現地のフィールドワークで得られた資料をもとに記述・分析したものである。これまでの「熱帯の医学」や「熱帯の焼畑」などと同様に、温帯のそれとは異なる側面を示すことができた。その詳細は、冒頭の口絵写真においても本書の理解を助けてくれるであろう。今後ますます地球では肉食の拡大が見込まれ多くのフードロスが生じている現在、地域的多様性を持つ熱帯の畜産から学ぶことは多いと考えている。

おわりに

　今から11年前に、自然と社会とのかかわりをテーマにしたシリーズのなかで私が編者になって『生き物文化の地理学』(2013年、海青社)を刊行した。そこでは、生き物文化の対象を三つに分けていた。動物に限定すると、それは野生動物、家畜、ペットと人とのかかわり方である。その後、野生動物やペットに関しては、多数の書物が刊行されており、メディアでとりあげることの多いテーマになっている。しかしながら、家畜はそれらと比較するとあまり注目されていないように思える。

　序論でも言及しているように、毎日、私たちは肉や卵をとおして家畜の恩恵を受けているが、生き物を屠畜することに関係するからか、家畜の生産や流通の実態があまりみえていない。家畜は肉の切り身として捉えられ、もともとはブタがイノシシであったことや野生のニワトリがいたということも知る人は多くない。本書は、このような状況をふまえて、畜産、それも日本ではあまり知られていない熱帯の畜産に焦点を当てた挑戦的な試みになっている。熱帯に属する地域の小規模な生産に焦点を当てたものであり、農民や都市民の家畜飼育や流通に対する叡智を見いだすことができたと考えている。

　さて、本書のもとになったのは、2009年から2016年にかけて16回にわたって開催された熱帯家畜利用研究会である。そこは、メンバーが自らの調査によって収集した資料に基づき、熱帯の家畜と人のかかわり方についての情報交換と熱く議論する場になった。本書には執筆されてはいないが、報告していただいた篠田隆、中辻亨、高木仁、天野卓、山本義雄、末崎真澄の各氏ほかにお礼を述べたい。その後、本書の構想はできていたものの刊行までに多くの歳月がたってしまった。また本書の刊行においては、海青社の宮内久さん、田村由記子さん、木村昭徳さんにはお世話になった。とくに木村さんには、本書の編集のみならずカラー写真の選択などの際にも的確なアドバイスをいただいた。お礼を申し上げたい。

　なお、本書の刊行に至るまでに現地での調査および各種の論文の刊行、さら

には本書の刊行を進めるうえで複数の科学研究費を使用させていただいた。それらは、以下のものである。筆者代表は「熱帯地域における農民の家畜利用に関する環境史的研究、基盤研究(A)」、「熱帯の牧畜における生産と流通に関する政治生態学的研究、基盤研究(A)」、「ゲノム解析と民族誌の統合からみたブタ遊牧の形成、挑戦的研究(萌芽)」。筆者分担は「生命受容に基づく人間家畜相互関係の成立と深化に関する学融合的パラダイムシフト、基盤研究(A)」「アジア・インド洋圏家畜共存域における人動近接融合モデルの提唱、基盤研究(B)」(代表：遠藤秀紀)などである。

最後に本書が、家畜そのものや家畜と人とのかかわり方、熱帯の地域研究などに関心のある方々に何らかの参考になれば幸いである。

2025年2月1日
池谷和信

索　引

あ　行

アジアミツバチ 15
圧縮フェルト 108
アフリカ豚熱 217, 231
アヘン 143
アマゾン先住民 46
アンゴラヤギ 112

イギリス植民地期 302
生け捕り 35
石垣島 31
一貫経営 191, 204, 218
遺伝学 17
遺伝情報 28
糸づくり 109
イノシシ飼育 30
イノシシ類 57
移牧 161, 163, 184
西表島 31
インド 109

請負耕作 180
ウシ・スイギュウ定期市 247
ウズラ飼育 131

衛星画像 60
エチオピア 53

王室プロジェクト 153
大型家畜 171, 181
沖縄 27
沖縄島 31
卸売業者 134

か　行

カースト 170
外来家畜 18
改良品種 248
家禽飼育 19
家禽の卵 134
家禽卵文化 126
加工技法 107
カシミア・ショール 110
カシミアヤギ 110, 112
家畜衛生 303
家畜化 11, 18, 109
家畜感染症 53
家畜局職員 251
家畜群 59
家畜市場 286
家畜種 49
家畜飼養 53, 68, 163
家畜飼養文化 44
家庭菜園 181
カラーチ 277
観光産業 43, 44, 97
寒冷地域 110

企業的舎飼い 197, 201
企業的養豚者 197
犠牲祭 162
共食 94
巨大都市 277
キリスト教 96
キリスト教徒 129
キンシャサ 231

草刈り 184

経済成長 249
ケソン 128
ケニア 191
現金経済 57
現金収入 90
原乳生産費 296

公営屠殺場 303
口蹄疫 207
購買消費 78
剛毛 112
小売価格 202
コーヒー栽培 62
互助体制 107
子取り経営 191, 203, 204, 208, 218
コンゴ 231
混合農業 198
混住化 57, 60

さ 行

菜食主義者 171
在来家畜 18
搾乳業 304
搾乳業者 286
搾乳用ウシ飼育 287
産業化 11
山地農村 99
山地民 142, 159
山間地域 143

飼育イノシシ 40
飼育管理 39, 99
飼育技術 49
飼育形態 49
飼育者 30, 33
飼育頭数 247
飼育動物 126

飼育年数 37
飼育場 42
飼育歴 30
市街地で養豚 214
自家消費 237
湿潤熱帯 12
市販飼料 210
死亡原因 231
島ブタ 17
舎飼い 161, 163, 184, 198
舎飼い家畜 162
ジャコウウシ 110
宗教的職能者 93
祝宴 96
狩猟活動 30
狩猟動物 57
正月祝い 93
小規模畜産 15
沼沢スイギュウ 248
小農 191
小農世帯 192
小農養豚 195
商品化 11
小養豚家 212
小養豚者 198
食害問題 151
食物残渣 210, 218
食物残渣あさり 199
飼料市場 290
飼料価格 199, 203
人口拡大 279
人工授乳 36
人口増加 9
親族集団 95
森林保護区 142

スイギュウ 171
水牛レース 223
水田稲作 80, 163

生存戦略	199
世界銀行	302
世界経済	13
セミ・ドメスティケーション	47
ゾウ	79
送金経済	179, 180
祖先祭祀	93, 95

た　行

タイ	77, 222, 247
堆肥作り	183
タガログの人々	130
地域経済	13
地域住民	16
地域的多様性	256
地球的視点	19
畜産学	14, 18
畜産的飼育	97
畜産物	48
チトワン国立公園	121
中間カースト	174
長距離移動	255, 273
調査頭数	30
直接取引	274
チョンブリー	222
定期市	67, 247, 256
定住化	57, 60
天水田	80
闘鶏	79
闘鶏市	250
闘鶉	126
島嶼環境	36
動物園	17
動物資源	40
土器作り	67

屠殺	162
都市化	9
都市搾乳業	302
都市養豚	192, 197, 209, 212
屠畜	17, 256
屠畜業者	274
屠畜・食肉販売業	256

な　行

仲買人	255
ナーン	85
肉食	44
ニェリ	198
ニホンウズラ	127
熱帯地域	242
熱帯の畜産	16
熱帯モンスーン気候	46
ネパール	116
農業用動物	126
濃厚飼料	287
濃厚飼料販売店	287
農村開発	20, 141
農村養豚	192

は　行

排泄物	198
パキスタン	277
蜂蜜採集	59
蜂蜜巣箱	59
放し飼い	36, 91, 99, 201, 213
ハネ罠	35
バリケン飼育	158
半家畜	110
繁殖期	42
販売営業	296

肥育経営 191, 203, 208, 218
日帰り放牧 161, 184, 186
ヒツジの放牧 174
人の移動 17, 256
品種化 11, 18
品種改良 16
ヒンドゥー教徒 181

フィリピン 125
仏教信仰 223
ブロイラー飼育 81
文化財 17
紛争 219

紡錘車 108
放牧家畜 58
牧畜カースト 161, 298
牧畜民 162

ま 行

民族誌 20
民族分布 54

マジャンギル 53

ムスリム 197

メリノ種 109

木造豚舎 208
森の民 18
モンスーンアジア 12
モンスーン地域 15

や 行

焼畑 57
焼畑休閑地 57, 69
焼畑農耕 80
焼畑の民 19

野生種 49
野生獣 32

遊牧 161, 184

幼獣イノシシ 34, 43
養豚 191, 198
養豚収入 207
養豚フロンティア 201

ら 行

猟師 30, 33
林間放牧 150

ルンビニ 116

わ 行

ワクチン接種 252

A〜Z

FAO 302

執筆者紹介

■編　者
池谷和信（いけや　かずのぶ）

■執筆者（掲載順）
黒澤弥悦（くろさわ　やえつ）
東京農業大学「食と農」の博物館元教授　奥州市牛の博物館開設に関わり、同館学芸員。博士（農学）。専門は家畜資源学・博物館学。主な共著に『世界家畜品種事典』（東洋書林 2006）、『アジアの在来家畜〈家畜の起源と系統史〉』（在来家畜研究会編）（名古屋大学出版会 2009）ほか。

佐藤廉也（さとう　れんや）
大阪大学教授　京都大学大学院文学研究科修了、博士（文学）。専門は文化地理学・文化生態学。主な著書に『大学の先生と学ぶはじめての地理総合』（KADOKAWA 2023）、主な編著書に『身体と生存の文化生態』（海青社 2014、共編著）、『人文地理学からみる世界』（放送大学教育振興会 2022、共編著）ほか。

中井信介（なかい　しんすけ）
佐賀大学准教授　総合研究大学院大学先導科学研究科修了、博士（学術）。専門は人類学・地理学。主な著書に『豚を飼う農耕民の民族誌──タイにおけるモンの生業文化とその動態──』明石書店（2025）、『生き物文化の地理学』海青社（2013、共著）ほか。

上羽陽子（うえば　ようこ）
国立民族学博物館・総合研究大学院大学准教授　大阪芸術大学大学院芸術文化研究科博士課程後期、博士（芸術文化学）。主な著書に『インド、ラバーリー社会の染織と儀礼──ラクダとともに生きる人びと』昭和堂（2006）、『インド染織の現場──つくり手たちに学ぶ　フィールドワーク選書⑫』臨川書店（2015）ほか。

辻貴志（つじ　たかし）
アジア太平洋無形文化遺産研究センター（IRCI）・アソシエイトフェロー　専門は生態人類学・民族生物学・民族科学。主な著書に Prehistoric Marine Resource Use in the Indo-Pacific Regions（ANU Press、2013、分担執筆）、Material Cultures in Southeast Asia: Objects in Context（Routledge、2025、分担執筆）ほか。

増野高司(ますの　たかし)
総合研究大学院大学先導科学研究科客員研究員　総合研究大学院大学先導科学研究科修了、博士(学術)。専門は地域研究。近著に「オオカミの家畜化について知っていますか？　人文系の大学生にドメスティケーションをどう教えるか」『国際経営論集』68号(2024)、「長野県および秋田県に暮らすタイ人によるタイ野菜の栽培と流通」『国際経営論集』67号(2024)など。

渡辺和之(わたなべ　かずゆき)
阪南大学国際学部准教授　総合研究大学院大学文化科学研究科博士課程単位取得退学、博士(文学)。専門は文化人類学・地理学。主な著書に『羊飼いの民族誌』明石書店(2009)、『自然と人間の環境史』海青社(2014、共著)ほか。

上田元(うえだ　げん)
一橋大学社会学研究科教授　University College London 地理学部、博士(Ph.D)。専門は人文地理学、東アフリカ地域研究。主な著書に『山の民の地域システム──タンザニア農村の場所・世帯・共同性』東北大学出版会(2011)、『アフリカ』朝倉書店(2017、編著)ほか。

Chomnard Sctisarn (チョムナード・シティサン)
チュラロンコン大学文学部東洋言語学科日本語講座准教授　筑波大学大学院博士課程歴史・人類学研究科修了(学術博士)。専門は民俗学・日本語と日本文化教育。主な著書に『タイの現代社会における創造的伝統』シリントン人類学センター出版(2015、共著)、『日本の民俗学』チュラロンコン大学文学部学術出版(2018)ほか。

高井康弘(たかい　やすひろ)
大谷大学名誉教授　神戸大学大学院文化学研究科博士課程単位取得退学。修士(文学)。専門は社会学・人類学・東南アジア地域研究。『東アジア「地方的世界」の社会学』晃洋書房(2013、共編著)、論文 "Conflict between Water Buffalo and Market-Oriented Agriculture: A Case Study from Northern Laos"『東南アジア研究』47巻4号(2010)ほか。

中里亜夫(なかさと　つぐお)
福岡教育大学名誉教授　広島大学大学院文学研究科博士課程単位取得退学、博士(文学)。専門は地理学、主な著書に "The Other Gujarat: Social Transformation among Weaker Sections"(Popular Prakashan、2002、分担執筆)、『林野・草原・水域』朝倉書店(2007、共編者)ほか。

● 編　者

池谷和信（いけや　かずのぶ）

国立民族学博物館・総合研究大学院大学名誉教授　東北大学大学院理学研究科博士課程単位取得退学、博士（理学）博士（文学）。専門は地理学・人類学。主な著書に『わたしたちのくらしと家畜(1)』童心社(2013)、『現代の牧畜民』古今書院(2006)ほか。

Livestock and people in the tropics：
Exploring breeding and distribution from geography
edited by IKEYA Kazunobu

ネッタイノカチクトヒト **熱帯の家畜と人**	シイクトリュウツウヲチリガクカラサグル ―飼育と流通を地理学から探る―	 本書web

発行日：2025年3月25日　初版第1刷
定　価：カバーに表示してあります
編　者：池　谷　和　信
発行者：田　村　由　記　子

海青社
Kaiseisha Press

〒520-0026　大津市桜野町1-20-21
Tel. (077) 502-0874　Fax (077) 502-0418
https://www.kaiseisha-press.ne.jp

© Kazunobu IKEYA, 2025.　　　　　　　　　　　　　カバーデザイン／(株)アチェロ
ISBN978-4-86099-437-2　C3025　Printed in JAPAN.　印刷・製本：亜細亜印刷株式会社
乱丁落丁はお取り替えいたします。

本書のコピー、スキャン、デジタル化等の無断複製は著作権法上での例外を除き禁じられています。本書を代行業者等の第三者に依頼してスキャンやデジタル化することはたとえ個人や家庭内の利用でも著作権法違反です。

◆ 海青社の本・冊子版・電子版同時発売中 ◆

草地と気候変動
波多野隆介・森 昭憲 編著

陸域面積の約四分の一を占める草地生態系について、土壌学、草地学、生態学、環境学の研究者が協力し、その生産性、物質循環、生物多様性の基礎と気候変動との相互作用および、草地生産量の維持・向上への対策を述べた。
〔ISBN978-4-86099-401-3／A5判／216頁／定価3,850円〕

離島研究 VII
平岡昭利 監修／須山 聡 他2名編著

離島研究シリーズ第7弾。「島の独自性」「人と文化の移動」「ツーリズムの多様性」などに焦点を当てた離島の地理学的研究。離島は地図上では小さな点にすぎないが、小さな点からのぞき見る世界は、大きな広がりを持つ。
〔ISBN978-4-86099-413-6／B5判／212頁／定価4,290円〕

奄美雑話　地理学の目で群島を見る
須山 聡 著

奄美に魅せられ、20年間研究フィールドとして学生たちと見続けてきた著者が、群島の地域的諸相を地理学の視点から描く。本土からのステレオタイプで一方的なまなざしに抗し、島からの視線で群島を見つめ直す。奄美群島初の地理学エッセイ。
〔ISBN978-4-86099-423-5／A5判／128頁／定価1,870円〕

廃村の研究　山地集落消滅の機構と要因
坂口慶治 著

丹後山地・鈴鹿山地・丹波山地で互いに隣接する廃村群を取り上げ、高度経済成長期を中心にその廃村化過程を克明に比較分析した。さらにその結果から、集落の諸特性に対応した行政による支援の必要性を提言する。
〔ISBN978-4-86099-383-2／B5判／565頁／定価9,900円〕

日本文化の源流を探る
佐々木高明 著

ヒマラヤから日本にいたるアジアを視野に入れた壮大な農耕文化論。『稲作以前』に始まり、焼畑研究、照葉樹林文化研究から、日本の基層文化研究に至る自身の研究史を振り返る。佐々木農耕文化論の金字塔。原著論文・著作目録付。
〔ISBN978-4-86099-282-8／A5判／580頁／定価6,600円〕

南インドの景観地誌　交錯する伝統と近代
元木 靖 著

フィールドに現れた今日的な事象（景観写真）に映し出された個々の事象を比較検討し、その集合として南インドの全体的な展望（理解）を試みた。そこから自然―人間関係のシステム形成上の本来あるべき姿を考える。
〔ISBN978-4-86099-391-7／A5判／212頁／定価4,180円〕

ネイチャー・アンド・ソサエティ研究 第1巻
自然と人間の環境史
宮本真二・野中健一 編

人はどこに住まうか。砂漠、高山、低地、地すべり地帯など土地への適応、自然の改変への適応、災害への対処について、「人間の環境としての自然」に向き合う、フィールド科学としての地理学の視点から考える。
〔ISBN978-4-86099-271-2／A5判／396頁／定価4,180円〕

ネイチャー・アンド・ソサエティ研究 第2巻
生き物文化の地理学
池谷和信 編

日本を中心としてアジア、アフリカ、南アメリカなど、世界各地での生き物と人とのかかわり方を、生物、生態、社会、政治経済という4つの地理学的視点から概観し、生き物資源の利用と管理に関する基本原理が何かを問う。
〔ISBN978-4-86099-272-9／A5判／374頁／定価4,180円〕

ネイチャー・アンド・ソサエティ研究 第3巻
身体と生存の文化生態
池口明子・佐藤廉也 編

生物としてのヒトと、文化を持つ人という2つの側面を意識しながら、食や健康、出産や子育て、家族形成といった身近な現象の多様性を、アジア・オセアニア、ヨーロッパ、アフリカなど世界各地の事例から考察。
〔ISBN978-4-86099-273-6／A5判／372頁／定価4,180円〕

ネイチャー・アンド・ソサエティ研究 第4巻
資源と生業の地理学
横山 智 編

「生業」をキーに、その背景にある歴史的、空間的、文化的な文脈を考慮しつつ、何が資源と見なされ、だれが資源にアクセスでき、そして資源の価値はいかに変化してきたのか、世界各地の事例から明らかにする。
〔ISBN978-4-86099-274-3／A5判／350頁／定価4,180円〕

ネイチャー・アンド・ソサエティ研究 第5巻
自然の社会地理
淺野敏久・中島弘二 編

「自然」を環境や食も含む広い意味で捉え、強者と弱者が対立するケース、利害関係者が協調して新たな価値を創造するケースを、様々な人と自然の関係を詳細なフィールド調査に基づき明らかにする。
〔ISBN978-4-86099-275-0／A5判／315頁／定価4,180円〕

＊表示価格は10％の消費税込です。電子版は小社HPで販売中。